机电传动与控制

主　编　刘红军　于　金

参　编　许　良　聂　鹏　刘云龙

　　　　姜春英　纪　俐

主　审　王志坚

U0350718

北京理工大学出版社

BEIJING INSTITUTE OF TECHNOLOGY PRESS

内 容 简 介

　　本书是根据机械设计制造及其自动化专业的"机电传动与控制"课程教学大纲而编写的，力求突出机电结合、以机为主的特点，强调全书的系统性及紧凑性，避免与其他相关课程内容重复。全书从培养工程技术应用型人才的目的出发，强调基础性，注重实用性，突出工程应用性，同时兼顾高等及中等职业技术教育的教学要求，强调理论联系实际。全书共分8章，内容包括绪论、直流电动机的工作原理及特性、交流电动机的工作原理及特性、控制电动机、机电传动控制系统中电动机的选择、继电器-接触器控制系统、电力电子学基础及直流调速系统。第2～8章每章后附有习题与思考题。

　　本书可以作为一般本科机械设计制造及其自动化、机械电子工程等专业的教学用书，也可作为高职、中职院校相关专业师生和工程技术人员的参考和培训用书。

图书在版编目（CIP）数据

机电传动与控制/刘红军，于金主编. —北京：北京理工大学出版社，2019.10（2024.12 重印）
ISBN 978-7-5682-7873-7

Ⅰ.①机…　Ⅱ.①刘…　②于…　Ⅲ.①电力传动控制设备－高等学校－教材
Ⅳ.①TM921.5

中国版本图书馆 CIP 数据核字（2019）第 240953 号

出版发行 / 北京理工大学出版社有限责任公司
社　　址 / 北京市海淀区中关村南大街 5 号
邮　　编 / 100081
电　　话 /（010）68914775（总编室）
　　　　　　（010）82562903（教材售后服务热线）
　　　　　　（010）68944723（其他图书服务热线）
网　　址 / http://www.bitpress.com.cn
经　　销 / 全国各地新华书店
印　　刷 / 廊坊市印艺阁数字科技有限公司
开　　本 / 787 毫米×1092 毫米　1/16
印　　张 / 13
字　　数 / 305 千字
版　　次 / 2019 年 10 月第 1 版　2024 年 12 月第 5 次印刷
定　　价 / 39.00 元

责任编辑 / 陆世立
文案编辑 / 赵　轩
责任校对 / 周瑞红
责任印制 / 李志强

图书出现印装质量问题，请拨打售后服务热线，本社负责调换

　　"机电传动与控制"课程是机械设计制造及其自动化、机械电子工程等机械类专业的一门必修专业基础课，它是机械类专业人才学习电类知识结构非常重要的基础课程。本课程的任务是使学生了解机电传动与控制的一般知识，掌握电机、电器、基本电力电子器件的工作原理、特性、应用和选用的方法，了解最新控制技术在机械设备中的应用。

　　本书秉承"工程教育"的教学理念，强调基础性，注重实用性，突出工程应用性，考虑到机械设计制造及其自动化、机械电子工程专业的需要，同时考虑到现有课程体系中，原有课程教材的部分内容在电工及工业电子技术、可编程控制器技术、机电一体化系统设计等课程中有专门介绍，故对部分内容进行了删减。在编写时既注重基础理论知识，又注意与实际应用相结合；既描述了器件的外特性，又注重器件在控制系统中的应用；既介绍了当今广泛应用的机电传动控制技术，又对新技术、新发展趋势做了一定的介绍。

　　全书共分8章，第1章为绪论，第2章介绍直流电动机的工作原理及特性，第3章介绍交流电动机的工作原理及特性，第4章介绍控制电动机，第5章介绍机电传动控制系统中电动机的选择，第6章介绍继电器-接触器控制系统，第7章介绍电力电子学基础知识；第8章介绍直流调速系统。

　　本书由刘红军、于金担任主编，许良、聂鹏、刘云龙、姜春英、纪俐参与了编写。具体编写分工如下：第1章由聂鹏编写，第2章由刘红军编写，第3、4章由于金编写，第5章由纪俐编写，第6章由许良编写，第7章由姜春英编写，第8章由刘云龙编写。沈阳航空航天大学王志坚教授担任主审，并提出了许多有益的建议。全书由刘红军、于金统稿。

　　由于篇幅和编者水平有限，书中难免有不足之处，恳请读者批评指正。

编　者

2019 年 1 月

目　录

绪　论

1.1　机电系统的组成

机电传动控制系统是一种实现预定的自动控制功能，以满足生产工艺和生产过程的要求，并达到最优技术经济指标的控制系统，是现代化生产机械中的重要组成部分，其性能和质量在很大程度上影响着产品的质量、产量、生产成本和工人劳动条件。

机电传动控制系统以电动机为控制对象，按照工艺要求对生产机械进行控制，机电传动控制系统的硬件组成一般包括电动机、控制电器、检测元件、功率半导体器件及微型计算机等。大型的机电传动控制系统往往需要多台电动机，可以采用多层微型计算机构成网络来实现控制。

1.2　机电传动控制的目的和任务

机电传动也称电力拖动或电力传动，是以电动机为原动机驱动生产机械的系统的总称。其目的是将电能转变成机械能，实现生产机械的启动/停止和速度调节，以满足生产工艺过程的要求，保证生产过程正常进行。因此，机电传动控制包括用于拖动生产机械的电动机以及电动机控制系统两大部分。

在现代化生产中，生产机械的先进性和电气自动化程度反映了工业生产发展的水平。现代化机械设备和生产系统已不再是传统的单纯机械系统，而是机电一体化的综合系统。机电传动控制已成为现代化机械的重要组成部分。机电传动控制的任务从狭义上讲，是通过控制电动机驱动生产机械，实现产品数量的增加、产品质量的提高、生产成本的降低、工人劳动条件的改善以及能源的合理利用；而从广义上讲，则是使生产机械设备、生产线、车间乃至整个工厂实现自动化。

随着现代化生产的发展，生产机械或生产过程对机电传动控制的要求越来越高。例如，一些精密机床要求加工精度达百分之几毫米，甚至几微米；为了保证加工精度和粗糙度，重型镗床要求在极低的速度下稳定进给，因此要求系统的调速范围很宽；轧钢车间的可逆式轧机及其辅助机械操作频繁，要求在不到 1s 的时间内就能完成正反转切换，因此要求系统能够快速启动、制动和换向；对于电梯等提升机构，要求启停平稳，并能够准确地停止在给定的位置上；对于冷、热连轧机或造纸机，要求各机架或各部分之间保持一定的转速关系，以便协调运转；为了提高效率，要求对由数台或数十台设备组成的自动生产线实行统一控制和管理。上述这些要求都要依靠机电传动控制系统和机械传动装置来实现。

随着计算机技术、微电子技术、自动控制理论、精密测量技术、电动机和电器制造业及自动化元件的发展，机电传动控制正在不断地创新与发展，如直流或交流无级调速控制系统取代了复杂笨重的变速箱系统，简化了生产机械的结构，使生产机械向性能优良、运行可靠、体积小、质量小、自动化方向发展。因此，在现代化生产中，机电传动控制具有极其重要的地位。

1.3 机电传动控制的发展概况

机电传动及其控制系统总是随着社会生产的发展而发展的。单就机电传动而言，它的发展大体上经历了成组拖动、单电动机拖动和多电动机拖动三个阶段。成组拖动就是一台电动机拖动一根天轴，然后由天轴通过带轮和传动带分别拖动各生产机械，这种拖动方式生产效率低，劳动条件差，一旦电动机发生故障，将造成成组的生产机械停车；单电动机拖动就是用一台电动机拖动一台生产机械，虽较成组拖动前进了一步，但当一台生产机械的运动部件较多时，机械传动机构仍十分复杂；多电动机拖动，即一台生产机械的每一个运动部件分别由一台专门的电动机拖动，例如，数控车床的主轴驱动单元、进给单元、通用刀架单元和液压卡盘均分别由一台电动机拖动，这种拖动方式不仅大大简化了生产机械的传动机构，而且控制灵活，为生产机械的自动化提供了有利条件，所以现代化机电传动基本上采用这种拖动形式。

20世纪70年代初，计算机数字控制（Computer Numerical Control，CNC）系统应用于数控机床和加工中心，这不仅提高了自动化程度，而且提高了机床的通用性和加工效率，在生产上得到了广泛的应用。工业机器人的诞生，为实现机械加工全盘自动化创造了物质基础。20世纪80年代以来，出现了由数控机床、工业机器人、自动搬运车等组成的统一由中心计算机控制的机械加工自动线——柔性制造系统（Flexible Manufacturing System，FMS），它是实现自动化车间和自动化工厂的重要组成部分。机械制造自动化的高级阶段是走向设计、制造一体化，即利用计算机辅助设计（Computer Aided Design，CAD）与计算机辅助制造（Computer Aided Manufacturing，CAM）形成产品设计和制造过程的完整系统，对产品构思和设计直至装配、试验和质量管理这一全过程实现自动化。为了实现制造过程的高效率、高柔性、高质量，研制计算机集成生产系统（Computer Integrated Manufacturing System，CIMS）是人们今后的任务。

21世纪人工智能的快速发展将为现代工业和制造带来革命性的变化。

1.4 课程的性质和任务

机电一体化技术是实现工业4.0的基础。通过简化设计、调试和运行，机电一体化工程可以开发出更好的机器设备。通过调试、编程和连接设备，机器的自我优化、选型适当的先进电机和控制系统可以使生产制造和供应链自动化更灵活、更快，效率更高。要实现产品的高质量和技术的高水平，其关键是机电一体化技术人才的培养。高等学校应培养能够更好地适应 21 世纪社会主义现代化建设需要的德、智、体、美全面发展，基础扎实、知识面宽、能力强、素质高，具有创新精神和工程实践能力的"机电复合型"人才，使学生学习并掌握机、电、液、计算机等综合控制系统的技术。综合控制系统中的电控系统主要包含弱电控制 （如计算机控制技术）和强电控制（如伺服驱动控制技术）。"机电传动与控制"课程针对驱动电机、控制电机电器、电力拖动、继电器-接触器控制、可编程序控制器、电力电子技术、直流伺服系统、交流伺服系统、步进电动机伺服系统等强电控制的内容，根据学科的发展与其内在规律，以伺服驱动系统为主导，以控制为线索，将元器件与伺服控制系统科学有机地结合起来，即把机电一体化技术所需的强电控制知识都集中在这一门课程中，不仅避免了不必要的重复，节省了学时，加强了系统性，而且理论联系实际，使学生学以致用，对机电一体化产品中电控技术的强电控制部分有全面、系统的了解和掌握。

1.5 课程的内容安排

全书共分 8 章。第 1 章为绪论。基于电动机是机电传动的动力与电气控制的对象，第 2 章、第 3 章分别介绍了直流电机和交流电动机的工作原理及特性。随着机电传动与控制系统的发展，控制电动机作为一种重要的检测、控制元件，用得越来越多，故第 4 章介绍了各类常用控制电动机的结构特点、工作原理、性能和应用。第 5 章介绍了电动机的选择。由于继电器-接触器控制系统目前还广泛应用在生产实际中，它仍将起着重要的作用，故第 6 章介绍了继电器-接触器控制系统中用到的常用电器和基本控制线路，以及典型的应用实例等。电力电子技术改变了闭环控制系统的面貌，因此第 7 章较全面地介绍了电力电子器件、各种交流电路及其控制等。调速系统是机电传动与控制中最重要的组成部分，因此第 8 章介绍了直流调速系统。本书第 2～8 章每章后面均有习题与思考题。

"机电传动与控制"是一门实践性很强的课程，实验是本课程必不可少的重要环节，它可以随课程的进程内容安排，也可以单独开设实验课，实验的学时和内容由各学校根据自身的教学实验设备而定。另外，课程设计也是本课程的重要环节，课程设计题目建议由各学校根据本学校的涉及领域和条件而定。

第 2 章

直流电动机的工作原理及特性

学习目标

了解四种典型生产机械的机械特性和机电传动系统的稳定运行条件，学会分析系统的稳定平衡点；掌握直流电动机的基本工作原理及其特性，特别是直流电动机的机械特性；重点掌握其启动、调速和制动的方法，以及各种方法的优缺点和使用场合。

电动机有直流电动机和交流电动机两大类，直流电动机的最大缺点就是有电流的换向问题，消耗非铁合金较多，成本高。直流电动机虽不及交流电动机结构简单、制造容易、维护方便、运行可靠，但是如大型轧钢设备、大型精密机床、矿井卷扬机等在速度调节要求较高，正、反转和启、制动频繁或多单元同步协调运转的生产机械上，仍采用直流电动机拖动。

直流电动机既可用作电动机（将电能转换为机械能），也可用作发电机（将机械能转换为电能）。直流发电机主要作为直流电源，例如供给直流电动机、同步电动机的励磁，以及化工、冶金、采矿、交通运输等部门的直流电源。目前，由于晶闸管等整流设备的大量使用，直流发电机已逐步被取代，但从电源的质量与可靠性来说，直流发电机仍有其优点，所以直流发电机现仍有一定的应用。

在控制系统中，直流电动机还有其他的用途，如用作测速电动机、伺服电动机等。虽然直流发电机和直流电动机的用途各不同，但是它们的结构基本上一样，都是利用电和磁的相互作用来实现机械能与电能的相互转换。

2.1 直流电动机的基本结构和工作原理

2.1.1 直流电动机的基本结构

直流电动机的结构包括定子和转子两部分，定子和转子之间由空气隙分开。定子的作用是产生主磁场和在机械上支承电机，它的组成部分有主磁极、换向磁极、机座、端盖等，电刷也用电刷座固定在定子上。转子的作用是产生感应电动势或产生机械转矩以实现能量的转换，它的组成部分有电枢铁芯、电枢绕组、换向器、轴、风扇等。直流电动机的结构如图 2.1 所示。

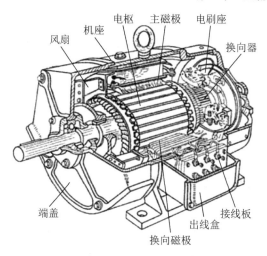

图 2.1　直流电动机的结构

1. 主磁极

主磁极包括主磁极铁芯和套在上面的励磁绕组，其主要任务是产生主磁场。磁极下面扩大的部分称为极掌，它的作用是使通过空气隙中的磁通分布最为合适，并使励磁绕组能牢固地固定在铁芯上。磁极是磁路的一部分，采用 1.0～1.5mm 的钢片叠压制成。励磁绕组用绝缘铜线绕成。

2. 换向磁极

换向磁极简称换向极，用来改善电枢电流的换向性能。它也是由铁芯和绕组构成的，用螺杆固定在定子的两个主磁极的中间。

3. 机座

机座一方面用来固定主磁极、换向磁极和端盖等，并作为整个电机的支架，用地脚螺钉将电动机固定在基础上；另一方面也是电动机磁路的一部分，故用铸钢或者是钢板压成。

4. 电枢铁芯

电枢铁芯是主磁通磁路的一部分，用硅钢片叠成，呈圆柱形，表面冲了槽，槽内嵌放电枢绕组。为了加速铁芯的冷却，电枢铁芯上有轴向通风孔。

5. 电枢绕组

电枢绕组是直流电动机产生感应电动势及电磁转矩以实现能量转换的关键部分。绕组一般由铜线绕成，包上绝缘后嵌入电枢铁芯的槽中，为了防止离心力将绕组甩出槽外，用槽楔将绕组导体楔在槽内。

6. 换向器

换向器的作用对发电机而言，是将电枢绕组内感应的交流电动势转换成电刷间的直流电动势；对电动机而言，则是将外加的直流电流转换为电枢绕组的交流电流，并保证每一磁极下，电枢导体的电流的方向不变，以产生恒定的电磁转矩。换向器由很多彼此绝缘的铜片组合而成，这些铜片称为换向片，每个换向片都和电枢绕组连接。

7. 电刷装置

电刷装置包括电刷及电刷座，它们固定在定子上，其电刷与换向器保持滑动接触，以便将电枢绕组和外电路接通。

2.1.2　直流电动机的基本工作原理

包括直流电动机在内的一切旋转电动机，实际上都是依据两条基本原则制造的：①导线切割磁通产生感应电动势；②载流导体在磁场中受到电磁力的作用。任何电动机的工作原理都是建立在电磁力和电磁感应这个基础上的。为了讨论直流电动机的工作原理，可把复杂的直流电动机结构简化为图 2.2 和图 2.3 所示的工作原理图。电动机具有一对磁极，电枢绕组只是一个线圈，线圈两端分别连在两个换向片上，换向片上压着电刷。实际直流电动机的电枢根据需要有多个线圈，线圈分布在电枢铁芯表面的不同位置，按照一定的规律连接起来，构成电动机的电枢绕组。磁极也是根据需要 N、S 极在定子上交替排列多对。

直流电动机作为发电机运行（图 2.2）时，电枢由原动机驱动而在磁场中旋转，在电枢线圈的两根有效边（切割磁力线的导体部分）中便感应出电动势 E。显然，每一有效边中的电动势是交变的，即在 N 极下是一个方向，当它转到 S 极下时是另一个方向。但是，由于电刷 A 总是同与 N 极下的有效边相连的换向片接触，而电刷 B 总是同与 S 极下的有效边相连的换向片接触，因此，在电刷间就出现一个极性不变的电动势或电压，所以，换向器的作用在于将发电机电枢绕组内的交流电动势变换成电刷之间的极性不变的电动势。当电刷之间接有负载时，在电动势的作用下就在电路中产生一定方向的电流。

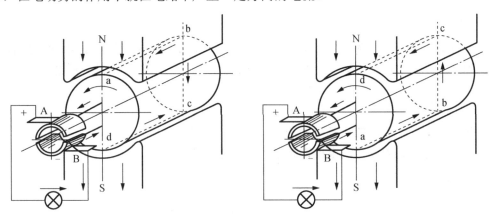

图 2.2　直流发电机的工作原理

直流电动机作为电动机运行（图 2.3）时，将直流电源接在电刷之间而使电流通入电枢线圈。电流方向应该是这样的：N 极下的有效边中的电流总是一个方向，而 S 极下的有效边中的电流总是另一个方向，这样才能使两个边上受到的电磁力的方向一致，电枢因而转动。因此，当线圈的有效边从 N（S）极下转到 S（N）极下时，其中电流的方向必须同时改变，以使电磁力的方向不变，而这也必须通过换向器才得以实现。电动机电枢线圈通电后在磁场中受力而转动，同时，当电枢在磁场中转动时，线圈中也要产生感应电动势 E，这个电动势的方向（由右手定则确定）与电流或外加电压的方向总是相反的，所以称为反电动势，它与发电机中电动势的作用是不同的。

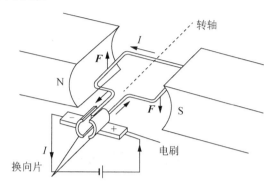

图 2.3　直流电动机的工作原理

直流电动机电刷间的电动势常用下式表示：

$$E = K_e \Phi n \qquad (2.1)$$

式中，E——电动势（V）；

　　　Φ——对磁极的磁通（Wb）；

　　　n——电枢转速（r/min）；

　　　K_e——与电动机结构有关的电动势常数。

直流电动机电枢绕组中的电流与磁通 Φ 相互作用，产生电磁力和电磁转矩。直流电动机的电磁转矩常用下式表示：

$$T = K_t \Phi I_a \qquad (2.2)$$

式中，T——电磁转矩（N·m）；

　　　Φ——对磁极的磁通（Wb）；

　　　I_a——电枢电流（A）；

　　　K_t——与电动机结构有关的常数，$K_t = 9.55 K_e$。

直流发电机和直流电动机的电磁转矩的作用是不同的。发电机的电磁转矩是阻转矩，它与电枢转动的方向或原动机的驱动转矩的方向相反，在图 2.2 中，应用左手定则就可看出。因此，在等速转动时，原动机的转矩 T_1 必须与发电机的电磁转矩 T 及空载损耗转矩 T_0 相平衡。当发电机的负载（即电枢电流）增加时，电磁转矩和输出功率也随之增加，这时原动机的驱动转矩和所供给的机械功率也必须相应增加，以保持转矩之间及功率之间的平衡，而转速基本上不变。电动机的电磁转矩是驱动转矩，它使电枢转动。因此，电动机的电磁转矩 T 必须与机械负载转矩 T_L 及空载损耗转矩 T_0 相平衡。当轴上的机械负载发生变动时，则电动机的转速、电动势、电流及电磁转矩将自动进行调整，以适应负载的变化，保持新的平衡。例如，当负载增加，即阻转矩增加时，电动机的电磁转矩便暂时小于阻转矩，所以，转速开始下降，随着转速的下降，当磁通 Φ 不变时，反电动势 E 必将减小，而电枢电流 $[I_a = (U-E)/R_a]$ 将增加，于是电磁转矩也随着增加，直到电磁转矩与阻转矩达到新的平衡后，转速不再下降，而电动机以较原先为低的转速稳定运行，这时的电枢电流已大于原先的数值，也就是说从电源输入的功率增加了（电源电压保持不变）。

从以上分析可知，直流电动机作为发电机运行和作为电动机运行时，虽然都产生电动势 E 和电磁转矩 T，但二者的作用正好相反，如表 2.1 所示。

表 2.1　电动机在不同运行方式下 E 和 T 的作用

电动机运行方式	E 和 I_a 的方向	E 的作用	T 的性质	转矩之间的关系
发电机	相同	电源电动势	阻转矩	$T_1=T+T_0$
电动机	相反	反电动势	驱动转矩	$T=T_L+T_0$

2.2　机电传动系统的负载特性

上面所讨论的机电传动系统运动方程式中，负载转矩 T_L 可能是不变的常数，也可能是转速 n 的函数。同一转轴上负载转矩和转速之间的函数关系，称为机电传动系统的负载特性，也就是生产机械的负载特性，有时也称生产机械的机械特性。为了便于和电动机的机械特性配合起来分析传动系统的运行情况，本书提及生产负载的负载特性时，除特别说明外，均指电动机轴上的负载转矩和转速之间的函数关系，即 $n = f(T_L)$。

不同类型的生产机械在运动中受阻力的性质不同，其负载特性曲线的形状也有所不同。典型的负载特性大体上可以归纳为以下几种。

2.2.1　恒转矩型机械特性

这一类型负载特性的特点是负载转矩为常数，如图 2.4 所示。属于这一类的生产机械有提升机构、提升机的行走机构、带式运输机及金属切削机床等。

依据负载转矩与运动方向的关系，可以将恒转矩型的负载转矩分为反抗性转矩和位能性转矩。

1. 反抗性恒转矩负载

反抗性转矩也称摩擦转矩，是由摩擦、非弹性体的压缩、拉伸与扭转等作用所产生的负载转矩。机床加工过程中切削力所产生的负载转矩就是反抗性转矩。反抗性转矩的方向恒与运动方向相反，运动方向发生改变时，负载转矩的方向也会随着改变，因而它总是阻碍运动的。按转矩正方向的约定可知，反抗性转矩恒与转速 n 取相同的符号，即 n 为正方向时，T_L 为正，特性曲线在第一象限；n 为反方向时，T_L 为负，特性曲线在第三象限，如图2.4（a）所示。

2. 位能性恒转矩负载

位能性转矩与反抗性转矩不同，它是由物体的重力和弹性体的压缩、拉伸与扭转等作用所产生的负载转矩，卷扬机起吊重物时重力所产生的负载转矩就是位能性转矩。位能性转矩的作用方向恒定，与运动方向无关，它在某方向阻碍运动，而在相反方向促进运动。由于重力的作用，卷扬机起吊重物时方向永远向着地心，所以，由它产生的负载转矩永远作用在使重物下降的方向。当电动机拖动重物上升时，T_L 与 n 方向相反；而当重物下降时，T_L 则与 n 方向相同。不管 n 为正向还是反向，T_L 都不变，特性曲线在第一、四象限，如图 2.4（b）所示。不难理解，在运动方程中，反抗性转矩 T_L 的符号总是正的；位能性转矩 T_L 的符号则有时为正，有时为负。

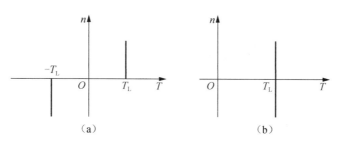

图 2.4 两种恒转矩型负载特性

（a）反抗性转矩；（b）位能性转矩

2.2.2 离心式通风机型负载特性

离心式通风机型负载是按离心力原理工作的，如离心式鼓风机、水泵等的负载转矩 T_L 与 n 的二次方成正比，即 $T_L = Cn^2$，C 为常数，如图 2.5 所示。

2.2.3 直线型负载特性

直线型负载的负载转矩 T_L 随 n 的增加成正比例增加，即 $T_L = Cn$，C 为常数，如图 2.6 所示。

实验室中作模拟负载用的他励直流发电机，当励磁电流和电枢电阻固定不变时，其电磁转矩与转速成正比。

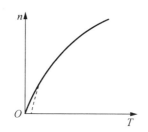 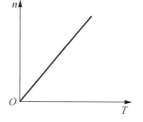

图 2.5 离心式通风机型负载特性　　图 2.6 直线型负载特性

2.2.4 恒功率型负载特性

这一类型负载的负载转矩 T_L 与转速 n 成反比，即 $T_L = K/n$，或 $K = T_L n \propto P$（常数），如图 2.7 所示。例如车床加工，在粗加工时，切削量大，负载阻力大，开低速；在精加工时，切削量小，负载阻力小，开高速。当选择这样的方式加工时，不同转速下，切削功率基本不变。

除了上述几种类型的负载特性外，还有一些生产机械具有各自

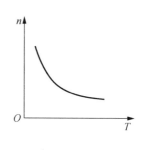

图 2.7 恒功率型负载特性

的负载特性，如带曲柄连杆机构的生产机械，它们的负载转矩 T_L 是随转角的变化而变化的；而球磨机、碎石机等生产机械，其负载转矩则随时间的变化做无规律的随机变化；等等。

还应指出，实际使用中的负载可能是单一类型的，也可能是几种类型的综合。例如，实际使用中的离心式通风机除了主要是离心式通风机性质的负载特性外，轴上还有一定的摩擦转矩 T_0，所以，它的负载特性应为 $T_L = T_0 + Cn^2$，如图 2.5 中的虚线所示。

2.3 机电传动系统稳定运行的条件

在机电传动系统中，电动机与生产机械连成一体，为了使系统运行合理，电动机的机械特性与生产机械的负载特性应尽量相配合。特性配合好的最基本要求是系统要能稳定运行。

机电传动系统的稳定运行包含两重含义：一是系统应以一定速度匀速运转；二是系统受某种外部干扰作用（如电压波动、负载转矩波动等）而使运行速度稍有变化时，应保证在干扰消除后系统能恢复到原来的运行速度。

保证系统匀速运转的必要条件是电动机轴上的拖动转矩 T_M 与折算到电动机轴上的负载转矩 T_L 大小相等，方向相反，相互平衡。从 TOn 坐标平面上看，这意味着电动机的机械特性曲线 $n = f(T_M)$ 和生产机械的负载特性曲线 $n = f(T_L)$ 必须有交点，如图 2.8 所示。图 2.8 中，曲线 1 表示异步电动机的机械特性，曲线 2 表示电动机拖动的生产机械的负载特性（恒转矩型的），两特性曲线有交点 a 和 b。交点常称为拖动系统的平衡点。

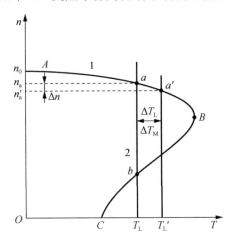

图 2.8 稳定工作点的判别

但是，两特性曲线存在交点只是保证系统稳定运行的必要条件，还不是充分条件。实际上只有点 a 才是系统的稳定平衡点，因为在系统出现干扰时，如负载转矩突然增加了 ΔT_L 时，T_L 变为 T_L'。这时，电动机来不及反应，仍工作在原来的点 a，其转矩为 T_M，于是 $T_M < T_L'$。

由拖动系统运动方程可知，系统要减速，即 n 要下降到 $n_a' = n_a - \Delta n$。从电动机机械特性曲线的 AB 段可看出，电动机转矩 T_M 将增大为 $T_M' = T_M + \Delta T_M$，电动机的工作点转移到点 a'。当干扰消除（$\Delta T_L = 0$）后，必有 $T_M' > T_L$ 迫使电动机加速，转速 n 上升，而 T_M 又要随 n 的上升而减小，直到 $\Delta n = 0$，$T_M = T_L$，系统重新回到原来的运行点 a。反之，若 T_L 突然减小，n 上升，当干扰消除后，也能回到点 a 工作，所以点 a 是系统的稳定平衡点。在点 b，若 T_L 突然增大，n 下降，从电动机机械特性曲线的 BC 段可看出，T_M 要减小，当干扰消除后，则有 $T_M < T_L$，使得 n 又要下降，T_M 随 n 的下降而进一步减小，使 n 进一步下降，一直到 $n = 0$，电动机停转。反之，若 T_L 突然减小，n 上升，使 T_M 增大，促使 n 进一步上升，直至越过点 B 进入 AB 段的点 a 工作。所以，点 b 不是系统的稳定平衡点。由上可知，对于恒转矩负载，电动机的 n 增加时，必须具有向下倾斜的机械特性曲线，系统才能稳定运行，若特性曲线上翘，则不能稳定运行。

从以上分析可以总结出机电传动系统稳定运行的充分必要条件：

（1）电动机的机械特性曲线 $n = f(T_M)$ 和生产机械的负载特性曲线 $n = f(T_L)$ 有交点（即拖动系统的平衡点）。

（2）当转速大于平衡点所对应的转速时，$T_M < T_L$。即若干扰使转速上升，当干扰消除后，应有 $T_M - T_L < 0$；而当转速小于平衡点所对应的转速时，$T_M > T_L$，即若干扰使转速下降，当干扰消除后，应有 $T_M - T_L > 0$。

只有满足上述两个条件的平衡点，才是拖动系统的稳定平衡点，即只有这样的特性配合，系统在受到外界干扰后，才具有恢复到原平衡状态的能力而进入稳定运行状态。

例如，当异步电动机拖动直流他励发电机工作，具有图 2.9 所示的特性曲线时，点 b 便符合稳定运行条件，因此，在此情况下，点 b 是稳定平衡点。

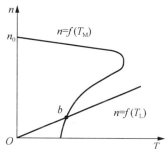

图 2.9 异步电动机拖动直流他励发电机工作时的特性曲线

2.4 直流电动机的机械特性

直流电动机按励磁方法分为他励、并励、串励和复励四类。它们的运行特性不尽相同，这一节主要介绍在调速系统中用得最多的他励电动机的机械特性。

图 2.10 所示为直流他励电动机的原理电路。

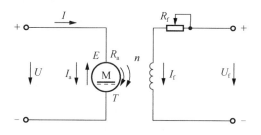

图 2.10 直流他励电动机的原理电路

电枢回路中的电压平衡方程式为

$$U = E + I_a R_a \tag{2.3}$$

将 $E = K_e \Phi n$ 代入式（2.3）并略加整理后，得

$$n = \frac{U}{K_e \Phi} - \frac{R_a}{K_e \Phi} I_a \qquad (2.4)$$

该式称为直流电动机的转速特性 $n=f(I_a)$，再以 $I_a=T/(K_t\Phi)$ 代入式（2.4），即可得直流电动机机械特性的一般表达式

$$n = \frac{U}{K_e \Phi} - \frac{R_a}{K_e K_t \Phi^2} T = n_0 - \Delta n \qquad (2.5)$$

式（2.5）中，当 $T=0$ 时的转速 $n_0=U/(K_e\Phi)$ 称为理想空载转速。实际上，电动机总存在空载制动转矩，靠电动机本身的作用是不可能使其转速上升到 n_0 的，"理想"的含义就在这里。

为了衡量机械特性的平直程度，引进一个机械特性硬度的概念，记作 β，其定义为

$$\beta = \frac{dT}{dn} = \frac{\Delta T}{\Delta n} \times 100\% \qquad (2.6)$$

即转矩变化 dT 与所引起的转速变化 dn 的比值，称为机械特性的硬度。根据 β 值的个同，电动机机械特性可分为三类：

（1）绝对硬特性（$\beta \to \infty$）：如交流同步电动机的机械特性。

（2）硬特性（$\beta>10$）：如直流他励电动机的机械特性，交流异步电动机机械特性的上半部。

（3）软特性（$\beta<10$）：如直流串励电动机和直流复励电动机的机械特性。

在实际生产中，应根据生产机械和工艺过程的具体要求来决定选用何种特性的电动机。例如，一般金属切削机床、连续式冷轧机、造纸机等需选用硬特性的电动机；而对起重机、电车等则需选用软特性的电动机。

1. 固有机械特性

电动机的机械特性有固有特性和人为特性之分。固有特性又称自然特性，它是指在额定条件下的 $n=f(T)$。对于直流他励电动机，就是在额定电压 U_N 和额定磁通 Φ 下，电枢电路内不外接任何电阻时的 $n=f(T)$。直流他励电动机的固有特性可以根据电动机的铭牌数据来绘制。

由式（2.4）知，当 $U=U_N$，$\Phi=\Phi_n$ 时，且 K_e、K_t、R_a 都为常数，故 $n=f(T)$ 是一条直线。只要确定其中的两个点就能画出这条直线，一般就用理想空载点 $(0, n_0)$ 和额定运行点 $(T_N、n_N)$ 近似地来作出直线。通常在电动机的铭牌上给出了额定功率 P_N、额定电压 U_N、额定电流 I_N、额定转速 n_N 等，由这些已知数据就可求出 R_a、$K_e\Phi_N$、n_0，T_N。其计算步骤如下：

（1）估算电枢电阻 R_a：通常电动机在额定负载下的铜耗 $I_a^2 R_a$ 占总损耗 $\sum \Delta P_N$ 的 $50\% \sim 75\%$。因

$$\sum \Delta P_N = 输入功率 - 输出功率$$
$$= U_N I_N - P_N = U_N I_N - \eta_N U_N I_N = (1-\eta_N)\ U_N I_N \qquad (2.7)$$

即

$$I_a^2 R_a = (0.50 \sim 0.75)(1-\eta_N) U_N I_N$$

式中，$\eta_N=P_N/(U_N I_N)$ 是额定运行条件下电动机的效率，且此时 $I_a=I_N$，故得

$$R_a = (0.50 \sim 0.75)\left(1 - \frac{P_N}{U_N I_N}\right)\frac{U_N}{I_N} \qquad (2.8)$$

（2）求 $K_e\Phi_N$：额定运行条件下的反电动势 $E_N = K_e \Phi_N n_N = U_N - I_N R_a$，故

$$K_e\Phi_N = (U_N - I_N R_a) / n_N \qquad (2.9)$$

（3）求理想空载转速 n_0：

$$n_0 = U_N / (K_e \Phi_N)$$

（4）求额定转矩 T_N：

$$T_N = \frac{P_N}{\omega} = 9.55 \frac{P_N}{n_N} \tag{2.10}$$

式中，T_N——电动机的额定转矩（N·m）；

$\quad\quad P_N$——电动机的额定功率（W）；

$\quad\quad \omega$——角频率（rad/s）；

$\quad\quad n_N$——电动机的转速。

根据（0，I_0）和（T_N，n_N）两点，就可以作出他励电动机近似的机械特性曲线 $n=f(T)$。还可以求出斜截式直线方程：

$$n = \frac{U_N}{K_e \Phi_N} - \frac{R_a}{K_e \Phi_N K_t \Phi_N} T = \frac{U_N}{K_e \Phi_N} - \frac{R_a}{9.55(K_e \Phi_N)^2} T \tag{2.11}$$

前面讨论的是直流他励电动机正转时的机械特性，它在 T-n 直角坐标平面的第一象限内。实际上电动机既可正转，也可反转。若将式（2.5）的等号两边乘以负号，即得电动机反转时的机械特性表示式。因为 n 和 T 均为负，故其特性应在 T-n 平面的第三象限中，如图 2.11 所示。

2．人为机械特性

人为机械特性就是指式（2.11）中供电电压 U 或磁通 Φ 不是额定值、电枢电路内接有外加电阻 R_{ad} 时的机械特性，又称人为特性。下面分别介绍直流他励电动机的三种人为机械特性。

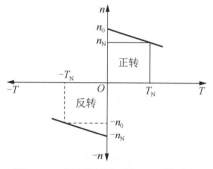

图 2.11　直流他励电动机正反转时的固有机械特性

1）电枢回路中串接附加电阻时的人为机械特性

如图 2.12（a）所示，当 $U=U_N$、$\Phi=\Phi_N$ 时，电枢回路中串接附加电阻 R_{ad}，若以 $R_{ad}+R_a$ 代替式（2.5）中的 R_a，就可求得人为机械特性方程式

$$n = \frac{U_N}{K_e \Phi_N} - \frac{R_{ad} + R_a}{9.55(K_e \Phi_N)^2} T \tag{2.12}$$

将式（2.12）与固有机械特性式（2.5）比较可看出，当 U 和 Φ 都是额定值时，二者的理想空载转速 n_0 是相同的，而转速降 Δn 却变大了，即特性变软。R_{ad} 越大，特性越软，在不同的 R_{ad} 值时，可得一簇由同一点（0，n_0）出发的人为特性曲线，如图 2.12（b）所示。

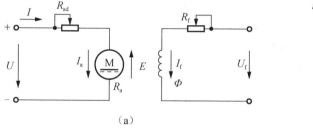

（a）　　　　　　　　　　　　　　　　　　　（b）

图 2.12　电枢回路中串接附加电阻的他励电动机

（a）电路原理；（b）机械特性

2）改变电枢电压 U 时的人为特性

当 $\Phi=\Phi_N$ 时，$R_{ad}=0$，而改变电枢电压 U（即 $U\neq U_N$ 时），由式（2.5）可知，此时，理想空载转速 $n_0=U/(K_e\Phi_N)$ 要随 U 的变化而变，但转速降 Δn 不变，所以，在不同的电枢电压 U 时，可得一簇平行于固有特性曲线的人为特性曲线，如图 2.13（a）所示。由于电动机绝缘耐压强度的限制，电枢电压只允许在其额定值以下调节，所以，不同 U 值时的人为特性曲线均在固有特性曲线之下。其人为机械特性为

$$n = \frac{U}{K_e\Phi_N} - \frac{R_a}{9.55(K_e\Phi_N)^2}T \tag{2.13}$$

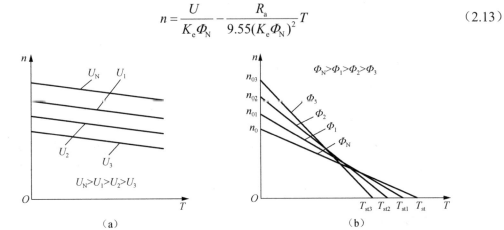

图 2.13　人为特性曲线
(a) 改变电枢电压；(b) 改变磁通 Φ

3）改变磁通 Φ 时的人为特性

当 $U=U_N$，$R_{ad}=0$，而改变磁通 Φ 时，由式（2.5）可知，此时，理想空载转速 $U_N/(K_e\Phi)$ 和转速降 $\Delta n=R_aT/(K_eK_t\Phi)$ 都要随磁通 Φ 的改变而变化，由于励磁线圈发热和电动机磁饱和的限制，电动机的励磁电流和它对应的磁通 Φ 只能在低于其额定值的范围内调节，所以，随着磁通 Φ 的降低，理想空载转速 n_0 和转速降 Δn 都要增大，又因为在 $n=0$ 时，由电压平衡方程式 $U=E+I_aR_a$ 和 $E=K_e\Phi$ 知，此时 $I_{st}=U/R_a=$ 常数，故与其对应的电磁转矩 $T_{st}=K_t\Phi I_{st}$ 随 Φ 的降低而减小。根据以上所述，就可得不同磁通 Φ 值下的人为特性曲线簇，如图 2.13（b）所示。从图中可看出，每条人为特性曲线均与固有特性曲线相交，交点左边的一段在固有特性曲线之上，右边的一段在固有特性曲线之下，而在额定运转条件（额定电压、额定电流、额定功率）下，电动机总是工作在交点的左边区域内。其人为机械特性为

$$n = \frac{U_N}{K_e\Phi} - \frac{R_a}{9.55(K_e\Phi)^2}T \tag{2.14}$$

削弱磁通时，必须注意的是，当磁通过分削弱后，如果负载转矩不变，将使电动机电流大大增加而严重过载。另外，当 $\Phi=0$ 时，从理论上说，电动机转速将趋于 ∞，实际上励磁电流为零时，电动机尚有剩磁，这时转速虽不趋于 ∞，但会升到机械强度所不允许的数值，通常称为"飞车"。因此，直流他励电动机启动前必须先加励磁电流，在运转过程中，决不允许励磁电路断开或励磁电流为零，为此，直流他励电动机在使用中，一般设有"失磁"保护。

【例 2.1】一台 Z2 系列他励直流电动机，$P_N=22kW$，$U_N=220V$，$I_N=116A$，$n_N=1\,500r/min$，试计算并绘制：

（1）固有机械特性；

（2）电枢回路串 $R_{ad}=0.4\Omega$ 电阻的人为机械特性；

（3）电源电压降低为 100V 时的人为特性；

（4）弱磁至 $\Phi=0.8\Phi_N$ 时的人为特性。

解：（1）固有特性：

$$R_a = 0.75\left(\frac{U_N I_N - P_N}{I_N^2}\right) = 0.75 \times \left(\frac{220 \times 116 - 22 \times 10^3}{116^2}\right)\Omega \approx 0.196\Omega$$

$$K_e\Phi_N = \frac{U_N - I_N R_a}{n_N} = \frac{220 - 116 \times 0.196}{1\,500}\,\text{V/(r/min)} \approx 0.132\text{V/(r/min)}$$

$$n_0 = \frac{U_N}{K_e\Phi_N} = \frac{220}{0.132}\,\text{r/min} \approx 1\,667\text{r/min}$$

$$n = n_0 - \frac{R_a}{9.55(K_e\Phi_N)^2}T = 1\,667 - \frac{0.196}{9.55 \times 0.132^2}T \approx 1\,667 - 1.18T$$

在直角坐标上标出理想空载点和额定工作点，连成直线，如图 2.14 中曲线 1 所示。

（2）串入 R_{ad} 的人为特性：

$$n = n_0 - \frac{R_a + R_{ad}}{9.55(K_e\Phi_N)^2}T$$

$$= 1\,667 - \frac{0.196 + 0.4}{9.55 \times 0.132^2}T$$

$$\approx 1\,667 - 3.58T$$

其人为特性曲线如图 2.14 中的曲线 2 所示。

（3）降低电源电压的人为特性：

$$n = \frac{U}{K_e\Phi_N} - \frac{R_a}{9.55(K_e\Phi_N)^2}T = \frac{100}{0.132} - \frac{0.196}{9.55 \times 0.132^2}T$$

$$\approx 758 - 1.18T$$

其人为特性曲线如图 2.14 中的曲线 3 所示。

（4）弱磁时的人为特性：

$$n = \frac{U_N}{0.8K_e\Phi_N} - \frac{R_a}{9.55(0.8K_e\Phi_N)^2}T$$

$$= \frac{220}{0.8 \times 0.132} - \frac{0.196}{9.55 \times (0.8 \times 0.132)^2}T$$

$$\approx 2\,083 - 1.84T$$

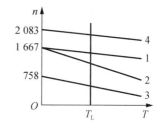

图 2.14　改变不同参数时的人为
特性曲线

其人为特性曲线如图 2.14 中的曲线 4 所示。

2.5　直流他励电动机的启动特性

电动机的启动就是施电于电动机，使电动机转子转动起来，达到所要求的转速后正常运转。对直流电动机而言，由式（2.3）知，电动机在未启动之前，$n=0$，$E=0$，而 R_a 很小，所以，将电动机直接接入电网并施加额定电压时，启动电流 $I_{st}=U_N/R_a$ 将很大，一般情况下能达到其额定电流的 $10\sim20$ 倍。这样大的启动电流不仅使电动机在换向过程中产生危险的火花，烧坏整流子，同时过大的电枢电流产生过大的电动应力，还可能引起绕组的损坏，而且产生与启动电流成正比例的启动转矩，从而在机械系统和传动机构中产生过大的动态转矩冲击，使机械传动部件损坏。另外，对供电电网来说，过大的启动电流将使保护装置动作，切断电源造成事故，或者引起电网电压的下降，影响其他负载的正常运行。因此，直流电动机是不允许直接启动的，即在启动时必须设法限制电枢电流，如普通的 Z2 型直流电动机，规定电枢的瞬时电流不得大于额定电流的 2 倍。

限制直流电动机的启动电流，一般有两种方法：

（1）降压启动：在启动瞬间，降低供电电源电压，随着转速 n 的升高，反电动势正增大，再逐步提高供电电压，最后达到额定电压 U_N 时，电动机达到所要求的转速。直流发电机-电动机组和晶闸管整流装置-电动机组等就是采用这种降压方式启动的，这将在后面章节中予以讨论。

（2）电枢回路内串接外加电阻启动：此时启动电流 $I_{st}=U_N/(R_a+R_{st})$ 将受到外加启动电阻 R_{st} 的限制，随着电动机转速 n 的升高，反电动势 E 增大，再逐步切除外加电阻，一直到全部切除，电动机达到所要求的转速。

生产机械对电动机启动的要求是有差异的。例如，无轨电车的直流电动机传动系统要求平稳慢速启动，若启动过快会使乘客感到不舒适；而一般生产机械则要求有足够的启动转矩，以缩短启动时间，提高生产效率。从技术上来说，一般希望平均启动转矩大些，以缩短启动时间，这样启动电阻的段数就应多些；而从经济上来看，则要求启动设备简单、经济和可靠，这样启动电阻的段数就应少些。如图 2.15（a）所示，图中只有一段启动电阻，若启动后，将启动电阻马上全部切除，则启动特性如图 2.15（b）所示。此时，由于电阻被切除，工作点将从特性 1 切换到特性 2 上，在切除电阻的瞬间，机械惯性的作用使电动机的转速不能突变，在此瞬间，特性 2 维持不变，即从 a 点切换到 b 点，此时冲击电流仍会很大，为了避免这种情况，通常采用逐级切除启动电阻的方法来启动。

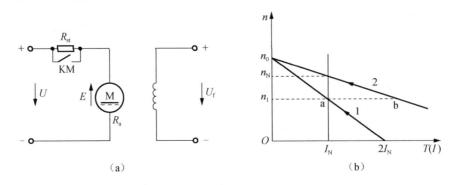

图 2.15　具有一段启动电阻的他励电动机
（a）电路原理；（b）启动特性

图 2.16 所示为具有三段启动电阻的原理电路和启动特性，T_1、T_2 分别称为尖峰（最大）转矩和换接（最小）转矩，启动过程中，接触器 KM1、KM2、KM3 依次将外接电阻 R_1、R_2、

R_3 短接，其启动特性如图 2.16（a）所示，n 和 T 沿着箭头方向在各特性曲线上变化。

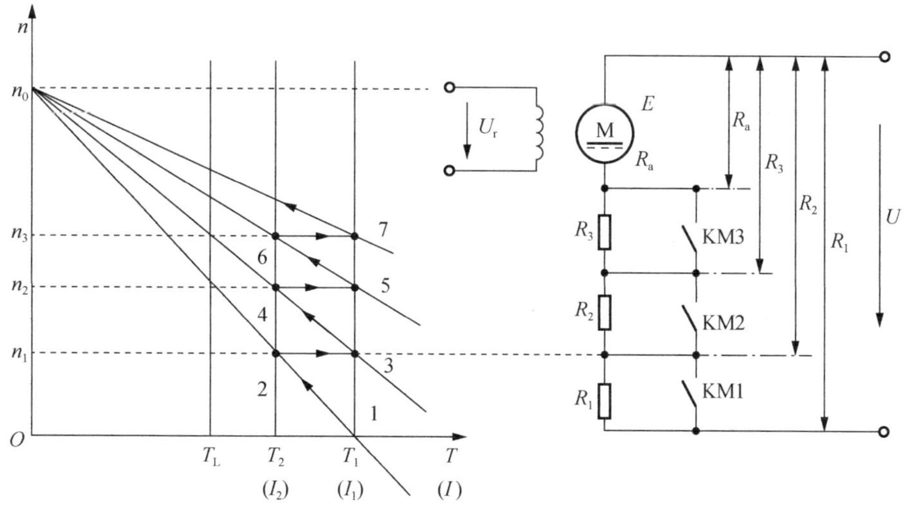

图 2.16　具有三段启动电阻的他励电动机
(a) 启动特性；(b) 电路原理

可见，启动级数越多，T_1、T_2 与平均转矩 $T_{av}=(T_1+T_2)/2$ 越接近，启动过程就快而平稳，但所需的控制设备也就越多。我国生产的标准控制柜都是按快速启动原则设计的，一般启动电阻为（3～4）段。

多级启动时，T_1、T_2 的数值需按照电动机的具体启动条件决定，一般原则是保持每一级的最大转矩 T_1（或最大电流 I_1）不超过电动机的允许值，而每次切换电阻时的 T_2（或 I_2）也基本相同，一般选择

$$T_1 = (1.6 \sim 2)T_N$$
$$T_2 = (1.1 \sim 1.2)T_N$$

2.6　直流他励电动机的调速特性

电动机的调速就是在一定的负载条件下，人为地改变电动机的电路参数，以改变电动机的稳定转速，如图 2.17 所示的特性曲线 1 与 2，在负载转矩一定时，电动机工作在特性 1 上的 A 点，以 n_A 转速稳定运行；若人为地增加电枢电路的电阻，则电动机将降速至特性 2 上的 B 点，以 n_B 转速稳定运行，这种转速的变化是人为改变（或调节）电枢电路的电阻所造成的，故称调速或速度调节。

注意： 速度调节与速度变化是两个完全不同的概念，所谓速度变化是指由于电动机负载转矩发生变化（增大或减小）而引起的电动机转速变化（下降或上升），如图 2.18 所示。当负载转矩由 T_1 增加到 T_2 时，电动机的转速由 n_A 降低到 n_B，它是沿某一条机械特性曲线发生的转速变化。总之，速度变化是在某机械特性下，由负载改变而引起的；而速度调节则是在

某一特定的负载下，靠人为改变机械特性而得到的，如图 2.17 所示。

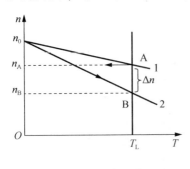

图 2.17　速度调节

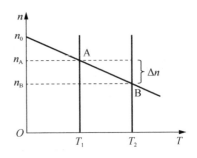

图 2.18　速度变化

电动机的调速是生产机械所要求的。例如金属切削机床，根据工件尺寸、材料性质、切削用量、刀具特性、加工精度等不同，需要选用不同的切削速度，以保证产品质量和提高生产效率；电梯类或其他要求稳速运行或准确停止的生产机械，要求在启动和制动时速度要慢或停车前降低运转速度以实现准确停止。实现生产机械的调速可以采用机械、液压或电气的方法。有关电力传动调速系统的共性问题和直流调速系统的详细分析，将在后面章节专门讨论，下面仅就他励直流电动机的调速方法作一般性的介绍。

由直流他励电动机机械特性方程式

$$n = \frac{U}{K_e \Phi} - \frac{R_a}{9.55(K_e \Phi)^2} T$$

可知，通过改变串入电枢回路的电阻 R_{ad}、电枢供电电压 U 或主磁通 Φ，可以得到不同的人为机械特性，从而在负载不变的情况下改变电动机的转速，以达到速度调节的要求，故直流电动机调速的方法有以下三种，即改变电枢电路外串电阻、改变电动机电枢供电电压和改变电动机主磁通。

2.6.1　改变电枢电路外串电阻 R_{ad}

直流电动机电枢回路串电阻后，可以得到人为的机械特性（图 2.12），并可用此法进行启动控制（图 2.15）及调速控制。图 2.19 所示特性为串电阻调速的特性，从特性可看出，在一

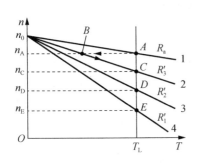

图 2.19　电枢回路串电阻调速的特性

定的负载转矩 T_L 下，串入不同的电阻可以得到不同的转速，如在电阻分别为 R_a、R_3'、R_2'、R_1' 的情况下，可以得到对应于 A、C、D 和 E 点的转速 n_A、n_C、n_D 和 n_E。在不考虑电枢电路的电感时，电动机调速时的机电过程（如降低转速）见图中沿 A—B—C 的箭头方向所示，即从稳定转速 n_A 调至新的稳定转速 n_C。这种调速方法存在不少的缺点，如机械特性较软，电阻越大则特性越软，稳定度越低；在空载或轻载时，调速范围不大；实现无级调速困难；在调速电阻上消耗大量电能等。特别注意，启动电阻不能当作调速电阻用，否则将烧坏。

正因为这种调速方法缺点不少，目前已很少采用，仅在有些起重机、卷扬机等低速运转

时间不长的传动系统中采用。

2.6.2　改变电动机电枢供电电压 U

改变电枢供电电压 U 可得到人为机械特性，如图 2.20 所示。从特性可看出，在一定负载转矩 T_L 下，加上不同的电压 U_N、U_1、U_2、U_3……，可以得到不同的转速 n_a、n_b、n_c、n_d……，即改变电枢电压可以达到调速的目的。

现以电压由 U_1 突然升高至 U_N 为例说明其升速的机电过程，电压为 U_1 时，电动机工作在 U_1 特性的 b 点，稳定转速为 n_b，当电压突然上升为 U_N 的一瞬间，由于系统机械惯性的作用，转速 n 不能突变，相应的反电动势 $E=K_e\Phi n$ 也不能突变，仍为 n_b 和 E_b。在不考虑电枢电路的电感时，电枢电流将随 U 的突然上升由 $I_L=(U_1-E_b)/R_a$ 突增至 $I_g=(U_N-E_b)/R_a$，则电动机的转矩也由 $T=T_L=K_t\Phi I_L$ 突然增至 $T'=T_g=K_e\Phi I_g$，即在 U 突增的这一瞬间，电动机的工作点由 U_1 特性的 b 点过渡到 U_N 特性的 g 点（实际上平滑调节时，I_g 是不大的）。由于 $T_g>T_L$，所以系统开始加速，反电动势 E 也随转速 n 的上升而增加，电枢电流则逐渐减小，电动机转矩也相应减小，电动机的工作点将沿 U_N 特性由 g 点向 a 点移动，直到 $n=n_a$ 时 T 又下降到 $T=T_L$，此时电动机已工作在一个新的稳定转速 n_a。

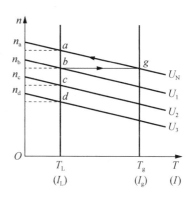

图 2.20　改变电枢电压调速的特性

由于调压调速过程中 $\Phi=\Phi_N=$ 常数，所以，当 $T_L=$ 常数时，稳定运行状态下的电枢电流 I_a 也是一个常数，而与电枢电压 U 的大小无关。

这种调速方法的特点如下：

（1）当电源电压连续变化时，转速可以平滑无级调节，但一般只能在额定转速以下调节；

（2）调速特性与固有特性互相平行，机械特性硬度不变，调速的稳定度较高，调速范围较大；

（3）调速时，因电枢电流与电压 U 无关，且 $\Phi=\Phi_N$，故电动机转矩 $T=K_t\Phi_N I_a$ 不变，属于恒转矩调速，适合对恒转矩型负载进行调速；

（4）不用其他启动设备，仅靠调节电枢电压来启动电动机。

过去调压电源是用直流发电机组、电机放大机组、汞弧整流器、晶闸管等，目前已普遍采用晶闸管整流装置了，用晶体管脉宽调制放大器供电的系统也已应用于工业生产中。

2.6.3　改变电动机主磁通 Φ

改变电动机主磁通 Φ 的机械特性如图 2.21 所示，从特性可看出，在一定的负载功率下，不同的主磁通 Φ_N、Φ_1、Φ_2……，可以得到不同的转速 n_a、n_b、n_c……，即改变主磁通 Φ 以达到调速的目的。

在不考虑励磁电路的电感时，电动机调速时的机电过程如图 2.21 所示，降速时沿 c—d—b 进行，从稳定转速 n_c 降至 n_b，升速时沿 b—e—c 进行，即从稳定转速 n_b 升至 n_c，这种调速方法的特点如下：

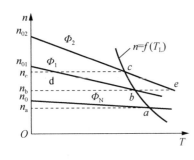

图2.21 改变主磁通 Φ 调速的特性

（1）可以平滑无级调速，但只能弱磁调速，即在额定转速以上调节。

（2）调速特性较软，且受电动机换向条件等的限制，普通他励电动机的最高转速不得超过额定转速的 2 倍，所以调速范围不大。若使用特殊制造的"调速电动机"，调速范围可以增加，但这种调速电动机的体积和所消耗的材料都比普通电动机大得多。

（3）调速时维持电枢电压 U 和电枢电流 I_a 不变，即功率 $P=UI_a$ 不变，属恒功率调速，所以这种调速适合对恒功率型负载进行调速。在这种情况下电动机的转矩 $T=K_t\Phi I_a$ 随主磁通 Φ 的减小而减小。

基于弱磁调速范围不大，它往往和调压调速配合使用，即在额定转速以下，用降压调速，而在额定转速以上，则用弱磁调速。

2.7 直流他励电动机的制动特性

电动机的制动是与启动相对应的一种工作状态，启动是从静止加速到某一稳定转速，而制动则是从某一稳定转速开始减速到停止或是限制位能负载下降速度的一种运转状态。

请注意，电动机的制动与自然停车是两个不同的概念，自然停车是电动机脱离电网，靠很小的摩擦阻转矩消耗机械能使转速慢慢下降，直到转速为 0 而停车，这种停车过程需时较长，不能满足生产机械的要求。为了提高生产效率，保证产品质量，需要加快停车过程，实现准确停车等，要求电动机运行在制动状态，常简称为电动机的制动。

就能量转换的观点而言，电动机有两种运转状态，即电动状态和制动状态。电动状态是电动机最基本的工作状态，其特点是电动机所发出的转矩 T 的方向与转速 n 的方向相同，如图2.22（a）所示，当起重机提升重物时，电动机将电源输入的电能转换成机械能，使重物 G 以速度 v 上升；但电动机也可工作在其发出的转矩 T 与转速 n 方向相反的状态，如图2.22（b）所示，这就是电动机的制动状态。此时，为使重物稳速下降，电动机必须发出与转速方向相反的转矩，以吸收或消耗重物的机械位能，否则重物由于重力作用，其下降速度将越来越快。又如当生产机械要由高速运转迅速降到低速或者生产机械要求迅速停车时，也需要电动机发出与旋转方向相反的转矩，来吸收或消耗机械能，使它迅速制动。

从上述分析可看出，电动机的制动状态有两种形式：

一是在卷扬机下放重物时为限制位能负载的运动速度，电动机的转速不变，以保持重物的匀速下降，这属于稳定的制动状态；

二是在降速或停车制动时，电动机的转速是变化的，则属于过渡的制动状态。

两种制动状态的区别在于转速是否变化，它们的共同点是：电动机发出的转矩 T 与转速 n 的方向相反，电动机工作在发电机运行状态，电动机吸收或消耗机械能（位能或动能），并将其转化为电能反馈回电网或消耗在电枢电路的电阻中。

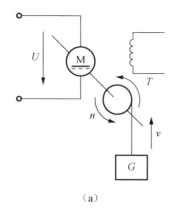 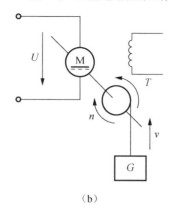

（a）　　　　　　　　　　　　　（b）

图 2.22　直流他励电动机的工作状态

（a）电动状态；（b）制动状态

根据直流他励电动机处于制动状态时的外部条件和能量传递情况，它的制动状态分为反馈制动、反接制动和能耗制动三种形式。

2.7.1　反馈制动

电动机为正常接法时，在外部条件作用下电动机的实际转速 n 大于其理想空载转速 n_0，此时，电动机即运行于反馈制动状态。例如，电车走平路时，电动机工作在电动状态，电磁转矩 T 克服摩擦性负载转矩 T_r，并以 n_a 转速稳定在 a 点工作，如图 2.23 所示。当电车下坡时，电车位能负载转矩 T_p 使电车加速，转速 n 增加，当 $n=n_0$ 时，由于 $T_p>T+T_r$，电动机继续加速，使 $n>n_0$，感应电动势 E 大于电源电压 U，故电枢中电流 I_a 的方向便与电动状态相反，转矩的方向也由于电流方向的改变而变得与电动运转状态相反，直到 $T_p=T+T_r$ 时，电动机以 n_b 的稳定转速控制电车下坡，实际上这时是电车的位能转矩带动电动机发电。把机械能转变成电能，向电源馈送，故称反馈制动，也称再生制动或发电制动。

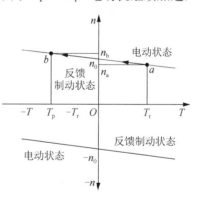

图 2.23　直流他励电动机的反馈制动

在反馈制动状态下电动机的机械特性表达式仍是式（2.5）。所不同的仅是 T 改变了符号（即 T 为负值），而理想空载转速和特性的斜率均与电动状态下的一致，这说明电动机正转时，反馈制动状态下的机械特性是第一象限中电动状态下的机械特性在第二象限内的延伸。

在电动机电枢电压突然降低使电动机转速降低的过程中，也会出现反馈制动状态。例如，原来电压为 U_1，相应的机械特性为图 2.24 中的直线 1，在某一负载下以 n_1 运行在电动状态；当电枢电压由 U_1 突降为 U_2 时，对应的理想空载转速为 n_{02}，机械特性变为直线 2。但由于电动机转速和由它所决定的电枢电动势不能突变，若不考虑电枢电感的作用，则电枢电流将由 $I_a=\dfrac{U_1-E}{R_a+R_{ad}}$ 突变为 $I_b=\dfrac{U_2-E}{R_a+R_{ad}}$。

当 $n_{02}<n_1$，即 $U_2<E$ 时，电流 I_b 为负值并产生制动转矩，即电压 U 突降的瞬时，系统的状态在第二象限中的 b 点，从 b 点到 n_{02} 这段特性上，电动机进行反馈制动，转速逐步降低，

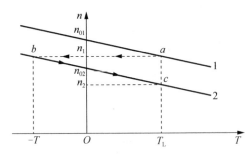

图 2.24 电枢电压突然降低时的反馈制动过程

转速下降至 $n=n_{02}$ 时，$E=U_2$，电动机的制动电流和由它建立的制动转矩下降为 0，反馈制动过程结束。此后，在负载转矩 T_L 的作用下，转速进一步下降，电磁转矩又变为正值，电动机又重新运行于第一象限的电动状态，直至达到 c 点时 $T=T_L$，电动机又以 n_2 的转速在电动状态下稳定运行。

同样，电动机在弱磁状态用增加磁通 Φ 的方法来降速时，也能产生反馈制动过程。以实现迅速降速的目的。

卷扬机构下放重物时，也能产生反馈制动过程，以保持重物匀速下降，如图 2.25 所示。设电动机正转时是提升重物，机械特性曲线在第一象限；若改变加在电枢上的电压极性，其理想空载转速为 $-n_0$，特性曲线在第三象限，电动机反转，在电磁转矩 T 与负载转矩（位能负载）T_L 的共同作用下，重物迅速下降，且越来越快，使电枢电动势 $E=K_e\Phi n$ 增加，电枢电流 $I_a=(U-E)/(R_a+R_{ad})$ 减小，电动机转矩 $T=K_t\Phi I_a$ 亦减小，传动系统的状态沿其特性曲线由 a 点向 b 点移动，由于电动机和生产机械特性曲线在第三象限没有交点，系统不可能建立稳定平衡点，所以系统的加速过程一直进行到 $n=-n_0$ 和 $T=0$ 时仍不会停止，而在重力作用下继续加速。当 $|n|>|-n_0|$ 时，$E>U$，I_a 改变方向，电动机转矩 T 变为正值，其方向与 T_L 相反，系统状态进入第四象限，电动机进入反馈制动状态，在 T_L 的作用下，状态沿其特性曲线由 b 点继续向 c 点移动，电枢电流和它所建立的电磁制动转矩 T 随转速的上升而增大，直到 $n=-n_c$、$T=T_L$ 时为止，此时系统的稳定平衡点在第四象限中的 c 点，电动机以 $n=-n_c$ 的转速在反馈制动状态下稳定运行，以保持重物匀速下降。若改变电枢电路中的附加电阻 R_{ad} 的大小，也可以调节反馈制动状态下电动机的转速，但与电动状态下的情况相反。反馈制动状态下附加电阻越大，电动机转速越高，见图 2.25（b）中所示的 c、d 两点。为使重物下降速度不致过高，串接的附加电阻不宜过大。但即使不串接任何电阻，重物下放过程中电动机的转速仍高于 n_0，如果下放的工件较重，那么采用这种制动方式运行是不太安全的。

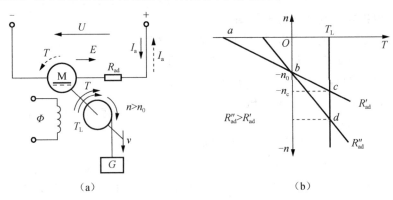

（a）   （b）

图 2.25 下放重物时的反馈制动过程

（a）原理图；（b）制动特性曲线

2.7.2　反接制动

当他励电动机的电枢电压或电枢电动势 E 在外部条件作用下改变了方向，即二者由方向相反变为方向一致时，电动机即运行于反接制动状态。把改变电枢电压 U 的方向所产生的反接制动称为电源反接制动；而把改变电枢电动势 E 的方向所产生的反接制动称为倒拉反接制动。下面对这两种反接制动分别进行讨论。

1.　电源反接制动

如图 2.26 所示，若电动机原运行在正向电动状态，电动机电枢电压 U 的极性为图 2.26（a）中的实线所示，此时电动机稳速运行在第一象限中特性曲线 1 的 a 点，转速为 n_a，若电枢电压 U 的极性突然反接，如图 2.26（a）中的虚线所示，此时电动势平衡方程式为

$$E = -U - I_a(R_a + R_{ad}) \tag{2.15}$$

注意，电动势 E、电枢电流 I_a 的方向为电动状态下假定的正方向。将 $E = K_e \Phi n$，$I_a = T/(K_t \Phi)$ 代入式（2.15），便可得到电源反接制动状态的机械特性表达式

$$n = \frac{-U}{K_e \Phi} - \frac{R_a + R_{ad}}{K_e K_t \Phi^2} T \tag{2.16}$$

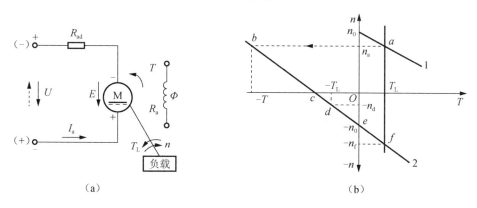

图 2.26　电源反接时的反接制动过程
（a）原理图；（b）制动特性曲线

可见，当理想空载转速 n_0 变为 $-n_0 = -U/(K_e \Phi)$ 时，电动机的机械特性曲线为图 2.26（b）中的直线 2，其反接制动特性曲线在第二象限。由于在电源极性反接的瞬间，电动机的转速和它所决定的电枢电动势不能突变，若不考虑电枢电感的作用，此时系统的状态由直线 1 的 a 点变到直线 2 的 b 点，电动机发出与转速 n 方向相反的转矩 T（即 T 为负值），它与负载转矩共同作用，使电动机转速迅速下降，制动转矩将随 n 的下降而减小，系统的状态沿直线 2 自 b 点向 c 点移动。当 n 下降到 0 时，反接制动过程结束。这时若电枢还不从电源断开，电动机将反向启动，并将在 d 点（T_L 为反抗转矩时）或 f 点（T_L 为位能转矩时）建立系统的稳定平衡点。

注意： 由于在反接制动期间，电枢电动势 E 和电源电压 U 是串联相加的，因此，为了限制电枢电流 I_a，电动机的电枢电路中必须串接足够大的限流电阻 R_{ad}。

电源反接制动一般应用在生产机械要求迅速减速、停车和反向的场合及要求经常正反转

的机械上。

2. 倒拉反接制动

如图 2.27 所示，在进行倒拉反接制动以前，设电动机处于正向电动状态，以转速 n_a 稳定运转，提升重物。若欲下放重物，则需在电枢电路内串入附加电阻 R_{ad}，这时电动机的运行状态将由自然特性曲线 1 的 a 点过渡到人为特性曲线 2 的 c 点，电动机转矩 T 远小于负载转矩 T_L，因此，传动系统转速下降（即提升重物上升的速度减慢），即沿着特性曲线 2 向下移动。由于转速下降，电动势 E 减小，电枢电流增大，则电动机转矩 T 相应增大，但仍比负载转矩 T_L 小，所以，系统速度继续下降，即重物提升速度越来越慢；当电动机转矩 T 沿特性曲线 2 下降到 d 点时，电动机转速为 0，即重物停止上升，电动机反电动势也为 0，但电枢在外加电压 U 的作用下仍有很大电流，此电流产生堵转转矩 T_{st}，由于此时 T_{st} 仍小于 T_L，故 T_L 拖动电动机的电枢开始反方向旋转，即重物开始下降，电动机工作状态进入第四象限，这时电动势 E 的方向也反过来，E 和 U 同方向，所以，电流增大，转矩 T 增大，随着转速在反方向增大，电动势 E 增大，电流和转矩也增大，直到转矩 $T=T_L$ 的 b 点，转速不再增加，而以稳定的 n_b 速度下放重物。由于这时重物是靠位能负载转矩 T_L 的作用下放，而电动机转矩 T 是阻止重物下放的，故电动机这时起制动作用，这种工作状态称为倒拉反接制动或电动势反接制动状态。

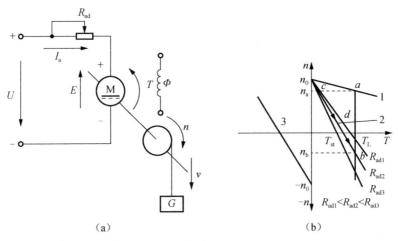

图 2.27　倒拉反接制动状态下的机械特性
（a）原理图；（b）制动特性曲线

适当选择电枢电路中附加电阻 R_{ad} 的大小，即可得到不同的下降速度，且附加电阻越小，下降速度越低。这种下放重物的制动方式弥补了反馈制动的不足，它可以得到极低的下降速度，保证了生产的安全。故倒拉反接制动常用在控制位能负载的下降速度，使之不致在重物作用下有越来越大的加速。其缺点是，若对 T_L 的大小估计不准，则本应下降的重物可能上升。另外，其机械特性硬度小，因而较小的转矩波动就可能引起较大的转速波动，即速度的稳定性较差。

由于图 2.27（a）中电压 U、电动势 E、电流 I_a 都是电动状态下假定的正方向，所以，倒拉反接制动状态下的电动势平衡方程式、机械特性在形式上均与电动状态下的相同，即分别为

$$E = U - I_a(R_a + R_{ad}) \tag{2.17}$$

$$n = \frac{U}{K_e\Phi} - \frac{R_a + R_{ad}}{K_eK_t\Phi^2}T \tag{2.18}$$

因在倒拉反接制动状态下电动机反向旋转，故上列各式中的转速 n、电动势 E 应是负值，可见倒拉反接制动状态下的机械特性曲线实际上是第一象限中电动状态下的机械特性曲线在第四象限中的延伸；若电动机反向运转在电动状态，则倒拉反接制动状态下的机械特性曲线就是第三象限中电动状态下的机械特性曲线在第二象限的延伸，如图 2.27（b）曲线 3 所示。

2.7.3　能耗制动

电动机在电动状态运行时，若把外加电枢电压 U 突然降为 0，而在电枢回路中串接一个附加电阻 R_{ad}，便能得到能耗制动状态，如图 2.28（a）所示。制动时，接触器 KM 断电，其常开触点断开，常闭触点闭合，这时，由于机械惯性，电动机仍在旋转，磁通 Φ 和转速 n 的存在，使电枢绕组上继续有感应电动势 $E=K_e\Phi n$，其方向与电动状态方向相同。电动势 E 在电枢和 R_{ad} 回路内产生电流 I_a，该电流方向与电动状态下由电源电压 U 所决定的电枢电流方向相反，而磁通 Φ 的方向未变，故电磁转矩 $T=K_t\Phi I_a$ 反向，即 T 与 n 反向，T 变成制动转矩。这时由工作机械的机械能带动电动机发电，使传动系统储存的机械能转变成电能通过电阻（电枢电阻 R_a 和附加的制动电阻 R_{ad}）转化成热量消耗掉，故称为能耗制动。

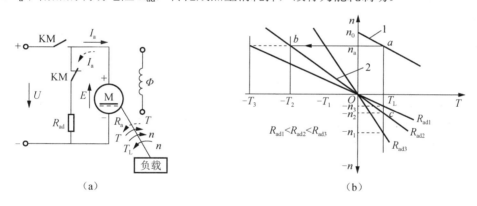

图 2.28　能耗制动状态下的机械特性
（a）原理图；（b）制动特性曲线

由图 2.28（a）可看出，电压 $U=0$，电动势 E、电流 I_a 仍为电动状态下假定的正方向，故能耗制动状态下的电动势平衡方程式为

$$E = -I_a(R_a + R_{ad}) \tag{2.19}$$

因 $E=K_e\Phi n$，$I_a=T/(K_t\Phi)$，故

$$n = -\frac{R_a + R_{ad}}{K_eK_t\Phi^2}T \tag{2.20}$$

其机械特性曲线如图 2.28（b）中的直线 2 所示，它是通过原点且位于第二象限和第四象限的一根直线。

如果电动机带动的是反抗性负载，它只具有惯性能量（动能），能耗制动的作用是消耗掉传动系统储存的动能，使电动机迅速停车。其制动过程如图 2.28（b）所示，设电动机原来运

行在 a 点，转速为 n，刚开始制动时，n_a 不变，但制动特性为直线 2，工作点由 a 点转到 b 点，这时电动机的转矩 T 为负值（因为此时在电动势 E 的作用下，电枢电流 I_a 反向），是制动转矩，在制动转矩和负载转矩共同作用下，拖动系统减速。电动机工作点沿特性 2 向下方向变化，随着转速 n 的下降，制动转矩也逐渐减小，直至 $n=0$ 时，电动机产生的制动转矩也下降到 0，制动作用自行结束。这种制动方式的优点之一是不像电源反接制动那样存在电动机反向启动的危险。

如果是位能负载，则在制动到 $n=0$ 时，重物还将拖着电动机反转，使电动机向下降的方向加速，即电动机进入第四象限的能耗制动状态，随着转速的升高，电动势 E 增加，电流和制动转矩也增加，系统的状态由能耗制动特性曲线 2 的 O 点向 c 点移动，当 $T=T_L$ 时，系统进入稳定平衡状态。电动机以 $-n_2$ 转速使重物匀速下降。采用能耗制动下放重物的主要优点是：不会出现像倒拉反接制动那样因对 T_L 的大小估计错误而引起重物上升的事故，运行速度也较反接制动时稳定。

能耗制动通常应用于拖动系统需要迅速而准确地停车及卷扬机重物恒速下放的场合。

改变制动电阻 R_{ad} 的大小，可得到不同斜率的特性，如图 2.28（b）所示。在一定负载转矩 T_L 作用下，不同大小的 R_{ad}，便有不同的稳定转速（如 $-n_1$、$-n_2$、$-n_3$）；或者在一定转速 n_a 下，可使制动电流与制动转矩不同（如 $-T_1$、$-T_2$、$-T_3$）。R_{ad} 越小，制动特性越平，也即制动转矩越大，制动效果越强烈。但需注意，为避免电枢电流过大，R_{ad} 的最小值应该使制动电流不超过电动机允许的最大电流。

从以上分析可知，电动机有电动和制动两种运转状态，在同一种接线方式下，有时既可以运行在电动状态，也可以运行在制动状态。对直流他励电动机，用正常的接线方法，不仅可以实现电动运转，也可以实现反馈制动和反接制动，这三种运转状态处在同一条机械特性上的不同区域，如图 2.29 中直线 1 与 3 所示（分别对应于正、反转方向）。能耗制动时的接线方法稍有不同，其特性如图 2.29 中直线 2 所示，第二象限对应于电动机原处于正转状态时的情况，第四象限对应于反转时的情况。

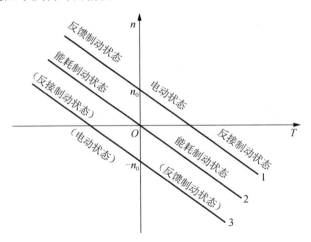

图 2.29　直流他励电动机各种运行状态下的机械特性

【例 2.2】有一台他励电动机，$P_N=5.6\text{kW}$，$U_N=220\text{V}$，$I_N=27\text{A}$，$n_N=1\ 000\text{r/min}$，$R_a=0.5\ \Omega$，负载转矩 $T_L=49\text{N·m}$，电动机的过载倍数 $\lambda=2$，试计算：

（1）电动机拖动摩擦性负载，采用能耗制动过程停车，电枢回路应串入的制动电阻最小值是多少？若采用电源反接制动停车，串入的电阻最小值是多少？

（2）电动机拖动位能性恒转矩负载，要求以 300r/min 的速度下放重物，采用倒拉反接制动，电枢回路应串入多大电阻？若采用能耗制动，电枢回路应串入多大电阻？

（3）若使电动机以 1 200r/min 的速度在反馈制动状态下匀速下放重物，电枢回路应串多大电阻？若电枢回路不串电阻，匀速下放重物的转速是多少？

解： 要想求解此题，首先应该根据电动机的额定参数，利用电压平衡方程，求出 $K_e\Phi_N$。

由

$$U_N = K_e\Phi_N n_N + I_N R_a$$

得

$$K_e\Phi_N = \frac{U_N - I_N R_a}{n_N} = \frac{220 - 27 \times 0.5}{1\,000} \approx 0.21$$

（1）设能耗制动时，串入电阻为 R_{ad1}，电源反接制动时串入电阻为 R_{ad2}。

① 能耗制动：

能耗制动状态下的机械特性方程为

$$n = -\frac{R_a + R_{ad1}}{9.55 K_e\Phi_N} T \tag{2.21}$$

制动瞬间的最大制动转矩为 $-\lambda T_N$，而

$$T_N = 9.55 \frac{P_N}{n_N} = 9.55 \times \frac{5.6 \times 10^3}{1\,000} \text{N} \cdot \text{m} = 53.48 \text{N} \cdot \text{m}$$

由于串电阻瞬间转速不变，电动机的速度仍为原稳态转速，即固有机械特性和负载 T_L 的交点速度 n_s 如图 2.30 所示。所以，n_s 可求解如下：

$$n_s = \frac{U_N}{K_e\Phi_N} - \frac{R_a}{9.55(K_e\Phi_N)^2} T_L = \left(\frac{220}{0.21} - \frac{0.5}{9.55 \times 0.21^2} \times 49 \right) \text{r/min} \approx 989.45 \text{r/min}$$

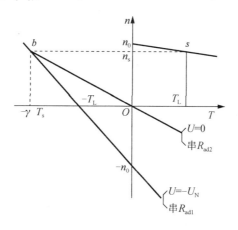

图 2.30　能耗制动与电源反接制动停车特性曲线

将求出的 T_N 和 n_s 代入式（2.18），可以求出所串电阻 R_{ad1}，即

$$R_{ad1} = \frac{-9.55 K_e \Phi_N n_s}{-\lambda T_N} - R_a = \left(\frac{9.55 \times 0.21 \times 989.45}{2 \times 53.48} - 0.5 \right) \Omega \approx 18.05\Omega$$

② 电源反接制动：

串入电阻 R_{ad2} 时，电源反接制动状态下的机械特性方程为

$$n = \frac{-U_N}{K_e \Phi_N} - \frac{R_a + R_{ad2}}{9.55(K_e \Phi_N)^2} T$$

由于串入电阻 R_{ad2} 瞬时，电动机速度为原稳态转速 n_s，且电磁转矩为 $-\lambda T_N$，故其方程为

$$n_s = -\frac{U_N}{K_e \Phi_N} - \frac{R_a + R_{ad2}}{9.55(K_e \Phi_N)^2}(-\lambda T_N)$$

所以

$$R_{ad2} = \left(n_s + \frac{U_N}{K_e \Phi_N} \right) \frac{9.55(K_e \Phi_N)^2}{\lambda T_N} - R_a$$

$$= \left[\left(989.45 + \frac{220}{0.21} \right) \times \frac{9.55 \times 0.21^2}{2 \times 53.48} - 0.5 \right] \Omega \approx 7.52\Omega$$

（2）设倒拉反接制动和能耗制动时，电枢回路分别串入电阻 R_{ad3} 和 R_{ad4}，特性曲线如图 2.31 所示。

① 倒拉反接制动：

由

$$-n = \frac{U_N}{K_e \Phi_N} - \frac{R_a + R_{ad3}}{9.55(K_e \Phi_N)^2} T_L$$

有

$$R_{ad3} = \left(\frac{U_N}{K_e \Phi_N} + n \right) \frac{9.55(K_e \Phi_N)^2}{T_L} - R_a$$

$$= \left[\left(\frac{220}{0.21} + 300 \right) \times \frac{9.55 \times 0.21^2}{49} - 0.5 \right] \Omega \approx 11.08\Omega$$

② 能耗制动：

由

$$-n = -\frac{R_a + R_{ad4}}{9.55(K_e \Phi_N)^2} T_L$$

有

$$R_{ad4} = \frac{9.55(K_e \Phi_N)^2}{T_L} n - R_a = \left(\frac{9.55 \times 0.21^2}{49} \times 300 - 0.5 \right) \Omega \approx 2.08\Omega$$

（3）串入制动电阻 R_{ad5} 和不串电阻时的反馈制动特性曲线如图 2.32 所示。

设反馈制动运行时串入的制动电阻为 R_{ad5}：

由

$$-n = \frac{-U_N}{K_e \Phi_N} - \frac{R_a + R_{ad5}}{9.55(K_e \Phi_N)^2} T_L$$

有

$$R_{ad5} = \left(\frac{-U_N}{K_e \Phi_N} + n \right) \frac{9.55(K_e \Phi_N)^2}{T_L} - R_a$$

$$= \left[\left(\frac{-220}{0.21} + 1\,200 \right) \times \frac{9.55 \times 0.21^2}{49} - 0.4 \right] \Omega \approx 0.91\Omega$$

不串电阻时的制动转速：

$$n = \frac{-U_N}{K_e \Phi_N} - \frac{R_a}{9.55(K_e \Phi_N)^2} T_L$$

$$= \left(\frac{-220}{0.21} - \frac{0.5}{9.55 \times 0.21^2} \times 49 \right) \text{r/min} = -1105.8 \text{r/min}$$

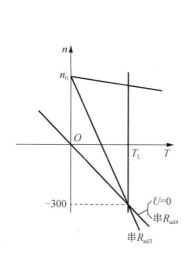

图 2.31　倒拉反接制动和能耗制动特性曲线

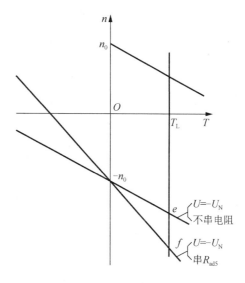

图 2.32　反馈制动特性曲线

习题与思考题

一、简答题

1．在直流电动机中，加在电枢两端的电压是直流电压，这时换向器有什么作用？

2．如何判断直流电动机是运行于发电机状态还是电动机状态？它的能量转换关系有何不同？

3．什么是机械特性的硬度？什么是硬特性？什么是软特性？特性的硬/软对机电传动系统有什么意义？

4．直流电动机一般为什么不允许直接启动？若直接启动会发生什么问题？采用什么方法启动比较好？

5．改变磁通的人为特性为什么在固有特性的上方？改变电枢电压的人为特性为什么在固有特性的下方？

6．反接制动及能耗制动各有什么特点？

7．一台他励直流电动机所拖动的负载转矩 T_L=常数，当电枢电压或电枢附加电阻改变时，能否改变其稳定运行状态下电枢电流的大小？为什么？这时拖动系统中哪些量必然要发生变化？

8．一台他励直流电动机在稳态下运行时，电枢反电动势 $E=E_1$，如负载转矩 T_L=常数，外加电压和电枢电路中的电阻均不变，问：减弱励磁使转速上升到新的稳态值后，电枢反电动势将如何变化？

9．直流他励电动机启动时，为什么一定要先把励磁电流加上？若忘了先合励磁绕组的电源开关就把电枢电源接通，这时会产生什么现象（试从 T_L–0 和 $T_L=T_N$ 两种情况加以分析）？当电动机运行在额定转速下，若突然将励磁绕组断开，此时又将出现什么情况？

10．直流电动机用电枢电路串电阻的办法启动时，为什么要逐渐切除启动电阻？如切除太快，会带来什么后果？

11．转速调节（调速）与固有的速度变化在概念上有什么区别？

12．他励直流电动机有哪些方法进行调速？它们的特点是什么？

13．一台直流他励电动机拖动一台卷扬机构，在电动机拖动重物匀速上升时将电枢电源突然反接，试利用机械特性从机电过程上说明：

（1）从反接开始到系统达到新的稳定平衡状态之间，电动机经历了几种运行状态？最后在什么状态下建立系统新的稳定平衡点？

（2）各种状态下转速变化的机电过程怎样？

二、计算与绘图题

1．已知某他励直流电动机的铭牌数据如下：P_N=7.5kW，U_N=220V，n_N=1 500r/min，η_N=88.5％，试求该电机的额定电流和额定转矩。

2．一台他励直流电动机的铭牌数据如下：P_N=5.5kW，U_N=110V，I_N=62A，n_N=1 000r/min，试绘出它的固有机械特性曲线。

3．一台他励直流电动机的技术数据如下：P_N=6.5kW，U_N=220V，I_N=34.4A，n_N=1 500r/min，R_a=0.242Ω。试计算出此电动机的如下特性：

（1）固有机械特性；

（2）电枢附加电阻分别为 3Ω 和 5Ω 时的人为机械特性；

（3）电枢电压为 U_N/2 时的人为机械特性；

（4）磁通 Φ=0.8Φ_N 时的人为机械特性。

并绘出上述特性的图形。

4．一台直流他励电动机，其额定数据如下：P_N=2.2kW，U_N=U_f=110V，n_N=1 500r/min，η_N=0.8，R_a=0.4Ω，R_f=82.7Ω。试求：

（1）额定电枢电流 I_{aN}；

（2）额定励磁电流 I_{fN}；

（3）励磁功率 P_f；

（4）额定转矩 T_N；

（5）额定电流时的反电动势；

（6）直接启动时的启动电流；

（7）如果要使启动电流不超过额定电流的 2 倍，求启动电阻为多少欧？此时启动转矩又为多少？

5．有一台他励电动机：P_N=10kW，U_N=220V，I_N=52.8A，n_N=1 500r/min，R_a=0.29Ω。试计算：

（1）直接启动瞬间的堵转电流 I_u；

（2）若限制启动电流不超过 $2I_N$，采用电枢串电阻启动时，应串入启动电阻的最小值是多少？若用降压启动，最低电压应为多少？

6．有一台他励直流电动机：$P_N=18kW$，$U_N=220V$，$I_N=94A$，$n_N=1\,000r/min$。在额定负载下，求：

（1）想降至 800r/min 稳定运行，外串多大电阻？采用降压方法，电源电压应降至多少伏？

（2）想升速到 1\,100r/min 稳定运行，弱磁系数 $\varPhi/\varPhi_N$ 为多少？

7．有一台他励直流电动机，$P_N=7.5kW$，$U_N=220V$，$I_N=41A$，$n_N=1\,500r/min$，$R_a=0.38\Omega$，拖动恒转矩负载，且 $T_L=T_N$，现将电源电压降到 $U=150V$，问：

（1）降压瞬间的电枢电流及电磁转矩各多大？

（2）稳定运行转速是多少？

8．有一台他励直流电动机，$P_N=21kW$，$U_N=220V$，$I_N=115A$，$n_N=980r/min$，$R_a=0.1\Omega$，拖动恒转矩负载运行，弱磁调速时 $\varPhi$ 从 $\varPhi_N$ 调到 $0.8\varPhi_N$，问：

（1）调速瞬间电枢电流是多少？（$T_L=T_N$）

（2）若 $T_L=T_N$ 和 $T_L=0.5T_N$，调速前后的稳态转速各是多少？

9．有一台他励直流电动机，$P_N=29kW$，$U_N=440V$，$I_N=76A$，$n_N=1\,000r/min$，$R_a=0.377\Omega$，负载转矩 $T_L=0.8T_N$，最大制动电流为 $1.8I_N$。求当该电动机拖动位能性负载时，用哪几种方法可使电动机以 500r/min 的转速下放负载，在每种方法中电枢回路应串电阻为多少欧？并画出相应的机械特性，标出从稳态提升重物到以 500r/min 转速下放重物的转换过程。

10．有一台 Z2-52 型他励直流电动机，$P_N=4kW$，$U_N=220V$，$I_N=22.3A$，$n_N=1\,000r/min$，$R_a=0.91\Omega$，$T_L=T_N$，为了使电动机停转，采用反接制动，如串入电枢回路的制动电阻为 9Ω，求：

（1）制动开始时电动机所发出的电磁转矩；

（2）制动结束时电动机所发出的电磁转矩；

（3）如果是摩擦性负载，在制动到 $n=0$ 时，不切断电源，电动机能否反转？为什么？

第 3 章

交流电动机的工作原理及特性

学习目标

在了解三相异步电动机基本结构和旋转磁场产生的基础上，重点掌握其工作原理、机械特性，以及启动、调速和制动的方法；学会用机械特性的四个象限来分析三相异步电动机的运行状态；掌握三相异步电动机的使用场合。

常用的交流电动机包括异步电动机（或称感应电动机）和同步电动机。异步电动机按定子绕组的相数分为单相异步电动机和三相异步电动机两类。

异步电动机是工业中使用最为广泛的一种电动机，它的特点是结构简单、运行可靠、坚固耐用、维护容易、价格低廉，具有较好的稳态和动态特性。

本章主要介绍三相异步电动机的工作原理，启动、调速和制动的特性和方法。

3.1 三相异步电动机的结构和工作原理

3.1.1 三相异步电动机的基本结构

三相异步电动机主要由定子和转子两部分构成，定子是静止不动部分，转子是旋转部分，在定子和转子之间有一定气隙，如图 3.1 所示。

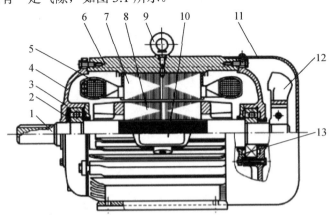

图 3.1 三相异步电动机的结构

1—轴；2—弹簧片；3—轴承；4—端盖；5—定子绕组；6—机座；7—定子铁芯；8—转子铁芯；
9—吊环；10—出线盒；11—风扇盖；12—风扇；13—轴承内盖

1. 定子

定子包括铁芯、绕组及机座。定子铁芯是磁路的一部分，它由 0.5mm 硅钢片叠压成为一个整体，固定在机座上，片与片之间绝缘，以减少涡流损耗。定子铁芯内圆加工出定子槽，槽中安放线圈。

定子绕组是电动机的电路部分。三相异步电动机定子绕组分为三个部分，对称地分布在定子铁芯上，称为三相绕组，分别用 AX、BY、CZ 表示，其中，A、B 和 C 为首端，X、Y 和 Z 为末端。三相绕组接入三相交流电源，三相绕组中的电流会在定子铁芯中产生旋转磁场。

机座的主要作用是用来固定与支承定子铁芯，中小型异步电动机常采用铸铁机座，冷却方式不同采用的机座也不一样。

2. 转子

转子由铁芯和绕组构成。转子铁芯也是电动机磁路的一部分，由硅钢片叠压成为一个整体，装在转轴上。转子铁芯的外圆加工出转子槽，槽中安放线圈，如图 3.2 所示。

异步电动机转子多采用绕线式和鼠笼式两种形式，异步电动机按绕组形式的不同可分为绕线异步电动机和笼型异步电动机。绕线电动机和笼型电动机转子的构造虽然不同，但工作原理一致。转子的作用是产生转子电流，从而产生电磁转矩。

绕线异步电动机转子绕组由线圈组成，三相绕组对称放入转子铁芯槽内。转子绕组通过轴上的集电环和电刷在转子回路中接入外加电阻，用以改善启动性能与调节转速，如图 3.3 所示。

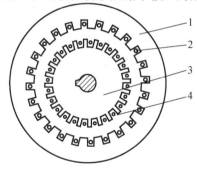

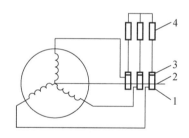

图 3.2　定子和转子硅钢片
1—定子铁芯硅钢片；2—定子绕组；3—转子铁芯硅钢片；
4—转子绕组

图 3.3　绕线转子绕组与外接变阻器的连接
1—集电环转子绕组；2—轴；3—电刷；4—变阻器

笼型异步电动机转子绕组是在转子铁芯槽里插入铜条，再将全部铜条两端焊在两个铜端环上而组成，如图 3.4 所示。小型笼型转子绕组多采用铝离心浇注而成，转子铁芯如图 3.5 所示。

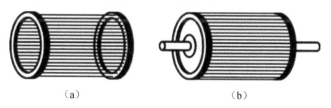

（a）　　　　　　　　　　　　（b）

图 3.4　笼型转子
（a）绕组；（b）外形

图 3.5　转子铁芯

3.1.2 三相异步电动机的旋转磁场

1. 定子旋转磁场

为简便起见，假设每相绕组只有一个线匝，分别嵌放在定子内圆周的 6 个凹槽之中，现将三相绕组的末端 X、Y、Z 相连，首端 A、B、C 接三相交流电源，三相绕组分别称为 A、B、C 相绕组，如图 3.6 所示。

规定定子绕组中电流的正方向为从首端流向末端，且将 A 相绕组电流 i_A 作为参考正弦量，即 i_A 的初相位为 0，则三相绕组 A、B、C 电流（相序为 A→B→C）的瞬时值为

$$i_A = I_m \sin \omega t \tag{3.1}$$

$$i_B = I_m \sin\left(\omega t - \frac{2\pi}{3}\right) \tag{3.2}$$

$$i_C = I_m \sin\left(\omega t - \frac{4\pi}{3}\right) \tag{3.3}$$

图 3.7 所示为三相电流的波形。

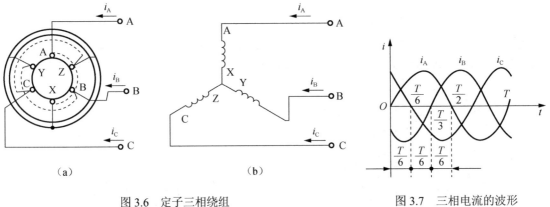

（a）	（b）

图 3.6　定子三相绕组　　　　　　图 3.7　三相电流的波形
（a）嵌放情况；（b）星形连接

下面对不同时刻的合成磁场进行分析。

时间 $t=0$ 时：$i_A = 0$；i_B 为负，电流方向与正方向相反，即从 Y 端流向 B 端；i_C 为正，电流方向与正方向一致，即从 C 端流向 Z 端。

按右手螺旋法则可确定三相电流所产生的合成磁场，如图 3.8（a）箭头所示。

时间 $t = T/6$ 时：$\omega t = \omega T/6 = \pi/3$，$i_A$ 为正，电流从 A 端流向 X 端；i_B 为负，电流从 Y 端流向 B 端；$i_C = 0$。此时的合成磁场如图 3.8（b）所示，合成磁场已从 $t=0$ 瞬间所在位置顺时针方向旋转了 $\pi/3$。

时间 $t = T/3$ 时：$\omega t = \omega T/3 = 2\pi/3$，$i_A$ 为正，$i_B = 0$，i_C 为负。此时的合成磁场如图 3.8（c）所示，合成磁场已从 $t=0$ 瞬间所在位置顺时针方向旋转了 $2\pi/3$。

时间 $t = T/2$ 时：$\omega t = \omega T/2 = \pi$，$i_A = 0$，$i_B$ 为正，i_C 为负。此时的合成磁场如图 3.8（d）所示，合成磁场从 $t=0$ 瞬间所在位置顺时针方向旋转了 π。

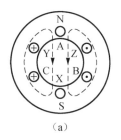 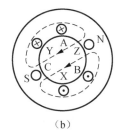 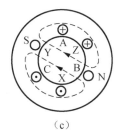 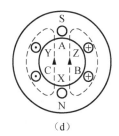

（a）　　　　　　　（b）　　　　　　　（c）　　　　　　　（d）

图 3.8　两极旋转磁场

（a）$t=0$；（b）$t=T/6$；（c）$t=T/3$；（d）$t=T/2$

以上分析可以说明：当三相电流随时间不断变化时，合成磁场在空间也不断旋转，这样就产生了旋转磁场。

2. 旋转磁场的旋转方向

从图 3.6 和图 3.7 可知，A 相绕组电流超前于 B 相绕组电流 $2\pi/3$，而 B 相绕组电流又超前于 C 相绕组电流 $2\pi/3$，图 3.8 所示旋转磁场的旋转方向为 A→B→C，即顺时针方向旋转，由此可知，旋转磁场的旋转方向与三相电流的相序保持一致。

如果将定子绕组接至电源的三根导线中的任意两根线对调，例如，将 B、C 两根线对调，如图 3.9 所示，则 B 相与 C 相绕组中电流的相位对调，此时 A 相绕组电流超前于相绕组电流 $2\pi/3$，旋转磁场的旋转方向将变为 A→C→B，逆时针方向旋转，如图 3.10 所示，与未对调前的旋转方向相反。

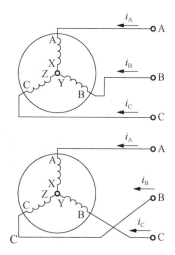

图 3.9　将 B、C 两根线对调，改变绕组中的电流相序

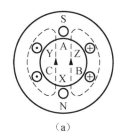 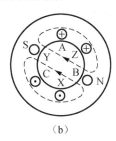 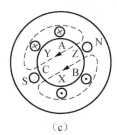 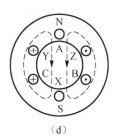

（a）　　　　　　　（b）　　　　　　　（c）　　　　　　　（d）

图 3.10　逆时针方向旋转的两极旋转磁场

（a）$t=0$；（b）$t=T/6$；（c）$t=T/3$；（d）$t=T/2$

由此可见，若要改变旋转磁场的旋转方向（亦即改变电动机的旋转方向），只要把定子绕组接到电源的三根导线中的任意两根对调即可。

3. 旋转磁场的极数与旋转速度

在交流电动机中，旋转磁场的旋转速度被称为同步转速。

以上讨论的旋转磁场是一对磁极（磁极对数用 p 表示），即 $p=1$。由上述分析可以看出，电流变化经过一个周期（变化 360° 电角度），旋转磁场在空间也旋转了一周（旋转了 360° 机械角度）。若电流的频率为 f，旋转磁场每分钟将旋转 $60f$ 周，以 n_0 表示旋转磁场的转速，即

$$n_0 = 60f \qquad (3.4)$$

如果把定子铁芯的槽数增加 1 倍（12 个槽），制成如图 3.11 所示的三相绕组，每相绕组由两个部分串联组成，再将这三相绕组接到对称三相电源，使其通过对称三相电流，便产生两对磁极的旋转磁场。从图 3.12 可以看出，对应于不同时刻，旋转磁场在空间转到不同位置，此情况下电流变化半个周期，旋转磁场在空间只转过了 π/2，即 1/4 转，电流变化一个周期，旋转磁场在空间只转了 1/2 周。

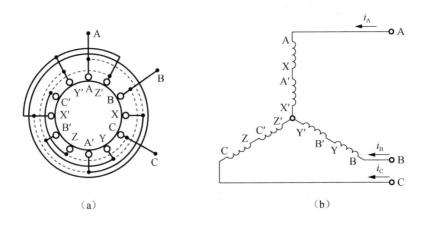

图 3.11　产生四级旋转磁场的定子绕组嵌放情况和接线图
（a）嵌放情况；（b）接线图

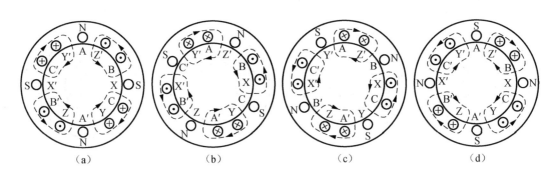

图 3.12　四级旋转磁场
（a）$t=0$；（b）$t=T/6$；（c）$t=T/3$；（d）$t=T/2$

由此可知，当旋转磁场具有两对磁极（$p=2$）时，其旋转速度仅为一对磁极时的一半，即每分钟旋转 $60f/2$ 周。依此类推，当磁极有 p 对时，其转速为

$$n_0 = 60f/p \qquad (3.5)$$

所以，同步转速 n_0 与电流频率成正比，而与磁极对数成反比。在我国，标准工业频率（即电流频率）为 50Hz，当 p=1、2、3、4 时，同步转速分别为 3 000r/min、1 500r/min、1 000r/min、750r/min。

旋转磁场不仅仅可以由三相电流产生，任何两相以上的多相电流，流过相应的多相绕组，都能产生旋转磁场。

3.1.3　三相异步电动机的工作原理

三相异步电动机的工作原理是基于定子旋转磁场（定子绕组内三相电流所产生的合成磁场）和转子电流（转子绕组内的电流）的相互作用。

如图 3.13（a）所示，当定子的对称三相绕组接到三相电源上时，绕组内将通过对称三相电流，并在空间产生旋转磁场，该磁场沿定子内圆周方向旋转。图 3.13（b）所示为具有一对磁极的旋转磁场，我们可以假想磁极位于定子铁芯内画有阴影线的部分。

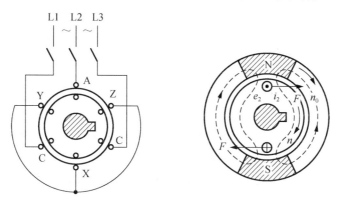

图 3.13　三相异步电动机接线图和工作原理图
(a) 定子绕组与电源的接线图；(b) 工作原理图

当磁场旋转时，转子绕组的导体切割磁通将产生感应电动势 e_2，假设旋转磁场顺时针方向旋转，则相当于转子导体向逆时针方向旋转切割磁通，根据右手定则，在 N 极下转子导体中感应电动势的方向是由图面向外，而在 S 极下转子导体中感应电动势的方向则由外向图面。

由于电动势 e_2 的存在，转子绕组中将产生转子电流 i_2。根据安培电磁力定律，转子电流与旋转磁场相互作用将产生电磁力 F（其方向由左手定则决定，这里假设 i_2 和 e_2 同向）。该力在转轴上形成电磁转矩，且转矩作用方向与旋转磁场旋转方向相同，转子在此转矩作用下，便按旋转磁场的旋转方向旋转起来。转子的旋转速度 n（即电动机的转速）恒比同步转速 n_0 小，这是因为如果两种转速相等，转子和旋转磁场没有相对运动，转子导体不切割磁通，便不能产生感应电动势 e_2 和电流 i_2，也就没有电磁转矩，转子将不会继续旋转。由此可知，转子和旋转磁场之间的转速差是保证转子旋转的主要因素。

由于转子转速不等于同步转速，所以把这种电动机称为异步电动机，而把转速差 $n_0 - n$ 与同步转速 n_0 的比值称为异步电动机的转差率，用 S 表示，即

$$S = \frac{n_0 - n}{n_0} \tag{3.6}$$

转差率 S 是分析异步电动机运行情况的主要参数。

当转子旋转时，如果在轴上加有机械负载，则电动机输出机械能。从物理本质上分析可知，异步电动机的运行和变压器相似，即电能从电源输入定子绕组（原绕组），通过电磁感应

的形式，以旋转磁场为媒介，传送到转子绕组（副绕组），而转子中的电能通过电磁力的作用变换成机械能输出。由于在这种电动机中，转子电流的产生和电能的传递是基于电磁感应现象的，所以异步电动机又称为感应电动机。

通常，异步电动机在额定负载时，n 接近于 n_0，转差率 S 很小，一般为 $0.015\sim0.060$。

3.2 异步电动机的额定参数

3.2.1 定子绕组的连接方式

定子绕组的首端和末端通常都接在电动机接线盒内的接线柱上，一般按图 3.14 所示的方法排列。按照我国电工专业标准规定，定子三相绕组出线端首端是 U1、V1、W1，末端是 U2、V2、W2。

三相电动机定子绕组有星形（Y）和三角形（△）两种不同的接法，分别如图 3.15 和图 3.16 所示。连接方式（Y 或△）的选择和普通三相负载一样，根据电源的线电压而定。如果接入电动机电源的线电压等于电动机的额定相电压（即每相绕组额定电压），那么，绕组应该接成三角形；如果电源线电压是电动机额定相电压的 $\sqrt{3}$ 倍，那么，绕组就应该接成星形。通常电动机的铭牌上标有符号△/Y 和数字 220/380，前者表示定子绕组的接法，后者表示对应不同接法应加的线电压值。

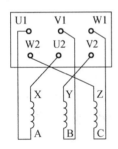
图 3.14 出线端的排列

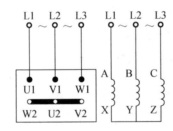
图 3.15 星形连接

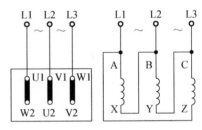
图 3.16 三角形连接

【例 3.1】电源线电压为 380V，现有两台电动机，其铭牌数据如下，请选择定子绕组的连接方式。

（1）Y90S-4，功率 1.1kW，电压 220/380V，连接方法△/Y，电流 4.67/2.7A，转速 1 400r/min，功率因数 0.79。

（2）Y112M-4，功率 4.0kW，电压 380/660V，连接方法△/Y，电流 8.8/5.1A，转速 1 440r/min，功率因数 0.82。

解：

（1）Y90S-4 电动机应接成星形（Y），如图 3.17（a）所示。

（2）Y112M-4 电动机应接成三角形（△），如图 3.17（b）所示。

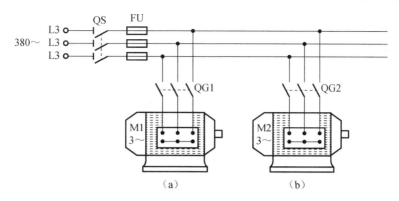

图 3.17 电动机定子绕组的连接方法
（a）星形连接；（b）三角形连接

3.2.2 三相异步电动机的额定参数

电动机在制造企业所规定的工况下工作，称为电动机的额定运行，通常用额定值来表示其运行条件，这些数据大部分标明在电动机的铭牌上。使用电动机时，必须看懂铭牌，电动机的铭牌上通常标有下列数据：

（1）型号。

（2）额定功率 P_N，即在额定运行情况下，电动机轴上输出的机械功率。

（3）额定电压 U_N，即在额定运行情况下，定子绕组端应加的线电压值。若标有两种电压值（如 220/380V），则对应于定子绕组采用 △/Y 连接时应加的线电压值。一般规定电动机的外加电压不应高于或低于额定值的 5%。

（4）额定电流 I_N，即在额定频率、额定电压和轴上输出额定功率时，定子的线电流值。如标有两种电流值（如 10.35/5.9A），则对应于定子绕组为 △/Y 连接的线电流值。

（5）额定频率 f_N，即在额定运行情况下，定子外加电压的频率（f_N=50Hz）。

（6）额定转速 n_N，即在额定频率、额定电压和电动机轴上输出额定功率时，电动机的转速。与此转速相对应的转差率称为额定转差率 S_N。

（7）工作方式。

（8）温升（或绝缘等级）。

（9）电动机质量。

有些额定值一般不标在电动机铭牌上：

（1）额定功率因数 $\cos\phi_N$，即在额定频率、额定电压和电动机轴上输出额定功率时，定子相电流与相电压之间相位差的余弦。

（2）额定效率 η_N，即在额定频率、额定电压和电动机轴上输出额定功率时，电动机输出机械功率与输入电功率之比，其表达式为

$$\eta_N = \frac{P_N}{\sqrt{3}U_N I_N \cos\phi_N} \times 100\% \tag{3.7}$$

（3）额定负载转矩 T_N，即电动机在额定转速下输出额定功率时轴上的负载转矩。

（4）绕线异步电动机转子静止时的集电环电压和转子的额定电流。

通常手册上给出的数据是电动机的额定值。

3.3 三相异步电动机的转矩与机械特性

电磁转矩（以下简称转矩）是三相异步电动机重要的物理量之一，机械特性是它的主要特性。

3.3.1 三相异步电动机的定子电路和转子电路

1. 定子电路的分析

三相异步电动机与变压器的电磁关系类似，定子绕组相当于变压器一次绕组，转子绕组（一般是短接的）相当于二次绕组。当定子绕组接上三相电源电压（相电压为 u_1）时，则有三相电流通过（相电流为 i_1），定子三相电流产生旋转磁场，其磁力线通过定子和转子铁芯而闭合，此磁场不仅在转子每相绕组中产生感应电动势 e_2，而且在定子每相绕组中也产生感应电动势 e_1（实际上三相异步电动机中的旋转磁场是由定子电流和转子电流共同产生的），如图 3.18 所示。定子和转子每相绕组的匝数分别为 N_1 和 N_2。图 3.19 为三相异步电动机某相电路图。

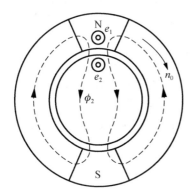

图 3.18 感应电动势的产生

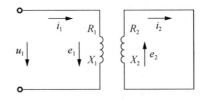

图 3.19 三相异步电动机某相电路图

旋转磁场的磁感应强度沿定子与转子间空气隙近于按正弦规律分布，当其旋转时，通过定子每相绕组的磁通也是随时间按正弦规律变化，即 $\Phi_1 = \Phi_m \sin \omega t$，其中，$\Phi_m$ 是通过每相绕组磁通的最大值，在数值上等于旋转磁场的每极磁通 Φ，即空气隙中磁感应强度的平均值与每极面积的乘积。

定子每相绕组中产生的感应电动势为

$$e_1 = -N_1 \frac{\mathrm{d}\Phi_1}{\mathrm{d}t} \tag{3.8}$$

它也是正弦量，其有效值为

$$E_1 = 4.44 K f_1 N_1 \Phi \tag{3.9}$$

式中，f_1——e_1 的频率；

K——绕组系数，$K \approx 1$，可以略去。

因此，

$$E_1 = 4.44 f_1 N_1 \Phi \tag{3.10}$$

因为旋转磁场和定子间的相对转速为 n_0，所以

$$f_1 = \frac{p n_0}{60} \tag{3.11}$$

它等于定子电流的频率，即 $f_1 = f_0$。

定子电流除产生旋转磁通（主磁通）外，还产生漏磁通 Φ_{L1}。该漏磁通只围绕某一相的定子绕组，而与其他相定子绕组及转子绕组不交链。因此，在定子每相绕组中还要产生漏磁电动势 e_{L1}

$$e_{L1} = -L_{L1} \frac{di_1}{dt} \tag{3.12}$$

与变压器一次绕组情况一样，加在定子每相绕组上的电压也分成三个分量，即

$$u_1 = i_1 R_1 + \left(-e_{L1}\right) + \left(-e_1\right) = i_1 R_1 + L_{L1} \frac{di_1}{dt} + \left(-e_1\right) \tag{3.13}$$

如用复数（相量式）表示，则为

$$\overrightarrow{U_1} = \overrightarrow{I_1} R_1 + \left(-\overrightarrow{E_{L1}}\right) + \left(-\overrightarrow{E_1}\right) = \overrightarrow{I_1} R_1 + j\overrightarrow{I_1} X_1 + \left(-\overrightarrow{E_1}\right) \tag{3.14}$$

式中，R_1——定子每相绕组电阻；

X_1——定子每相绕组的漏磁感抗，$X_1 = 2\pi f_1 L_{L1}$。

由于 R_1 和 X_1（或漏磁通 Φ_{L1}）较小，其上电压降与电动势 E_1 比较起来可以忽略，于是

$$\overrightarrow{U_1} \approx (-\overrightarrow{E_1})$$
$$U_1 \approx E_1 \tag{3.15}$$

2. 转子电路分析

异步电动机之所以能转动，是因为定子接上电源后，在转子绕组中产生了感应电动势，从而产生转子电流，此电流同旋转磁场磁通作用产生电磁转矩。因此，在讨论电动机转矩之前，必须先弄清楚转子电路中的各个物理量——转子电动势 e_2、转子电流 i_2、转子电流频率 f_2、转子电路的功率因数 $\cos\phi_2$、转子绕组的感抗 X_2，以及它们之间的关系。

旋转磁场在转子每相绕组中感应出的电动势为

$$e_2 = -N_2 \frac{d\Phi_1}{dt} \tag{3.16}$$

其有效值为

$$E_2 = 4.44 f_2 N_2 \Phi \tag{3.17}$$

式中，f_2——转子电动势 e_2 或转子电流 i_2 的频率。

因为旋转磁场和转子间的相对转速为 $n_0 - n$，所以

$$f_2 = \frac{p(n_0 - n)}{60} = \frac{n_0 - n}{n_0} \cdot \frac{p n_0}{60} = S f_1 \tag{3.18}$$

可见转子频率 f_2 与转差率 S 有关，也就是与转速 n 有关。

在 $n=0$，即 $S=1$（电动机开始启动瞬间）时，转子与旋转磁场间的相对转速最大，转子导

体被旋转磁力线切割得最快，所以这时 f_2 最高，即 $f_2=f_1$。异步电动机在额定负载时，$S=1.5\%\sim 6\%$，则 $f_2=(0.75\sim 3)$Hz($f_1=50$Hz)。

将式（3.18）代入式（3.17），得

$$E_2 = 4.44 S f_1 N_2 \varPhi \tag{3.19}$$

在 $n=0$，即 $S=1$ 时，转子电动势为

$$E_{20} = 4.44 f_1 N_2 \varPhi \tag{3.20}$$

这时，$f_2=f_1$，转子电动势最大。

由式（3.19）和式（3.20）得出

$$E_2 = S E_{20} \tag{3.21}$$

可见转子电动势 E_2 与转差率 S 有关。

和定子电流一样，转子电流也要产生漏磁通 $\varPhi_{L2}$，从而在转子每相绕组中还要产生漏磁电动势 e_{L2}，有

$$e_{L2} = -L_{L2} \frac{\mathrm{d}i_2}{\mathrm{d}t} \tag{3.22}$$

因此，对于转子每相电路，有

$$e_2 = i_2 R_2 + (-e_{L2}) = i_2 R_2 + L_{L2} \frac{\mathrm{d}i_2}{\mathrm{d}t} \tag{3.23}$$

如用复数表示，则为

$$\dot{E}_2 = \dot{I}_2 R_2 + (-\dot{E}_{L2}) = \dot{I}_2 R_2 + \mathrm{j}\dot{I}_2 X_2 \tag{3.24}$$

式中，R_2、X_2——转子每相绕组的电阻、漏磁感抗。X_2 与转子频率 f_2 有关，即

$$X_2 = 2\pi f_2 L_{L2} = 2\pi S f_1 L_{L2} \tag{3.25}$$

在 $n=0$，即 $S=1$ 时，转子感抗为

$$X_{20} = 2\pi f_1 L_{L2} \tag{3.26}$$

这时 $f_2=f_1$，转子感抗最大。

由式（3.25）和式（3.26）得出

$$X_2 = S X_{20} \tag{3.27}$$

可见转子感抗 X_2 与转差率 S 有关。

转子每相电路的电流可由式（3.27）得出，即

$$I_2 = \frac{E_2}{\sqrt{R_2^2 + X_2^2}} = \frac{S E_{20}}{\sqrt{R_2^2 + (S X_{20})^2}} \tag{3.28}$$

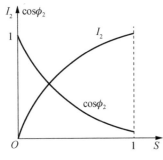

图 3.20　I_2 和 $\cos\phi_2$ 与转差率 S 的关系

可见，转子电流 I_2 也与转差率 S 有关。当 S 增大，即转速 n 降低时，转子与旋转磁场间的相对转速 n_0-n 增加，转子导体被磁力线切割的速度提高，于是 E_2 增加，I_2 也增加。I_2 和 $\cos\phi_2$ 与 S 的关系可用图 3.20 所示的曲线表示。当 $S=0$，即 $n_0-n=0$ 时，$I_2=0$；当 S 很小时，$R_2 \gg S X_{20}$，$I_2 \approx \frac{S E_{20}}{R_2}$，即与 S 近似地成正比；当 S 接近 1 时，$S X_{20} \gg R_2$，$I_2 \approx \frac{E_{20}}{X_{20}}$ 为常数。

由于转子有漏磁通 Φ_{L2}，相应的感抗为 X_2，因此，I_2 比 E_2 滞后 ϕ_2 角，因而转子电路的功率因数为

$$\cos\phi_2 = \frac{R_2}{\sqrt{R_2^2 + X_2^2}} = \frac{R_2}{\sqrt{R_2^2 + (SX_{20})^2}} \tag{3.29}$$

它也与转差率 S 有关。当 S 很小时，$R_2 \gg SX_{20}$，$\cos\phi_2 \approx 1$；当 S 增大时，X_2 也增大，于是 $\cos\phi_2$ 减小；当 S 接近于 1 时，$\cos\phi_2 \approx R_2 / X_{20}$。 $\cos\phi_2$ 与 S 的关系也表示在图 3.20 中。

由以上分析可知，转子电路中的各个物理量，如电动势、电流、频率、感抗及功率因数等都与转差率有关，也即与转速有关。

3.3.2　三相异步电动机的转矩

三相异步电动机的转矩是由旋转磁场的每极磁通 Φ 与转子电流 I_2 相互作用而产生的，它与 Φ 和 I_2 的乘积成正比。此外，它还与转子电路的功率因数 $\cos\phi_2$ 有关，图 3.21 所示为 $\cos\phi_2$ 对转矩的影响。图 3.21（a）所示是假设转子感抗与其电阻相比可以忽略不计，即 $\cos\phi_2 = 1$ 的情况，在图中旋转磁场用虚线所示的磁极表示，根据右手定则不难确定转子导体中感应电动势 e_2 的方向（用外层记号表示）。在这种情况下 $\dot{I}_2$ 与 $\dot{E}_2$ 同相，所以，i_2 的方向（用内层的记号表示）与 e_2 的方向一致，再应用左手定则确定转子各导体受力的方向。由图可见，在 $\cos\phi_2 = 1$ 的情况下，所有作用于转子导体的力将产生同一方向的转矩。

图 3.21（b）所示是假设转子电阻与其感抗相比可以忽略不计，即 $\cos\phi_2 = 0$ 的情况，这时 $\dot{I}_2$ 与 $\dot{E}_2$ 滞后 90°。由图可见，在这种情况下，作用于转子各导体的力正好互相抵消，转矩为 0。

图 3.21（c）所示是实际情况，电流 $\dot{I}_2$ 比电动势 $\dot{E}_2$ 滞后 ϕ_2 角，即 $\cos\phi_2 < 1$ 时，各导体受力的方向不尽相同，在同样的电流和旋转磁通之下，产生的转矩较 $\cos\phi_2 = 1$ 时的为小。由此可以得出

$$T = K_t \Phi I_2 \cos\phi_2 \tag{3.30}$$

式中，K_t——仅与电动机结构有关的常数。

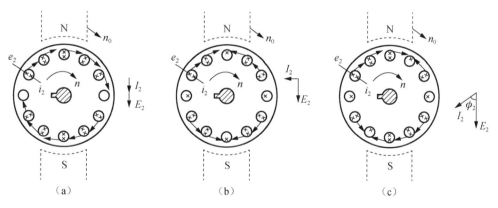

图 3.21　功率因数 $\cos\phi_2$ 对转矩 T 的影响

（a）$\cos\phi_2 = 1$；（b）$\cos\phi_2 = 0$；（c）$\cos\phi_2 < 1$

将式（3.20）代入式（3.28）得

$$I_2 = \frac{S \cdot 4.44 f_1 N_2 \Phi}{\sqrt{R_2^2 + (SX_{20})^2}} \qquad (3.31)$$

再将式（3.31）和式（3.29）代入式（3.30），并考虑到式（3.10）和式（3.15），则得出转矩的另一个表示式，即

$$T = K \frac{S R_2 U^2}{R_2^2 + (S X_{20})^2} \qquad (3.32)$$

式中，K——与电动机结构参数、电源频率有关的一个常数，$K \propto 1/f_1$；

U——电源电压；

R_2——转子每相绕组的电阻；

X_{20}——电动机不动（$n=0$）时转子每相绕组的感抗。

3.3.3 三相异步电动机的机械特性

电磁转矩 T 与转差率 S 的关系 $T = f(S)$ 通常称为 $T\text{-}S$ 曲线。在异步电动机中，转速 $n = (1 - S)n_0$，通常将 $T\text{-}S$ 曲线转换成转速与转矩之间的关系 $n\text{-}T$ 曲线，即 $n = f(T)$，它被称为异步电动机的机械特性，机械特性分为固有机械特性和人为机械特性。

1. 固有机械特性

异步电动机在额定电压、额定频率下，用规定的接线方式，定子和转子电路中不串联任何电阻或电抗时的机械特性称为固有（自然）机械特性，根据式（3.6）和式（3.32）可得到三相异步电动机的固有机械特性，如图 3.22 所示。从特性曲线可以看出，其上有 4 个特殊点基本决定了特性曲线的基本形状和异步电动机的运行性能，这 4 个特殊点如下：

（1）$T=0$，$n = n_0$（$S=0$），为电动机的理想空载工作点，此时电动机的转速为理想空载转速 n_0。

（2）$T = T_N$，$n = n_N$（$S = S_N$）为电动机的额定工作点，此时额定转矩和额定转差率分别为

$$T_N = 9.55 \frac{P_N}{n_N} \qquad (3.33)$$

$$S_N = \frac{n_0 - n_N}{n_0} \qquad (3.34)$$

式中，P_N——电动机额定功率；

n_N——电动机额定转速，一般 $n_N = (0.94 \sim 0.985)n_0$；

S_N——电动机额定转差率，一般 $S_N = 0.06 \sim 0.015$；

T_N——电动机额定转矩。

（3）$T = T_{st}$，$n=0$（$S=1$），为电动机启动工作点。

将 $S=1$ 代入式（3.32），可得

$$T_{st} = K \frac{R_2 U^2}{R_2^2 + X_{20}^2} \qquad (3.35)$$

由此可见，启动转矩 T_{st} 与 U、R_2 及 X_{20} 有关。当施加在定子每相绕组上的电压 U 降低时，启动转矩会明显减小；当转子

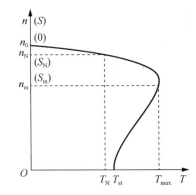

图 3.22 异步电动机固有机械特性

电阻适当增大时，启动转矩会增大；而转子电抗增大时，启动转矩则会大为减小，这是我们所不需要的。通常把固有机械特性上的启动转矩与额定转矩之比 $\lambda_{st} = T_{st}/T_N$ 作为衡量异步电动机启动能力的一个重要参数，一般 $\lambda_{st} = 1.0 \sim 1.2$。

（4）$T = T_{max}$，$n = n_m$（$S = S_m$），为电动机的临界工作点。欲求转矩的最大值，可由式（3.32）令 $\mathrm{d}T/\mathrm{d}S = 0$，从而得到临界转差率为

$$S_m = R_2/X_{20} \tag{3.36}$$

再将 S_m 代入式（3.32），即可得

$$T_{max} = K \frac{U^2}{2X_{20}} \tag{3.37}$$

从式（3.36）和式（3.37）可以看出，最大转矩 T_{max} 的数值大小与定子每相绕组上所加电压 U 的二次方成正比，这说明异步电动机对电源电压的波动是很敏感的。电源电压过低，会使轴上输出转矩明显下降，甚至小于负载转矩，而造成电动机停转。最大转矩 T_{max} 的大小与转子电阻 R_2 的大小无关，但临界转差率 S_m 却正比于 R_2，在转子电路中串接附加电阻，可使 S_m 增大，但 T_{max} 却不变。

异步电动机在运行过程中经常会遇到短时冲击负载，如果冲击负载转矩小于最大电磁转矩，电动机仍然能够运行，而且电动机短时过载也不会引起剧烈发热。通常把在固有机械特性上最大电磁转矩与额定转矩之比

$$\lambda_m = T_{max}/T_N \tag{3.38}$$

称为电动机的过载能力系数。它表征了电动机能够承受冲击负载的能力，是电动机又一个重要的运行参数。各种电动机的过载能力系数在国家标准中有规定，如普通的 Y 系列笼型异步电动机 $\lambda_m = 2.0 \sim 2.2$，供起重机械和冶金机械用的 YZ 和 YZR 型绕线异步电动机的 $\lambda_m = 2.5 \sim 3.0$。

在实际应用中，用式（3.32）计算机械特性非常麻烦，为方便，通常把它化成用 T_{max} 和 S_m 表示的形式。为此，用式（3.32）除以式（3.37），并代入式（3.36），经整理后就可得到

$$T = 2T_{max} \bigg/ \left(\frac{S}{S_m} + \frac{S_m}{S} \right) \tag{3.39}$$

式（3.39）为转矩-转差率特性的实用表达式，也称规格化转矩-转差率特性。

2. 人为机械特性

由式（3.32）知，异步电动机机械特性与电动机参数有关，也与外加电源电压、电源频率有关，将关系式中的参数人为地改变而获得的特性称为异步电动机的人为机械特性，即改变定子电压 U、定子电源频率 f、定子电路串入电阻或电抗、转子电路串入电阻或电抗等，都可得到异步电动机的人为机械特性。

1）降低电动机电源电压时的人为机械特性

由式（3.5）、式（3.36）和式（3.37）可以看出，电压 U 的变化对理想空载转速 n_0 和临界转差率 S_m 不发生影响，但最大转矩 T_{max} 与 U^2 成正比，当降低定子电压时，n_0 和 S_m 不变，但 T_{max} 大大减小。在同一转差率情况下，人为机械特性与固有机械特性的转矩之比等于相对应电压的二次方之比。因此在绘制降低电压的人为机械特性时，以固有机械特性为基础，在不

同的 S 处，取固有机械特性上对应的转矩乘以降低电压与额定电压比值的二次方，即可得到人为机械特性，如图 3.23 所示。

当 $U_a = U_N$ 时，$T_a = T_{max}$；当 $U_b = 0.8U_N$ 时，$T_b = 0.64T_{max}$；当 $U_c = 0.5U_N$ 时，$T_c = 0.25T_{max}$。电压越低，人为机械特性曲线越往左移。异步电动机对电网电压的波动非常敏感，运行时，如电压降低太多，它的过载能力与启动转矩会大大降低，电动机甚至会发生带不动负载或者根本不能启动的现象。例如，电动机运行在额定负载 T_N 下，即使 $\lambda_m = 2$，若电网电压下降到 $70\%U_N$，则由于这时

$$T_{max} = \lambda_m T_N \left(\frac{U}{U_N} \right)^2 = 2 \times 0.7^2 T_N = 0.98T_N \tag{3.40}$$

电动机也会停转。此外，电网电压下降，在负载转矩不变的条件下，将使电动机转速下降，转差率 S 增大，电流增加，引起电动机发热甚至被烧坏。

2）定子电路串接电阻或电抗时的人为机械特性

在电动机定子电路中串接电阻或电抗后，电动机端电压为电源电压减去定子串接电阻或电抗上的压降，致使定子绕组相电压降低，这种情况下的人为机械特性与降低电源电压时的相似，如图 3.24 所示。图中，实线 1 为降低电源电压的人为机械特性，虚线 2 为定子电路串接电阻 R_{1s} 或电抗 X_{1s} 的人为机械特性。可以看出，定子串入 R_{1s} 或 X_{1s} 后的最大转矩要比直接降低电源电压时的最大转矩大一些，这是因为随着转速的上升和启动电流的减小，在 R_{1s} 或 X_{1s} 上的压降减小，加到电动机定子绕组上的端电压自动增大，致使最大转矩较大；而降低电源电压的人为机械特性在整个启动过程中，定子绕组的端电压是恒定不变的。

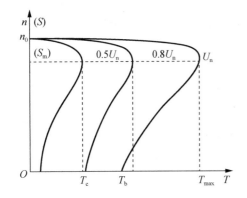

图 3.23　改变电源电压时的人为机械特性

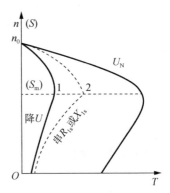

图 3.24　定子电路串接电阻或电抗时的人为机械特性

3）改变定子电源频率时的人为机械特性

改变定子电源频率 f 对三相异步电动机机械特性的影响是比较复杂的，下面仅定性地分析 $n = f(T)$ 的近似关系。根据式（3.5）、式（3.35）～式（3.37），并注意到上列式中 $X_{20} \propto f$，$K \propto 1/f$，且一般变频调速采用恒转矩调速，即希望最大转矩 T_{max} 保持为恒值，为此在改变频率 f 的同时，电源电压 U 也要做相应的变化，使 U/f 等于常数，这实质上是使电动机气隙磁通保持不变。在上述条件下就存在 $n_0 \propto f$，$S_m \propto 1/f$，$T_{st} \propto 1/f$ 和 T_{max} 不变的关系，即随着频率的降低，理想空载转速 n_0 要减小，临界转差率要增大，启动转矩要增大，而最大转矩基本维持不变，如图 3.25 所示。

4）转子电路串接电阻时的人为机械特性

在三相绕线异步电动机转子电路中串接电阻 R_{2r} [图 3.26（a）] 后，转子电路中的电阻为 $R_2 + R_{2r}$。由式（3.6）、式（3.36）和式（3.37）可看出，R_{2r} 的串接对理想空载转速 n_0、最大转矩 T_{max} 没有影响，但临界转差率 R_{2r} 则随着 R_{2r} 的增大而增大，此时的人为机械特性将是比固有机械特性更软的一条曲线，如图 3.26（b）所示。

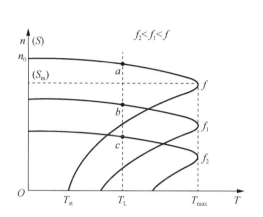

图 3.25 改变定子电源频率时的人为机械特性

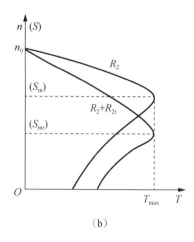

图 3.26 绕线异步电动机转子电路串接电阻
（a）电路原理图；（b）人为机械特性

3.4 三相异步电动机的启动特性与方法

电动机接通电源后，由静止状态加速到稳定运行状态的过程称为电动机的启动。异步电动机对启动的要求如下：

（1）异步电动机有足够大的启动转矩。

（2）在满足生产机械能启动的情况下，启动电流越小越好。

（3）启动过程中，电动机的平滑性越好，对生产机械的冲击就越小；启动设备可靠性越高，电路越简单，操作维护就越方便。

然而，异步电动机在启动的瞬间，转子的转速为 0，转子绕组中感应的转子电动势和转子电流很大，从而引起很大的定子电流，一般启动电流 I_{st} 可达额定电流 I_N 的 4～7 倍；而启动时由于转子功率因数 $\cos\phi_2$ 很低，导致启动转矩却不大，一般 $T_{st} = (0.8 \sim 1.5)T_N$。

如何减小启动电流，同时增大启动转矩是解决矛盾的核心问题。

笼型和绕线异步电动机转子的结构有差异，因此两者的启动方法也不同。

3.4.1 笼型异步电动机的启动方法

笼型异步电动机有两种启动方法：直接启动和降压启动。

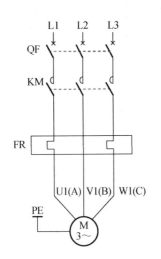

图 3.27 笼型异步电动机直接启动时的主电路

1. 直接启动

直接启动又称全压启动，就是将电动机的定子绕组直接接在额定电压下启动，如图 3.27 所示。

对于笼型异步电动机，在出厂时通常允许在额定电压工况下直接启动，这一点与直流电动机是完全不同的。但在实际使用中笼型异步电动机能否直接启动，主要依据电源及生产机械对电动机启动的要求而定。有独立变压器供电（即变压器供动力用电）的情况下，若电动机启动频繁，则电动机功率小于变压器容量的 20% 时允许直接启动；若电动机不经常启动，电动机功率小于变压器容量的 30% 时允许直接启动。在没有独立变压器供电的情况下，电动机启动比较频繁，则常按经验公式来估算，满足下列关系式则可直接启动：

$$\frac{启动电流 I_{st}}{额定电流 I_{N}} \leqslant \frac{3}{4} + \frac{电源总容量}{4 \times 电动机功率} \tag{3.41}$$

如果是变压器-电动机组供电方式，则允许全压启动的笼型电动机功率应不大于变压器额定容量的 80%；如果电源为小容量的发电机组，则 1kV·A 发电机容量允许全压启动的笼型电动机功率为 0.1～0.12kW。

2. 定子回路串对称三相电阻或电抗器降压启动

定子回路串对称三相电阻或电抗器降压启动效果是一样的，目的都是通过电阻或电抗器的分压来降低电动机定子绕组电压，进而减小启动电流。对于大型电动机，由于串电阻启动能耗太大，多采用串电抗器进行降压启动。采用电阻或电抗器降压启动时，若电压下降到额定电压的 K 倍（$K<1$），则启动电流也下降到直接启动电流的 K 倍，但启动转矩却下降到直接启动转矩的 K^2 倍。这表明串电阻或电抗器降压启动虽然降低了启动电流，但同时启动转矩也大为降低。因此，串电阻或电抗器降压启动方法只适用于电动机轻载启动，如图 3.28 所示。

3. Y-△降压启动

如果笼型异步电动机正常运行时定子绕组接成三角形，那么在启动时将定子绕组接成星形，这时定子每相绕组上的电压为正常运行时定子每相绕组电压的 0.58 倍，起到了降压的作用；待转速上升到一定程度后再将定子绕组接成三角形，电动机完成启动过程而转入正常运行。Y-△降压启动的原理图如图 3.29 所示。

设 U_1 为电源线电压，I_{stY} 及 $I_{st\triangle}$ 为定子绕组分别接成星形及三角形的启动电流（线电流），Z 为电动机在启动时每相绕组的等效阻抗。当接成星形时，定子每相绕组上的电压为 $U_1/\sqrt{3}$；接成三角形时，定子每相绕组上的电压为 U_1，故

$$I_{stY} = U_1/(\sqrt{3}|Z|), \quad I_{st\triangle} = \sqrt{3}U_1/|Z| \tag{3.42}$$

所以 $I_{stY} = I_{st\triangle}/3$。接成星形时的启动转矩 $I_{stY} \propto (U_1/\sqrt{3})^2 = U_1^2/3$，接成三角形时的启动转矩 $I_{st\triangle} \propto U_1^2$，所以，$T_{stY} = T_{st\triangle}/3$，即定子接成星形降压启动时的启动电流等于接成三角形直接启动时启动电流的 1/3，而且定子接成星形时的启动转矩也只有接成三角形直接启动时启动转矩的 1/3。

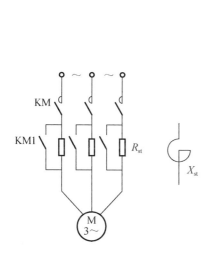

图 3.28　定子回路串电阻或电抗的降压电路原理图

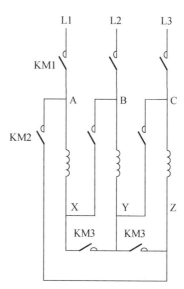

图 3.29　Y-△ 降压启动时的原理图

Y-△ 降压启动的优点是设备简单、经济、启动电流小；缺点是启动转矩小，并且启动电压不能调节，故只适用于生产机械为空载或轻载启动的场合，并只适用于正常运行时定子绕组接法为三角形接法的异步电动机。我国规定 4kW 及以上的三相异步电动机，其定子额定电压为 380V，连接方法为三角形连接，可采用 Y-△ 降压启动。4kW 以下的三相异步电动机一般可采用直接启动。

4. 自耦变压器降压启动

自耦变压器降压启动是通过将自耦变压器加到定子绕组上使启动电压降低，以降低电动机的启动电流。启动时电源接自耦变压器一次侧，二次侧接电动机的定子绕组；启动结束后电源直接接在电动机的定子绕组上，如图 3.30 所示。

图 3.31 所示为自耦变压器降压启动时的一相绕组原理图。由变压器的工作原理知，此时，二次电压与一次电压之比为 $K = U_2/U_1 = N_2/N_1 < 1$，$U_2 = KU_1$，启动时加在电动机定子每相绕组的电压是全压启动时的 K 倍，因而电流 I_2 也是全压启动时的 K 倍，即 $I_2 = KI_{st}$（注意：I_2 为变压器二次电流，I_{st} 为全压启动时的启动电流）；而变压器一次电流 $I_1 = KI_2 = K^2 I_{st}$，即此时从电网吸取的电流 I_1 是直接启动时电流 I_{st} 的 K^2 倍。由于启动转矩与定子绕组电压的平方成正比，因此自耦变压器降压启动时的启动转矩也是全压启动时的 K^2 倍。

由以上分析可知，自耦变压器降压启动时，启动转矩和启动电流按相同比例减小。这一点与 Y-△ 降压启动的特性相同，但是在 Y-△ 降压启动时，降压系数 $K = 1/\sqrt{3}$ 为定值，而自耦变压器启动时的 K 是可调节的，K 可根据电源和负载的情况取合适的值（即自耦变压器不同的抽头），这就是此种启动方法优于 Y-△启动方法之处。当需要适当控制启动电流，而又希望启动转矩不要过小时，如 Y-△降压启动不能满足要求时，可以采用自耦变压器降压启动。自耦变压器降压启动的缺点是设备费用比较高，自耦变压器的抽头电压一般取 40%、60% 和 80% 等。

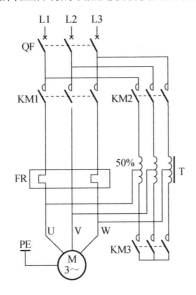

图 3.30　自耦变压器降压启动的主电路图

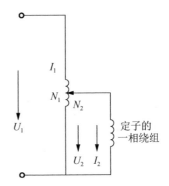

图 3.31　自耦变压器降压启动时的一相绕组原理图

5. 软启动

软启动是近年来发展起来的一种用于控制笼型异步电动机的全新启动方式。软启动装置是一种集电动机软启动、软停车、轻载节能和多种保护功能于一体的新颖电动机启动控制装置，通过控制三相反并联晶闸管的导通角，使被控电动机的输入电压按不同的要求而变化，就可实现不同功能的启动方式。由于电动机启动时电压和电流都可以从 0 连续调节，对电网电压无浪涌冲击，电压波动小，而电动机的转矩亦连续变化，对电动机及机械设备的机械冲击也几乎为 0。

【例 3.2】某三相笼型异步电动机额定数据如下：$P_N = 300\text{kW}$，$U_N = 380\text{V}$，$I_N = 527\text{A}$，$n_N = 1450\text{r/min}$，启动电流倍数 $K_I = 6.7$，启动转矩倍数 $K_T = 1.5$，过载能力 $\lambda_m = 2.5$，定子为△连接。试求：

（1）直接启动时的电流 I_{st} 与转矩 T_{st}；

（2）如果采用 Y-△启动，能带动 1 000N·m 的恒转矩负载启动吗？为什么？

解：（1）直接启动时的电流为

$$I_{st\triangle} = K_I \cdot I_N = 6.7 \times 527\text{A} = 3\,530.9\text{A}$$

直接启动时的启动转矩为

$$T_{st\triangle} = K_T \cdot T_N = K_T \times 9\,550 \times P_N / n_N = 1.5 \times 9\,550 \times 300 / 1\,450\text{N·m} = 2\,963.8\text{N·m}$$

（2）采用 Y-△启动时的启动转矩为

$$T_{stY} = T_{st\triangle}/3 = 2\,963.8/3\text{N·m} = 987.9\text{N·m} < 1\,000\text{N·m}$$

所以不能带 $1000\text{N}\cdot\text{m}$ 的负载启动。

3.4.2　绕线异步电动机的启动方法

绕线异步电动机启动时可在转子回路中串电阻或频敏变阻器，因此具有较大的启动转矩和较小的启动电流，即具有较好的启动特性。

1. 逐级切除启动电阻法

绕线异步电动机转子回路中串电阻启动时，为了减小在整个启动过程中启动电流的冲击，同时又为了保证在整个启动过程中电动机能提供较大的启动转矩，一般采用逐级切除启动电阻的方法。绕线异步电动机转子回路中串电阻的主电路接线如图 3.32（a）所示。

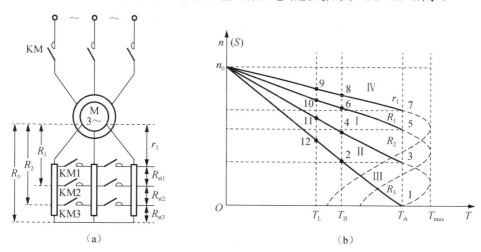

图 3.32　转子逐级切除启动电阻时的电路及机械特性
（a）主电路；（b）机械特性

2. 转子回路串频敏变阻器启动法

采用逐级切除启动电阻法来启动绕线异步电动机，可以增大启动转矩，减小启动电流。但是要想减小启动电流及启动转矩在启动过程中的切换冲击，使启动过程平稳，就得增加切换级数，这会导致启动设备及控制装置更复杂。为了克服这一缺点，对于容量较大的绕线异步电动机，常采用频敏变阻器来代替启动电阻，这样可自动切除启动电阻，又不需要控制电器。

频敏变阻器是一个没有二次绕组的三相芯式变压器，实质上也是一个铁芯损耗很大的三相电抗器。铁芯采用比普通变压器硅钢片厚得多的几块实心铁板或钢板叠成，其目的就是要增大铁芯损耗。一般做成三柱式，每柱上绕有一个线圈，三相线圈连成星形，然后接到绕线异步电动机的转子电路中，如图 3.33 所示。当频敏变阻器接入转子电路中时，其等效为一个电阻 R 和一个电抗 X 串联。启动过程中频敏变阻器的阻抗变化如下：

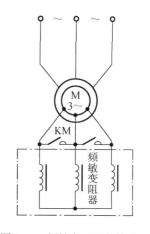

图 3.33　频敏变阻器的接线图

启动开始时，$n=0$，$s=1$ 转子电流的频率 f_2 很高，铁损更大，相当于电阻更大，且电抗与转子电流的频率 f_2 成正比，所以电抗也很大，即等效阻抗大，从而限制了启动电流。

同时由于启动时铁损大，频敏变阻器从转子取出的有功电流也较大，从而提高了转子电路的功率因数，增大了启动转矩。随着转速的逐步上升，转子频率 f_2 逐渐下降，从而使铁损减少，电抗也减小，即由电阻和电抗组成的等效阻抗逐渐减小，这就相当于启动过程中逐渐自动切除电阻和电抗。当转速 $n = n_N$ 时，f_2 很小，R 和 X 近似为 0，这相当于转子被短路，启动完毕，进入正常运行。这种电阻和电抗对频率的"敏感"作用，就是频敏变阻器名称的由来。

频敏变阻器的主要优点：具有自动平滑调节启动电流和启动转矩的良好启动特性，且结构简单，运行可靠。

3.5　三相异步电动机的调速方法

在同一负载下，用人为的方法来改变电动机的速度，称为调速。从异步电动机转速公式

$$n = n_0(1-S) = \frac{60f}{p}(1-S) \tag{3.43}$$

可以看出异步电动机的调速方法有三种，即改变电动机定子绕组的极对数 p、供电电源频率 f 及电动机的转差率 S。在恒转矩调速时，从电磁转矩关系式

$$T = K \frac{SR_2U^2}{R_2^2 + (SX_{20})^2} \tag{3.44}$$

可知，改变转差率 S 可通过改变定子绕组相电压 U 及转子电路串接电阻等方法来实现。

3.5.1　调压调速

改变异步电动机定子电压时的机械特性如图 3.34 所示。从图可见，n_0、S_m 不变，T_{max} 随电压降低而成平方比例下降。对于恒转矩负载 T_L，由负载特性曲线 1 与不同电压下电动机的机械特性的交点，可得 a、b、c 点所决定的速度，其调速范围很小；离心式通风机型负载曲线 2 与不同电压下机械特性的交点为 d、e、f，由图可以看出，调速范围虽然稍大，但应该注意的是，当电压降低时，电动机有可能出现过电流问题。

调压调速方法的优点是能够无级平滑调速；缺点是降低电压时，从式（3.44）可知，转矩按电压的平方比例减小，机械特性变软，调速范围不大。通过在定子电路中串接电阻（或电抗）和用晶闸管调压调速都是属于这种调速方法。

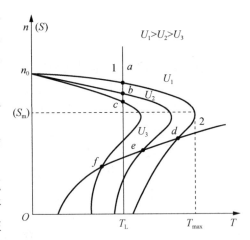

图 3.34　调压调速时的机械特性

3.5.2 转子电路串接电阻调速

在转子回路中串入电阻调速是改变电动机转差率调速的一种方法。这种调速方法只适用于绕线异步电动机的调速，其原理接线图和机械特性如图 3.35 所示，其特点是：转子电路串接不同电阻时，其 n_0 和 T_{max} 不变，但 S_m 随外加电阻的增大而增大，机械特性变软。对于恒转矩负载 T_L，由负载特性曲线与不同外加电阻下电动机机械特性的交点为 9、10、11、12 等可知，随着外加电阻的增大，电动机的转速降低。

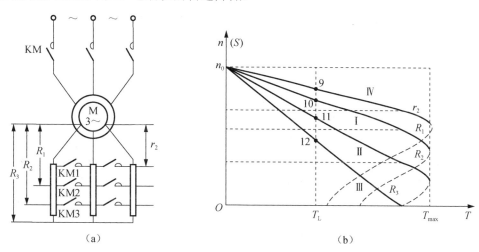

图 3.35 转子电路串电阻调速
（a）原理接线图；（b）机械特性

绕线异步电动机的启动电阻可兼作调速电阻用，不过此时要考虑稳定运行时的发热问题，应适当增大电阻的容量。

这种调速方法的优点是简单可靠；缺点是有级调速，随转速降低，特性变软，转子电路电阻损耗与转差率成正比，低速时损耗大。所以此种调速方法大多用在重复、短期运转的生产机械中，在起重运输设备中应用非常广泛。

3.5.3 改变磁极对数调速

改变磁极对数调速，通常是用改变定子绕组接线的方式来实现的。一般应用于笼型异步电动机的调速，因其转子磁极对数能自动地与定子磁极对数对应。根据式（3.5），同步转速 n_0 与磁极对数 p 成反比，改变磁极对数 p 即可改变笼型异步电动机的转速。下面以单绕组双速电动机为例，对变极调速的原理进行分析。如图 3.36 所示，为简便起见，将一个线圈组集中起来用一个线圈代表。单绕组双速电动机的定子每相绕组由两个相等圈数的"半绕组"组成。图 3.36（a）中两个"半绕组"串联，其电流方向相同，当 AX 绕组流过电流时，它产生的磁通势是四极的。如图 3.36（b）所示，若将两个"半绕组"并联，其电流方向相反，当 AX 绕组流过电流时，它产生的磁通势是两极的，它们分别代表两种磁极对数，即 4 极（$2p=4$）与 2 极（$2p=2$），可见，改变极对数的关键在于使每相定子绕组中一半绕组内的电流改变方向，这可用改变定子绕组的接线方式来实现。若在定子上装两套独立绕组，各自具有所需的磁极对数，则两套独立绕组中每套又可以有不同的连接。这样就可以分别得到双速、三速或四速等电动机，通常称为多速电动机。

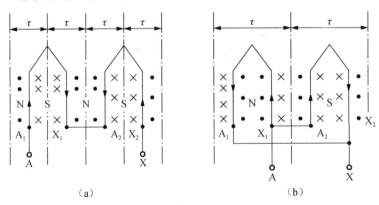

（a）　　　　　　　　　　　　（b）

图 3.36　改变磁极对数调速的原理
（a）串联 $2p=4$；（b）并联 $2p=2$

应该注意的是，多速电动机的调速性质也与连接方式有关，如将定子绕组由 Y 连接改成 YY 连接［图 3.37（a）］，即每相绕组由串联改成并联，则极对数减少了一半，故 $n_{YY}=2n_Y$，如果电源线电压 U_N 不变，每个线圈中允许流过的电流 I_N 不变，Y 连接时电动机的输出功率为

$$P_Y = 3\frac{U_N}{\sqrt{3}}I_N\eta\cos\phi_1 \qquad (3.45)$$

改接成 YY 连接时，若保持支路电流 I_N 不变，则每相电流为 $2I_N$，假定改接前后的功率因数和效率都近似不变，则电动机的输出功率为

$$P_{YY} = 3\frac{U_N}{\sqrt{3}}2I_N\eta\cos\phi_1 \qquad (3.46)$$

即

$$\frac{P_{YY}}{P_Y} = \frac{3\dfrac{U_N}{\sqrt{3}}2I_N\eta\cos\phi_1}{3\dfrac{U_N}{\sqrt{3}}I_N\eta\cos\phi_1} = 2 \qquad (3.47)$$

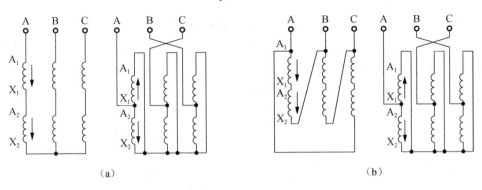

（a）　　　　　　　　　　　　　　　（b）

图 3.37　单线组双速电动机的极对数变换
（a）Y-YY；（b）△-YY

虽然功率增加了 1 倍，转速也增加了 1 倍，而 $T = 9.55P/n$，因此转矩保持不变，即属于恒转矩调速性质。当定子绕组由△连接改成 YY 连接 [图 3.37（b）] 时，极对数也减少了一半，即 $n_{YY}=2n_\triangle$，也可以证明，此时功率基本维持不变，而转矩约减小了一半，即属于恒功率调速性质。

另外，磁极对数的改变，不仅使转速发生了改变，而且使三相定子绕组中电流的相序也发生了改变。对于倍极比的双速电动机，在少极数 p 时，三相定子绕组的三个出线端互差 120° 电角度，改成倍极数 $2p$ 后，三个出线端彼此互差 240° 电角度，变速后的相序和变速前的相序相反。

为了使改变极对数后电动机仍维持原来的转向不变，必须在改变极对数的同时，改变三相绕组接线的相序。如图 3.37 所示，将 B 相和 C 相对换一下。这是设计变极调速电动机控制电路时应注意的一个问题。

多速电动机启动时宜先接成低速，再换接成高速，这样可获得较大的启动转矩。变极调速的优点是操作简单方便，机械特性较硬（因为是一种改变同步转速而不改变临界转差率的调速方法），效率较高，既适用于恒转矩调速，也适用于恒功率调速。其主要缺点是多速电动机体积稍大，价格稍高，调速是有级的，而且调速的级数不可能多。因此，这种调速方法仅适用于不要求平滑调速的场合，在各种中、小型机床上用得极多，而且在某些机床上，采用变极调速与齿轮箱机械调速相配合，就可以较好地满足生产机械对调速的要求。

3.5.4　变频调速

异步电动机的变频调速是一种较好的调速方法，图 3.38 为改变定子电源频率时的人为机械特性，$f_N > f_1 > f_2$，从图中可以看出，异步电动机的转速正比于定子电源频率 f，若连续地调节定子电源频率 f，即可实现连续地改变电动机的转速。

由异步电动机的电动势公式可知

$$U_1 \approx E_1 = 4.44 f_1 N_1 \Phi \qquad (3.48)$$

故 $\Phi \propto U_1/f_1$。在外加电压不变时，气隙磁通与供电源频率 f_1 成反比。减小 f_1 可降低电动机运行速度，但会导致 Φ 的增大，这将引起磁路过分饱和，使励磁电流大大增加，同时增加涡流的损耗；反之，增大 f_1 以提高运行速度时，会引起 Φ 的下降，这将使电动机容量得不到充分利用。从转矩公式 $T = K_m \Phi I_2 \cos\phi_2$ 可以看出：在 I_2 相同的情况下，Φ 减小，电磁转矩也减小，过载能力下降。这对电动机的正常运行都是不利的。为了解决这一问题，在调速过程中应保持 Φ 不变，也就是应使电压 U_1 与频率 f_1 成比例地变化，即

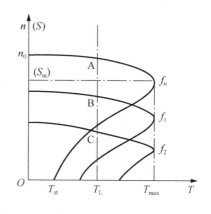

图 3.38　改变定子电源频率的人为机械特性

$$\frac{U_1}{f_1} \approx \frac{E_1}{f_1} = 常数 \qquad (3.49)$$

为了保证电动机的稳定运行，在变频调速时，要求电动机过载能力不变，即 $\lambda_m = \dfrac{T_{max}}{T_N} = 常数$。在忽略定子电阻 R_1，忽略铁芯饱和对漏磁通的影响下，最大转矩可表示为

$T_{max} = K\dfrac{U^2}{2X_{20}}$。式中，$K$、$X_{20}$ 都是与 f_1 有关的系数。故

$$\frac{U_1^2}{f_1^2 T_N} = \frac{U_1'^2}{f_1'^2 T_N'} \tag{3.50}$$

即

$$\frac{U_1}{f_1} = \frac{U_1'}{f_1'} \sqrt{\frac{T_N}{T_N'}} \tag{3.51}$$

可见，在变频调速时，为了使电动机的过载能力保持不变，$T_N = T_N'$，由式（3.51）可得

$$\frac{U_1}{f_1} \approx \frac{U_1'}{f_1'} = 常数 \tag{3.52}$$

式（3.52）既保证了电动机的过载能力不变，也满足了 Φ_1 基本不变的要求。这种变频调速适用于恒转矩负载的情况。

保持 $U_1/f_1 = $ 常数时，U_1 随 f_1 的减小而下降，而定子电阻压降 $I_1 R_1$ 是不变的，因此，$I_1 R_1$ 在 U_1 中所占比重增大，必将使产生气隙磁通的感应电动势减小，U_1/f_1 减小，气隙磁通 Φ 减弱，

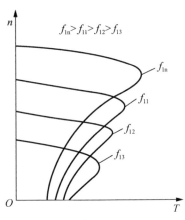

图 3.39　$U_1/f_1 = $ 常数时的机械特性

即 Φ 随着 f_1 的下降而减小，导致低速运行时最大转矩减小。过载能力明显下降，严重时甚至带不动负载。其机械特性如图 3.39 所示。为了确保 Φ 为常数，以保持 T_{max} 不变，应采用 E_1/f_1 为常数的控制方式，即在保证 U_1/f_1 为常数的基础上应适当加大 U_1，以便能补偿定子阻抗的压降。$U_1/f_1 = $ 常数 和 $E_1/f_1 = $ 常数 这两种控制方式，都是在一定负载电流下电动机输出的转矩不变，均属于恒转矩调速方式。

当 f_1 在额定频率 f_N（基频）以上调节时，若仍采用 $U_1/f_1 = $ 常数的控制方式，U_1 将超过额定电压，这是电动机运行条件所不允许的。若保持 $U_1 = U_{1N}$，$f_1 > f_{1N}$，Φ 将会随 f_1 的上升而下降，使最大转矩 T_{max} 随转速上升而下降。频率越高，T_{max} 越小。若 I_1 保持额定值不变，则

$$P_M = 常数 \tag{3.53}$$

即调速过程中电磁功率近似不变，为恒功率调速方式。在异步电动机变频调速系统中，为了得到更好的调速性能，可以将恒转矩调速与恒功率调速方法结合起来使用。

3.6　三相异步电动机的制动特性与方法

三相异步电动机电气制动方法同直流电动机一样，有反接制动、回馈制动和能耗制动三种。

3.6.1　反接制动

1. 电源反接制动

异步电动机处于正常运行状态时，突然改变定子绕组三相电源的相序，即电源反接，即改变了旋转磁场的方向，从而使转子绕组中感应电动势、电流和电磁转矩都改变了方向，由

于机械惯性的存在，此时转子转向未变，电磁转矩与转子的旋转方向相反，电动机处于制动状态。这种制动称为电源反接制动，其机械特性如图 3.40 所示。

制动前异步电动机拖动恒转矩负载处于电动状态，运行在第一象限机械特性曲线 1 上的点 a。电源反接后机械特性变为第三象限的曲线 2，同步转速变为 $-n_0$，转差率 $S>1$，电流及电磁转矩的方向发生变化，由正变为负。由于机械惯性，转速不能突变，电动机的工作点由点 a 移至点 b，开始进入反接制动状态。这时在电动机电磁转矩和负载转矩的共同作用下转速迅速降低，电动机沿特性曲线 2 在第二象限由点 b 逐渐运行到达点 c，$n=0$，电源反接制动结束，此时应切断电源并停车。如果是位能负载应采用机械制动措施，否则，电动机会反向启动旋转，重物开始下放。

电源反接时转子回路中感应出的电流很大，为了限制这个电流，笼型异步电动机可在定子电路中串接电阻，绕线异步电动机可在转子电路中串接电阻，同时可增大制动转矩，机械特性如图 3.40 中的曲线 3，制动开始时运行点由点 a 移至点 d，制动时沿特性曲线 3 减速至点 e，制动结束，$n=0$，停车并切断电源。

2. 倒拉反接制动

当绕线异步电动机拖动位能性负载提升重物时，若在电动机的转子回路中串入很大的电阻，就会出现倒拉反接制动，其机械特性如图 3.41 所示，下面对此过程进行分析。

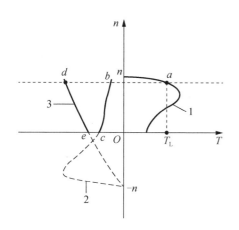
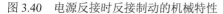
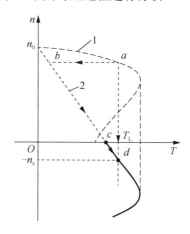

图 3.40　电源反接时反接制动的机械特性　　　图 3.41　倒拉反接制动时的机械特性

当绕线异步电动机提升重物匀速上升时，运行在机械特性曲线 1 的点 a，这时如果在电动机的转子回路中串入很大的电阻，机械特性就变成斜率很大的曲线 2。由于惯性作用，电动机的工作点由点 a 移至点 b，电动机的转矩小于负载转矩，转速下降，电动机沿曲线 2 减速至点 c，$n=0$，在点 c 由于负载转矩大于电动机的转矩，在负载转矩的作用下，电动机反转，重物被下放，而电动机的电磁转矩仍然为正，电磁转矩与转速方向相反，电动机处于制动状态，机械特性延伸至第四象限。随着下放速度的增加，S 逐渐增大，转子电流 I_2 和电磁转矩随之增大，直至运行到点 d，电动机的电磁转矩等于负载转矩，重物以 $-n_d$ 匀速下放。电动机从点 c 开始，重物的下放由负载转矩倒拉拖动，电动机处于制动状态，故称倒拉反接制动。在点 d 电动机处于一种稳定运行的制动状态，点 d 的转速即重物下降速度的大小，取决于转子所串电阻的阻值，电阻越大，下降速度越高。

在重物下降过程中，重物下降位能减少，减少的位能转化为电动机轴上的机械功率，机械功率通过电动机转化为电功率，电动机把转化的电功率及从电源吸收的电功率都消耗在绕线异步电动机转子所串电阻上。

3.6.2 回馈制动

在有些情况下，异步电动机的转速会高于其同步速度，即 $n > n_0$，$S < 0$，这时转子导体切割旋转磁场的方向与电动状态时相反，转子电流的方向也发生了变化，电动机的电磁转矩方向与转速方向相反，电动机处于制动状态，这种制动称为回馈制动。这时电动机处于发电机运行状态，把系统的机械能转化为电能，一部分消耗在转子回路的电阻上，剩余的大部分电能则反馈回电网。以下两种情况一般会发生反馈制动。

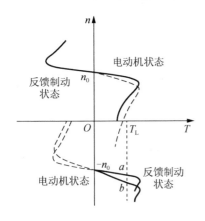

图 3.42 重物下放时回馈制动机械特性

1. 重物下放时的回馈制动

起重机械在重物下放时，电动机反转（在第三象限），如图 3.42 所示。重物开始下放时，电动机工作在反转电动状态，电动机的电磁转矩和负载转矩均与转速方向相同，均为拖动性质转矩，在它们的共同驱动下，重物快速下降。当电动机转速超过同步转速后，进入第四象限，转子电流变正，方向发生变化，电磁转矩变正，成为制动转矩。当 $T = T_L$ 时，达到稳定状态，重物以一个较高的转速均匀下降。

对于一定的位能负载，转子回路的电阻值越大，下放的速度就越快。为了避免重物下放时，电动机转速太高而造成运行事故，转子附加的电阻值不允许太大。

2. 调速过程中的回馈制动

变极调速或变频调速过程中，极对数突然增多或供电频率突然降低，会使同步转速 n_0 突然降低，这时会出现回馈制动。图 3.43 所示为某双速笼型异步电动机变极调速时回馈制动机械特性，高速运行时为四极，同步转速为 n_{01}；低速运行时为八极，同步转速为 n_{02}。当电动机由高速切换到低速时，由于惯性，转速不能突变，降速开始，电动机运行到同步转速为 n_{02} 的机械特性点 b 上，这时的电动机转速高于同步转速 n_{02}，转子产生的电磁转矩与转速相反，为制动转矩性质，运行在第二象限。电动机电磁转矩和负载转矩一起使电动机降速，在降速过程中，电动机将运行系统中的动能转换成电能反馈到电网，直至转速降低至同步转速 n_{02}，电动机的

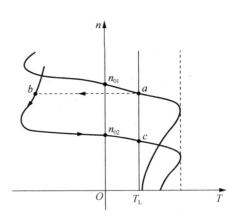

图 3.43 变极调速时回馈制动机械特性

回馈制动结束，进入第一象限，进入 $2p=8$ 的电动状态，直到电动机的电磁转矩又重新与负载转矩相平衡，电动机稳定运行在点 c。

3.6.3 能耗制动

异步电动机在运行时，将定子绕组从三相交流电源上断开，同时其中两相绕组接到直流电源上，电动机进入能耗制动状态，如图 3.44（a）所示。

绕组通入直流电源时，在电动机中将产生一个固定磁场。转子因机械惯性继续旋转，转子导体切割固定磁场产生感应电流，进而产生电磁转矩。该转矩与转子实际旋转方向相反，为制动转矩性质。在电动机制动电磁转矩及负载转矩的共同作用下，电动机的转速迅速降低，转子的机械能转换为电能，消耗在转子回路的电阻上，称为能耗制动。

电动机正向运行，工作在固有机械特性曲线 1 的点 a，如图 3.44（b）所示，定子绕组改接直流电源后，因电磁转矩与转速方向相反，为制动转矩。电动机运行在第二象限，位于机械特性曲线 2 的点 b，在电动机的电磁制动转矩及负载转矩的作用下，系统减速直至 $n=0$，能耗制动结束。由于 $T=0$，故能准确停车，而不像反接制动那样存在电动机反转的可能。应当注意的是，当电动机停止后不应再接入直流电源，因为那样会烧坏定子绕组（定子绕组中的反电动势消失）。另外，制动的后阶段，随着转速的降低，转子中的电流逐渐降低，能耗制动转矩也迅速减小，所以，制动较平稳，但制动过程慢，快速性比反接制动差。为了改善制动性能，可以改变定子励磁电流 I_f 或转子电路串入电阻（绕线异步电动机）的大小来增大制动转矩，从而调节制动过程的快慢。

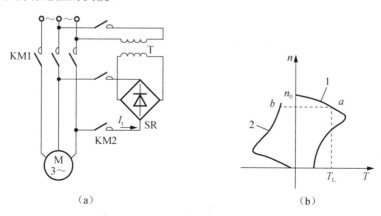

图 3.44 异步电动机能耗制动时的电路图和机械特性曲线

（a）电路图；（b）机械特性曲线

【例 3.3】一台三相异步电动机，技术数据如表 3.1 所示。

表 3.1 技术数据

型号	P_N/kW	U_N/V	满载时				$\dfrac{I_{st}}{I_N}$	$\dfrac{T_{st}}{T_N}$	$\dfrac{T_{max}}{T_N}$
			U_N/(r·min^{-1})	I_N/A	η_N/%	$\cos\phi_N$			
JQ2-32-4	3	220/380	1430	11.18/6.47	83.5	0.84	7.0	1.8	2.0

求：（1）同步转速 n_0 是多少？

（2）磁极对数 p 是多少？

（3）当电源电压为 380V 时，定子绕组应采用什么接法？

（4）满载时转差率 S_N 是多少？转矩 T_N 是多少？

（5）直接启动时的启动转矩 T_{st} 是多少？最大转矩 T_{max} 是多少？

（6）直接启动时的启动电流 I_{st} 是多少？

（7）满载时的输入功率 P_1 是多少？视在功率 S 是多少？总损耗 ΔP 是多少？

解：（1）同步转速只能是 3 000r/min、1 500r/min、1 000r/min……，因额定转速为 1 430r/min，所以同步转速为 1 500r/min。

（2）根据电动机型号，磁极对数为 2。

（3）给定 U_N 为 220/380V，得知定子绕组的额定相电压为 220V，当电源线电压为 380V 时，定子绕组应该接成星形。

（4）满载时转差率 $S_N = \dfrac{n_0 - n_N}{n_0} = \dfrac{1500 - 1430}{1500} \approx 0.046\,7$；

转矩 $T_N = 9\,550\dfrac{P_N}{n_N} = 9\,550 \times \dfrac{3}{1430} \approx 20.03\text{N} \cdot \text{m}$。

（5）直接启动时的启动转矩 $T_{st}=1.8T_N=1.8\times20.03$ N·m≈36.05N·m；

最大转矩 $T_{max}=2.0T_N=2.0\times20.03$ N·m≈40.06N·m。

（6）直接启动时的启动电流 $I_{st}=7I_N=7\times6.47$ N·m≈47.29A。

（7）满载时的输入功率 $P_1 = \sqrt{3}U_1I_1\cos\phi=\sqrt{3}\times380\times6.47\times0.84\text{W} \approx 3.58\text{kW}$；

视在功率 $S = \sqrt{3}U_1I_1 = \sqrt{3}\times380\times6.47\text{V} \cdot \text{A} \approx 4.26\text{kV} \cdot \text{A}$；

总损耗 $\Delta P=P_1-P_N=(3.58-3)\text{kW}=0.58\text{kW}$。

习题与思考题

一、填空题

1. 降压启动的目的是（　　　）。

2. 在 Y-△降压启动控制电路中，Y-△降压启动适用于定子绕组正常接法为（　　　）的电动机；对于 Y-△接法，由于 $T_{stY} = $（　　　）$T_{st△}$，故 Y-△降压启动适用于（　　　）启动的场合。

3. 绕线异步电动机转子串频敏电阻启动，启动时电阻（　　　），启动后电阻（　　　）。

4. 三相异步电动机的制动形式有（　　　）和电气制动两种。电气制动有（　　　）、（　　　）和（　　　）三种。

5. 能耗制动比反接制动消耗的能量（　　　），其制动电流比反接制动电流（　　　），但其制动效果（　　　）反接制动，同时需要（　　　）。

6. 三相异步电动机转子绕组的感应电动势 E_{20}、转子漏电抗 X_{20}、转子电流 I_2 均随转速的增加而（　　　），而转子电路的功率因数则随转速增加而（　　　）。

7．当三相异步电动机的转差率 $S=1$ 时，电动机处于（　　）状态；当 S 趋近于 0 时，电动机处于（　　）状态。

8．三相异步电动机的降压启动有（　　）、（　　）和（　　）三种方法。

9．三相异步电动机的转子是由（　　）、（　　）、（　　）、（　　）组成的。

二、选择题

1．下列调速中属于有级调速的是（　　）。

　　A．变频调速　　　　　B．变级调速　　　　　C．改变转差率调速

2．变极调速的电动机一般是（　　）。

　　A．绕线转子　　　　　B．笼型　　　　　C．他励　　　　　D．自励

3．常用的制动方法有（　　）制动和电气制动两大类。

　　A．发电　　　　　B．能耗　　　　　C．反转　　　　　D．机械

4．三相笼型异步电动机的功率因数，在空载及满载时的情况是（　　）。

　　A．相同　　　　　　　　　　B．空载时小于满载时

　　C．满载时小于空载时　　　　D．无法判断

5．三相异步电动机恒载运行时，三相电源电压突然下降10%，其电流将会（　　）。

　　A．增大　　　　　B．减小　　　　　C．不变　　　　　D．变化不明显

6．要想改变三相交流异步电动机的转向，只要将原相序 A—B—C 改接为（　　）。

　　A．B—C—A　　　　　B．A—C—B　　　　　C．C—A—B

7．三相异步电动机铭牌上标示的额定电压是（　　）。

　　A．相电压的有效值　　　　B．相电压的最大值

　　C．线电压的有效值　　　　D．线电压的最大值

8．三相异步电动机铭牌上标示的额定功率指（　　）。

　　A．转子轴输出的机械功率　　　　B．输入的有功功率

　　C．输入的视在功率　　　　　　　D．转子的电磁功率

9．三相异步电动机启动瞬时转差率为（　　）。

　　A．$n=0$，$S=1$　　B．$n=1$，$S=0$　　C．$n=1$，$S=1$　　D．$n=0$，$S=0$

10．电动机在额定条件下运行时，其转差率 S 为（　　）。

　　A．0.02～0.06　　B．0.2～0.6　　C．0.02%～0.06%　　D．0.2%～0.6%

11．绝缘等级是指绝缘材料的（　　）等级。

　　A．耐热　　　　　B．耐压　　　　　C．电场强度　　　　　D．机械强度

12．两极电动机的同步转速为（　　）。

　　A．3 000r/min　　B．2 880r/min　　C．1 500r/min　　D．1 400r/min

13．绕线异步电动机在启动过程中，频敏变阻器的等效阻抗变化趋势是（　　）。

　　A．由大变小　　　　B．由小变大　　　　C．基本不变　　　　D．变大

14．一台额定功率是 15kW，功率因数是 0.5 的异步电动机，效率为 0.8，它的输入电功率为（　　）kW。

　　A．18.75　　　　B．14　　　　C．30　　　　D．28

15. 异步电动机采用△/YY变极调速，从△连接变成YY连接后，（　　）。

A. 转速降低一半，转矩近似减小一半　　B. 转速降低一半，功率略有增加

C. 转速提高一倍，功率略有增加　　D. 转速提高一倍，转矩近似减小一半

三、判断题

1. 异步电动机最大转矩的数值与定子相电压成正比。（　　）

2. 在电源电压不变的情况下，△连接的异步电动机改成Y连接运行，其输出功率不变。（　　）

3. 三相异步电动机的调速，常用的方法是降压调速方法。（　　）

4. 笼型转子的三相异步电动机可以采用转子绕组串电阻启动的方式。（　　）

5. Y-△降压启动只适用于正常运行时定子绕组是△连接的电动机，并只有一种固定的降压比。（　　）

6. 交流异步电动机缺相时不能启动，同样在运行中缺相则电动机即停转。（　　）

四、简答题

1. 三相异步电动机正在运行时，转子突然被卡住，这时电动机的电流会如何变化？对电动机有何影响？

2. 三相异步电动机断了一根电源线后，为什么不能启动？而运行时断了一线，为什么仍能继续转动？这两种情况对电动机将产生什么影响？

3. 三相异步电动机在相同电源电压下，满载和空载启动时，启动电流是否相同？启动转矩是否相同？

4. 绕线异步电动机采用转子串电阻启动时，所串电阻越大，启动转矩是否越大？

5. 为什么绕线异步电动机在转子串电阻启动时，启动电流减少而启动转矩反而增大？

6. 什么是恒功率调速？什么是恒转矩调速？

7. 异步电动机有哪几种制动状态？各有何特点？

8. 异步电动机启动时，启动电流大但启动转矩却不大，为什么？

9. 将三相异步电动机接三相电源的三根引线中的两根对调，此电动机是否会反转？为什么？

10. 当三相异步电动机的负载增加时，为什么定子电流会随转子电流的增加而增加？

11. 三相异步电动机带动一定的负载运行时，若电源电压降低了，此时电动机的转矩、电流及转速有无变化？如何变化？

12. 三相异步电动机为什么不能运行在 T_{max} 或接近 T_{max} 的情况下？

13. 分析定子串电阻降压启动的工作过程。

14. 反接制动为什么要加限流电阻？

15. 异步电动机有哪几种调速方法？这些调速方法各有何优缺点？

16. 试分析交流电动机与直流电动机在调速方法上的异同点。

17. 试说明笼型异步电动机定子极对数突然增加时，电动机的降速过程。

18. 试说明异步电动机定子相序突然改变时，电动机的降速过程。

五、计算题

1. 有一台四极三相异步电动机,电源电压的频率为 50Hz,满载时电动机的转差率为 0.02,求电动机的同步转速、转子转速和转子电流频率。

2. 一台三相异步电动机,定子绕组接到频率 f_1=50Hz 的三相对称电源上,已知它的额定转速 n_N=975r/min,P_N=75kW,U_N=400V,I_N=156A,$\cos\phi = 0.8$,试求:

（1）电动机的极数是多少?

（2）转子电动势的频率 f_2 是多少?

（3）额定负载下的效率 η 是多少?

3. 有一台三相异步电动机,其 $n_N = 1470\text{r}/\text{min}$,电源频率为 50Hz。设在额定负载下运行,试求:

（1）定子旋转磁场相对于定子的转速;

（2）定子旋转磁场相对于转子的转速。

4. 有一台三相异步电动机,其技术数据如表 3.2 所示。

表 3.2　三相异步电动机的技术数据

型号	P_N/kW	U_N/V	满载时				$\dfrac{I_{st}}{I_N}$	$\dfrac{T_{st}}{T_N}$	$\dfrac{T_{max}}{T_N}$
			n_N/(r·min⁻¹)	I_N/A	η_N/%	$\cos\phi_N$			
Y132S-6	3	220/380	960	12.8/7.2	83	0.75	6.5	2.0	2.0

（1）线电压为 380V 时,三相定子绕组应采用什么接法?

（2）求 n_0、P、S_N、T_N、T_{st}、T_{max} 和 I_{st}。

（3）额定负载时电动机的输入功率是多少?

5. 一台三相异步电动机的铭牌数据如表 3.3 所示。

（1）当负载转矩为 250N·m 时,在 $U = U_N$ 和 $U' = 0.8U_N$ 两种情况下电动机能否启动?

（2）欲采用 Y-△降压启动,当负载转矩为 $0.45T_N$ 和 $0.35T_N$ 两种情况时,电动机能否启动?

（3）若采用自耦变压器降压启动,设降压比为 0.64,求电源线路中通过的启动电流和电动机的启动转矩。

表 3.3　三相异步电动机的铭牌数据

P_N/kW	n_N/(r·min⁻¹)	U_N/V	η_N/%	$\cos\phi_N$	$\dfrac{I_{st}}{I_N}$	$\dfrac{T_{st}}{T_N}$	$\dfrac{T_{max}}{T_N}$	接法
40	1 470	380	90	0.9	6.5	1.2	2.0	△

第 4 章

控制电动机

学习目标

了解控制电动机的分类、特点、控制任务和基本要求，重点掌握伺服电动机、力矩电动机的基本结构、工作原理、主要运行特性和应用。

异步电动机、直流电动机等都是作为动力使用的，其主要作用是能量的转换。控制电动机的主要作用是完成信息的传递与交换，而不是进行能量转换。控制电动机的种类很多，本章只讨论平常使用较多的几种控制电动机，如伺服电动机、力矩电动机等。

各种控制电动机有各自的控制任务。例如，伺服电动机是将电压信号转换为转角或转速以驱动控制对象；力矩电动机转速低、转矩大，能够长期处在堵转状态或低速下运行。因此对控制电动机的要求是动作灵敏、精度高；质量小、体积小、耗电少、运行可靠等。

4.1 伺服电动机

伺服电动机又称执行电动机，在自动控制系统中作为执行元件，其任务是将输入的电信号转换为轴上的转角或转速，用以带动控制对象。按电流种类不同，伺服电动机可分为交流伺服电动机和直流伺服电动机两种，它们的最大特点是转矩和转速受信号电压控制。当信号电压的大小和极性（或相位）发生变化时，电动机的转动方向将非常灵敏和准确地跟着变化。因此，它与普通电动机相比具有如下特点：

（1）调速范围宽，伺服电动机的转速随着控制电压改变，能在宽范围内连续调节；

（2）转子的惯性小，响应快，随控制电压的改变反应很灵敏，即能实现迅速启动、停转；

（3）控制功率小，过载能力强，可靠性好。

4.1.1 直流伺服电动机

1. 直流伺服电动机的基本结构

传统的直流伺服电动机实质是一台容量较小的普通直流电动机，不同的是它外形细长，转动惯量小，以满足快速响应的要求。

直流伺服电动机按励磁方式分为电磁式直流伺服电动机和永磁式直流伺服电动机两种。电磁式直流伺服电动机按励磁方式不同又分为他励式、并励式和串励式三种。另外还有低惯量型直流伺服电动机，它有无槽、杯形、圆盘和无刷电枢几种。永磁式直流伺服电动机的磁场由永久磁铁产生。图 4.1 所示为电磁式和永磁式直流伺服电动机的原理图。

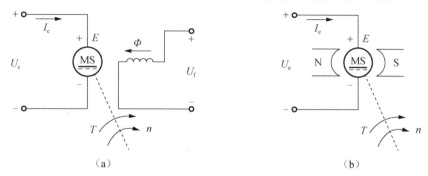

图 4.1　直流伺服电动机的原理图

(a) 电磁式（他励式）；(b) 永磁式

2. 他励式直流伺服电动机的工作原理

他励式直流伺服电动机的基本工作原理与普通他励直流电动机的完全相同，依靠电枢电流与气隙磁通的作用产生电磁转矩，使伺服电动机转动。一般采用电枢控制方式，即在保持励磁电压不变的条件下，通过改变电枢电压来调节转速。电枢电压越小，则转速越低；电枢电压为 0 时；电动机停转。由于电枢电压为零时电枢电流也为 0，电动机不产生电磁转矩，不会出现"自转"。图 4.1（a）为他励式直流伺服电动机的电气原理图。

3. 他励式直流伺服电动机的机械特性

1）机械特性方程式

他励式直流伺服电动机的机械特性与他励直流电动机的一样，可用下式表示

$$n = \frac{U_c}{K_E \Phi} - \frac{R}{K_E K_T \Phi^2} \tag{4.1}$$

式中，U_c——电枢电压；

　　　R——电枢回路电阻；

　　　Φ——磁通；

　　　K_E、K_T——与电动机结构有关的常数。

由式（4.1）可以看出：改变控制电压和磁通都可以控制伺服电动机的转速。前者是电枢控制，使用较多，后者是励磁控制。

2）机械特性曲线

他励式直流伺服电动机的机械特性曲线如图 4.2 所示，由机械特性曲线可知：

（1）一定负载转矩下，当磁通 Φ 不变时，$U_c \uparrow \rightarrow n \uparrow$；

（2）$U_c = 0$ 时，电动机不产生电磁转矩，电动机立即停转，无"自转"现象；

（3）直流伺服电动机的特性曲线下垂，启动转矩较大。

3）他励式直流伺服电动机的运行控制

他励式直流伺服电动机的反转可采用改变电枢电压

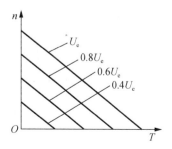

图 4.2　直流伺服电动机的机械特性曲线

的极性或改变磁通的方向，它的调速方式可通过改变电枢电压或电动机磁通的大小来实现。

4. 直流伺服电动机的特点及应用

表 4.1 所示为各种直流伺服电动机的特点和适用范围。

直流伺服电动机的特性比交流伺服电动机的硬，线性度好，它通常应用于功率稍大的系统中，如随动系统中的位置控制、数控机床中工作台的位置控制等。直流伺服电动机输出功率比较大，一般为 $1\sim600W$。直流伺服电动机的缺点是有换向器、结构复杂，会产生电磁波干扰。

表 4.1 直流伺服电动机的特点和适用范围

名称	励磁方式	产品型号	结构特点	性能特点	适用范围
一般直流伺服电动机	电磁或永磁	SZ 或 SY	与普通直流电动机相同，但电枢铁芯长度与直径之比大一些，气隙较小	具有下垂的机械特性和线性的调节特性，对控制信号响应快速	一般直流伺服系统
无槽直流伺服电动机	电磁或永磁	SWC	电枢铁芯为光滑圆柱体，电枢绕组用环氧树脂粘在电枢铁芯表面，气隙较大	具有一般直流伺服电动机的特点，而且转动惯量和机电时间常数小，换向良好	需要快速动作、功率较大的直流伺服系统
空心杯形电枢直流伺服电动机	永磁	SYK	电枢绕组用环氧树脂浇注成杯形置于内、外定子之间，内、外定子分别用软磁材料和永磁材料做成	除具有一般直流伺服电动机的特点外，转动惯量和机电时间常数小，低速运转平滑，换向好	需要快速动作的直流伺服系统
印制绕组直流伺服电动机	永磁	SN	在圆盘形绝缘薄板上印制裸露的绕组构成电枢，磁极轴向安装	转动惯量小，机电时间常数小，低速运行性能好	低速和启动、反转频繁的控制系统
无刷直流伺服电动机	永磁	SW	由晶体管开关电路和位置传感器代替电刷和换向器，转子用永久磁铁做成，电枢绕组在定子上且做成多相式	既保持了一般直流伺服电动机的优点，又克服了换向器和电刷带来的缺点，寿命长，噪声低	要求噪声低、对无线电不产生干扰的控制系统

4.1.2 交流伺服电动机

1. 两相交流伺服电动机的结构

两相交流伺服电动机的结构与单相电容式异步电动机的结构相似，定子上装有两个绕组，一个是励磁绕组，另一个是控制绕组，它们在空间相隔 90°，两个绕组通常是分别接在两个不同的交流电源（二者频率相同）上，这与单相电容式异步电动机不同，如图 4.3 所示。

交流伺服电动机的转子有笼型转子和杯形转子两种。笼型转子与三相笼型电动机的转子结构相似，只是为了减小转动惯量而做得细长一些。杯形转子伺服电动机的结构如图 4.4 所示。为了减小转动惯量，杯形转子通常用高电阻率的非磁性的铝合金或铜合金制成空心薄壁圆筒，在空心杯形转子内放置固定的内定子，起闭合磁路的作用，以减小磁路的磁阻。杯形转子可以把铝杯看作无数根笼型导条并联组成，因此，它的原理与笼型的相同。这种形式的伺服电动机由于转子质量小、惯性小、启动电压低，对信号反应快，调速范围宽，多用于运行平滑的系统。目前用得最多的是笼型转子交流伺服电动机，交流伺服电动机的特性和应用范围如表 4.2 所示。

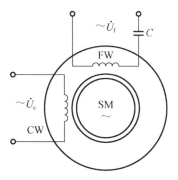

图 4.3　交流伺服电动机接线图

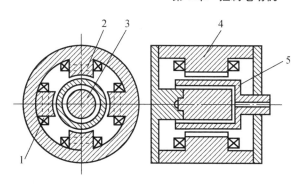

图 4.4　杯形转子伺服电动机的结构

1—励磁绕组；2—控制绕组；3—内定子；
4—外定子；5—转子

表 4.2　交流伺服电动机的特性和应用范围

种类	产品型号	结构特点	性能特点	应用范围
笼型转子交流伺服电动机	SL	与一般笼型异步电动机结构相同，但转子做得细而长，转子导体采用高电阻率的材料	励磁电流较小，体积较小，机械强度高，但是低速运行不够平稳，有时快时慢的抖动现象	小功率的自动控制系统
杯形转子交流伺服电动机	SK	转子做成薄壁圆筒形，放在内、外定子之间	转动惯量小，运行平滑，无抖动现象，但是励磁电流较大，体积也较大	要求运行平滑的系统

2. 两相交流伺服电动机的基本工作原理

两相交流伺服电动机是以单相异步电动机原理为基础的，从图 4.3 可看出，励磁绕组接到电压一定的交流电网上，控制绕组接到控制电压 U_c 上，当有控制信号输入时，两相绕组便产生旋转磁场。该磁场与转子中的感应电流相互作用产生转矩，使转子跟随旋转磁场以一定的转差率转动起来，其同步转速为

$$n_0 = \frac{60f}{p} \tag{4.2}$$

转向与旋转磁场的方向相同，把控制电压的相位改变 180°，则可改变伺服电动机的旋转方向。

3. 消除"自转"现象的措施

消除"自转"现象较好的解决办法就是使转子导条具有较大电阻。从三相异步电动机的机械特性可知，转子电阻对电动机的转速、转矩特性影响很大（图 4.5），转子电阻越大，达到最大转矩的转速越低，转子电阻增大到一定程度（如图中 R_{23}）时，最大转矩将出现在 $S=1$ 附近。为此目的，一般把伺服电动机的转子电阻 R_2 设计得很大，这可使电动机在失去控制信号，即成单相运行时，正转矩或负转矩的最大值均出现在 $S_m>1$ 处，这样就可得出图 4.6 所示的机械特性曲线。

图 4.6 中曲线 1 为有控制电压时伺服电动机的机械特性曲线，曲线 T^+ 和 T^- 为去掉控制电压后，脉动磁场分解为正、反两个旋转磁场对应产生的转矩曲线。曲线 T 为 T^+ 与 T^- 合成的

转矩曲线。从图 4.6 可看出，它与异步电动机的机械特性曲线不同，它是在第二和第四象限内。当转速 n 为正时，电磁转矩 T 为负；当 n 为负时，T 为正，即去掉控制电压后，电磁转矩的方向总是与转子转向相反，是一个制动转矩。制动转矩的存在，可使转子迅速停止转动，保证不会存在"自转"现象。停转所需要的时间，比两相电压 U_c 和 U_f 同时取消，单靠摩擦等制动方法所需的时间要少得多。这正是两相交流伺服电动机工作时，励磁绕组始终接在电源上的原因。

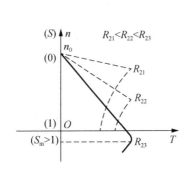 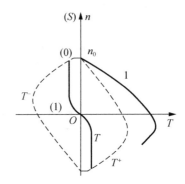

图 4.5　对应于不同转子电阻 R_2 的 $n = f(T)$ 曲线　　图 4.6　$U_c = 0$ 时交流伺服电动机的 $n = f(T)$ 曲线

综上所述，增大转子电阻 R_2，可使单相供电时合成的电磁转矩在第二和第四象限，成为制动转矩，有利于消除"自转"现象，同时 R_2 的增大，还使稳定运行段加宽，启动转矩增大，有利于调速和启动。这就是两相交流伺服电动机的笼型导条通常用高电阻材料制成和杯形转子的壁做得很薄（一般只有0.2～0.8mm）的缘故。

4. 交流伺服电动机的特性和应用

交流伺服电动机运行时，若改变控制电压的大小或改变它与激励电压之间的相位角，则旋转磁场都将发生变化，从而影响电磁转矩。当负载转矩一定时，可以通过调节控制电压的大小或相位来达到改变转速的目的。因此，两相交流伺服电动机的控制方法有三种：

（1）幅值控制，即保持 $\dot{U}_c$ 与 $\dot{U}_f$ 相差 90° 的条件下，改变 $\dot{U}_c$ 的幅值大小；

（2）相位控制，即保持 $\dot{U}_c$ 的幅值不变条件下，改变 $\dot{U}_c$ 与 $\dot{U}_f$ 之间的相位差；

（3）幅相控制，即同时改变 $\dot{U}_c$ 的幅值和相位。

幅值控制的控制电路比较简单，实际中应用最多，下面只讨论幅值控制法。

图 4.7 所示为幅值控制的一种接线图，从图中可看出，两相绕组接于同一单相电源，适当选择电容 C，使 U_f 与 U_c 相角差 90°，改变电阻 R 的大小，即改变控制电压 U_c 的大小，可以得到图 4.8 所示的不同控制电压下的机械特性曲线簇。由图 4.8 可见，在一定负载转矩下，控制电压越高，转差率越小，电动机的转速就越高，不同的控制电压对应着不同的转速。

交流伺服电动机可以方便地利用控制电压 U_c 的有、无来进行启动、停止电动机；通过改变电压的幅值（或相位）大小来调节转速的高低；通过改变 U_c 的极性来改变电动机的转向。伺服电动机是控制系统中的原动机。例如，雷达系统中扫描天线的旋转、流量和温度控制中阀门的开启、数控机床中刀具运动，甚至船舶的方向舵与飞机驾驶盘的控制都是用伺服电动机来带动的。图 4.9 所示为交流伺服电动机在自动控制系统中的典型应用框图。

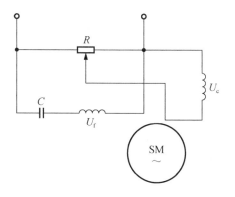

图 4.7　幅值控制接线图

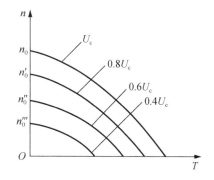

图 4.8　不同控制电压下的 $n = f(T)$ 曲线

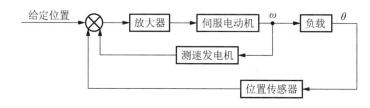

图 4.9　交流伺服电动机在自动控制系统中的典型应用框图

由此看出，伺服电动机的性能直接影响整个系统的性能。因此，系统对伺服电动机的静态特性、动态特性都有相应的要求，在选择电动机时应该注意。

4.2　力矩电动机

在一些自动控制系统中，被控制对象的转速比较低，如果使用普通的伺服电动机，不仅需要使用减速装置，还可能出现低速运行不稳定的现象，影响系统性能的提高。而力矩电动机则较好地解决了这个问题，它具有转速低、转矩大，能够长期处在堵转状态或低速下运行，反应速度快，转矩和转速波动小，机械特性和调节特性线性度好等特性。

力矩电动机根据电源类型可分为交流力矩电动机和直流力矩电动机两大类。交流力矩电动机又分为异步电动机和同步电动机两种类型，虽然它的结构简单、工作可靠，但在低速性能方面还有待进一步完善，目前使用较少。永磁式直流力矩电动机具有良好的低速平稳性和线性的机械特性及调节特性，在生产中应用最广泛。

4.2.1　直流力矩电动机的结构特性

直流力矩电动机的工作原理和直流伺服电动机基本相同，但直流力矩电动机为了能在相同体积和电枢电压的前提下产生较大的转矩及较低的转速，一般做成扁平状，其结构如图 4.10 所示。

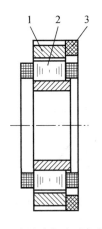

图 4.10　直流力矩电动机的结构
1—定子；2—电枢；3—刷架

1.　输出转矩分析

对于直流力矩电动机，转子绕组中每根导体所受的电磁力为

$$F = BI_a l \tag{4.3}$$

式中，B——每个磁极下磁感应强度平均值；

I_a——电枢绕组导体流过的电流；

l——导体的有效长度（即电枢铁芯厚度）。电磁转矩为

$$T = NF\frac{D}{2} = NBI_a l \frac{D}{2} = \frac{BI_a N}{2} Dl \tag{4.4}$$

式中，N——电枢绕组总导体数；

D——电枢铁芯直径。

式（4.4）表明了电磁转矩 T 与电动机结构参数 l、D 的关系。首先，如果电动机体积为一定值，电枢体积应保持不变，即 $\pi D^2 l$ 不变，当 D 增大时，铁芯长度 l 就应减小；其次，在相同电流 I_a 及相同用铜量的条件下，若电枢绕组的导线直径不变，则电枢绕组总导体数 N 应随 l 的减小而增加，以保持 Nl 不变。在满足上述条件时，式（4.4）中 $BI_a/2$ 近似为常数，故转矩 T 与直径 D 近似成正比关系。

2.　输出转速分析

转子导体在磁场中运动切割磁力线所产生的感应电动势为

$$e_a = Blv \tag{4.5}$$

式中，v——导体运动的线速度，$v = \dfrac{\pi Dn}{60}$。

设一对电刷之间的并联支路数为 2，则在一对电刷间，$N/2$ 根导体串联后总的感应电动势为 E_a，且在理想空载条件下，外加电压 U_a 应与 E_a 相平衡，所以

$$U_a = E_a = \frac{N}{2} \cdot Bl \cdot \frac{\pi Dn_0}{60} = \frac{NBl\pi Dn_0}{120} \tag{4.6}$$

即

$$n_0 = \frac{120}{\pi}\frac{U_a}{NBl}\frac{1}{D} \tag{4.7}$$

式（4.7）说明，在仍保持 Nl 不变的情况下，理想空载转速 n_0 和电枢铁芯直径 D 近似成反比关系，电枢直径 D 越大，电动机理想空载转速 n_0 就越低。

由以上分析可知，在其他条件相同的情况下，增大电动机直径，减小轴向长度，有利于增加电动机的转矩和降低空载转速，故力矩电动机都做成扁平圆盘状结构。

4.2.2　直流力矩电动机的技术指标

在某些特殊场合中，有时要求电动机不转，转子在一段时间内保持某一静止的力矩，这时电动机处于堵转状态。堵转电流很大，所以一般电动机是不允许堵转的。在分析选用力矩电动机时应考虑以下几项指标。

（1）连续堵转电流——在规定条件下，直流力矩电动机允许连续堵转又不引起过热的最大电流。

（2）连续堵转转矩——在规定条件下，对直流力矩电动机施加连续堵转电流，电动机连续堵转时产生的输出转矩。

（3）峰值（堵转）电流——在规定条件下，堵转不致引起直流力矩电动机损坏，或性能不可恢复的最大电流。

（4）峰值（堵转）转矩——在规定条件下，对直流力矩电动机施加峰值堵转电流，电动机堵转时产生的输出转矩。

力矩电动机在低速运行和堵转时电流产生的热量较大，因此，通常在电动机的后端盖上装有独立的轴流或离心式风机做强迫通风冷却，以保证力矩电动机能在低速或堵转下正常运行。在堵转情况下能产生足够大的力矩而不损坏，加上它有精度高、反应速度快、线性度好等优点，因此，它常用在低速、需要转矩调节和需要一定张力的随动系统中作为执行元件，例如，纺织成卷机、数控机床、天线的驱动、X-Y 记录仪及电焊枪的焊条传动等装置。

习题与思考题

一、选择题

下列方法中哪一个不是消除交流伺服电动机"自转"的方法？（　　　）
  A．增大转子转动惯量　　　　　　　B．增大转子电阻
  C．减小转子转动惯量　　　　　　　D．减小转子电阻

二、简答题

1．有一台直流伺服电动机，电枢控制电压和励磁电压均保持不变，当负载增加时，电动机的控制电流、电磁转矩和转速如何变化？

2．为什么直流力矩电动机要做成扁平圆盘状结构？

3．控制电动机和普通旋转电动机的区别是什么？

4．为什么多数数控机床的进给系统宜采用大惯量直流电动机？

5．何为"自转"现象？交流伺服电动机怎样克服这一现象，使其当控制信号消失时能迅速停止？

三、计算题

1．有一台交流伺服电动机，加额定电压，电源频率为 50Hz，极对数 $p=1$，试问它的理想空载转速是多少。

2．有一台直流伺服电动机，励磁电压一定，当电枢电压 $U_c=100V$ 时，理想空载转速 $n_0=3\,000r/min$；当 $U_c=50V$ 时，n_0 为多少？

第 5 章

机电传动控制系统中电动机的选择

学习目标

了解电动机容量选择的原则和电动机发热与冷却规律；掌握不同工作制下电动机容量的选择方法，能够根据要求正确选择电动机的种类、容量、电压、转速和结构形式。

5.1 电动机容量选择的原则

在机电传动系统中，正确选择电动机的容量是选择一台合适电动机的首要考虑因素。选择电动机的容量时，一般应考虑两个方面的因素，即电动机的发热情况和过载能力。对于笼型异步电动机，还要考虑其启动能力。如果电动机的容量选小了，一方面不能充分发挥机械设备的能力，使生产效率降低；另一方面电动机经常在过载下运行，会使它过早损坏，同时还可能出现启动困难、经受不起冲击负载等故障。如果电动机的容量选大了，则不仅使设备投资费用增加，而且由于电动机经常在轻载下运行，运行效率和功率因数（对异步电动机而言）都会下降。选择电动机容量应根据以下三项基本原则。

（1）发热原则。电动机在运行时，必须保证电动机的实际最高工作温度 θ_{max} 等于或略小于电动机绝缘材料所允许的最高工作温度 θ_a，即 $\theta_{max} \leqslant \theta_a$。电动机的发热和冷却都有一个过程，其温升不完全取决于负载的大小，而是和负载的持续时间有关，也就是与电动机的运行方式有关。根据生产机械的性质不同，一般电动机有三种运行方式，即长期工作制、短期工作制和重复短期工作制。长期工作制又有恒定负载和变动负载两种情况，各种运行情况下电动机容量的选择方法不同。

（2）过载能力。电动机在运行时，必须具有一定的过载能力。特别是在短期工作时，由于电动机的热惯性很大，电动机在短期内承受高于额定功率的负载功率时仍可保证 $\theta_{max} \leqslant \theta_a$，故此时，决定电动机容量的主要因素不是发热而是电动机的过载能力，即所选电动机的最大转矩 T_{max}（对于异步电动机）或最大允许电流 I_{max}（对于直流电动机）必须大于运行过程中可能出现的最大负载转矩 T_{Lmax} 和最大负载电流 I_{Lmax}，即

$$T_{Lmax} \leqslant T_{max} = \lambda'_m T_N \quad （对于异步电动机）$$
$$I_{Lmax} \leqslant I_{max} = \lambda'_i I_N \quad （对于直流电动机）$$

式中，λ'_m 一般取 $0.8 T_{max}/T_N$，T_N 为额定转矩。

（3）启动能力。由于笼型异步电动机的启动转矩一般较小，所以为使电动机能可靠启动，必须保证

$$T_{\mathrm{L}} < \lambda_{\mathrm{st}} T_{\mathrm{N}}$$

式中，T_{L}——负载转矩；

　　λ_{st}——电动机的启动能力系数，$\lambda_{\mathrm{st}} = T_{\mathrm{st}}/T_{\mathrm{N}}$，其中 T_{st} 为启动转矩；

　　T_{N}——额定转矩。

选择电动机容量的方法一般有计算法、统计分析法和类比法。

5.2　电动机的发热与冷却

电动机是由多种金属（铜、铝、铁、硅钢片）和绝缘材料等组成的，它在运行时，不断地把电能转变成机械能，在能量的变换过程中必然有能量损耗，这些损耗包括铜耗、铁耗和机械损耗，其中铜耗与电流的平方成正比变化，而铁耗与机械损耗则几乎是不变的。这些损耗都变成了热能而使电动机发热、温度升高，影响了电动机的效率和运行的经济性。其发热的过程如下：

刚开始工作时，电动机的温度 θ_{M} 与周围介质的温度 θ_0（规定取 $\theta_0 = 40\,℃$）之差（$\theta_{\mathrm{M}} - \theta_0$）很小，而热量的发散是随温度差递增的，所以，这时只有少量的热量被散发出去，大部分热量都被电动机吸收，因而温度升高较快，随着电动机温度的逐渐升高，它和周围介质的温差也相应地加大，发散出去的热量逐渐增加，而被电动机吸收的热量则逐渐减少，温度的升高逐渐缓慢。温升 $\tau = \theta_{\mathrm{M}} - \theta_0$ 是按指数规律上升的，如图 5.1 中曲线 1 所示，T_{h} 为发热时间常数。

当温度升高到一定数值时，电动机在 1s 内发散出去的热量正好等于电动机在 1s 内由于损耗所产生的热量，这时电动机不再吸收热量，因此温度不再升高，温升趋于稳定，达到最高温升。值得指出的是，热惯性比电动机本身的电磁惯性、机械惯性要大得多，一个小容量的电动机也要运行 2～3h，温升才趋于稳定，但温升上升的快慢还与散热条件有关。

在切断电源或负载减小时，电动机温度要下降而逐渐冷却，在冷却过程中，其温度降低也是按指数规律变化的，如图 5.1 中曲线 2 所示，T_{h}' 为散热时间常数。对风扇冷却式电动机而言，停车后因风扇不转，散热条件变差，故冷却过程是进行得很慢的。

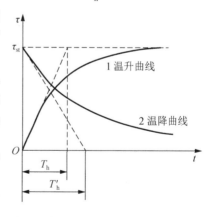

图 5.1　电动机的温升、温降曲线

电动机运行时，温度若超过一定数值，首先损坏的是绕组的绝缘，因为电动机中的绝缘材料是耐热最弱的部分，目前，常用的绝缘有 E、B、F、H 四级，各级绝缘所用材料的允许最高工作温度分别为 120℃、130℃、155℃、180℃（各级绝缘所用的具体材料可查阅有关电动机手册）。如果电动机的工作温度 θ_{M} 超过了绝缘材料允许的最高工作温度 θ_{a}，轻则加速绝缘老化过程，缩短电动机寿命；重则绝缘材料炭化变质，也就损坏了电动机。据此规定了电

动机的额定容量，电动机长期在此容量下运行时，应不超过绝缘材料所允许的最高温度。所以，$\theta_M \leq \theta_a$ 是保证电动机长期安全运行的必要条件，也就是按发热条件选择电动机功率的最基本的依据。由于电动机的温升和冷却都有一个过程，其温升不仅取决于负载的大小，而且和负载的持续时间也有关，也就是与电动机的运行方式有关。或者说，电动机额定功率的大小与电动机的运行方式有关。为了使用上的方便，我国将电动机的运行方式（也称工作制）按发热的情况分为三类，即连续工作制、短时工作制和重复短时（断续）工作制，并分别按上述原则规定出电动机的额定功率和额定电流。下面介绍不同工作制下电动机容量的选择。

5.3　不同工作制下电动机容量的选择

5.3.1　连续工作制电动机容量的选择

连续工作制的负载，按其大小是否变化可分为常值负载和变化负载两类。

1. 常值负载下电动机容量的选择

常值负载下电动机容量的选择非常简单，在计算出负载功率后，只要选择一台额定功率等于或略大于负载功率、转速又合理的电动机即可。一般不需校验启动能力和过载能力，仅在重载启动时，才校验启动能力。图 5.2 所示为恒定负载长时期连续工作的负载图及温升曲线。

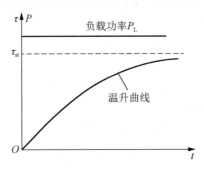

图 5.2　恒定负载长时期连续工作的负载图及温升曲线

τ_{st}—温升的终值

【例 5.1】一台由三相异步电动机直接拖动的离心式水泵，流量 $Q=108\text{m}^3/\text{h}$，扬程 $H=20\text{m}$，转速 $n=1\,460\text{r/min}$，水泵效率 $\eta_1=0.55$，试选择电动机。

解：由于水的密度 $\gamma=1\,000\text{kg/m}^3$，直接传动的效率 $\eta_2=1$，且流量为

$$Q = \frac{108\text{m}^3}{60 \times 60\text{s}} = \frac{108}{3\,600}\text{m}^3/\text{s} = 0.03\text{m}^3/\text{s}$$

由设计手册中查得泵类机械的负载功率计算公式为

$$P_L = \frac{Q\gamma H}{102\eta_1\eta_2}$$

式中，Q——泵的流量；

γ ——液体的密度；

H ——总扬程；

η_1 ——泵的效率；

η_2 ——传动装置的效率。

故负载功率为

$$P_{\mathrm{L}} = \frac{Q\gamma H}{102\eta_1\eta_2} = \frac{0.03\times 10^3 \times 20}{102\times 0.55\times 1}\mathrm{kW} \approx 10.7\mathrm{kW}$$

查产品目录，按 $P_{\mathrm{N}} \geqslant P_{\mathrm{L}}$ ，选 Y160M-4 型三相笼型异步电动机（ $P_{\mathrm{N}} = 11\mathrm{kW}$ ， $n_{\mathrm{N}} = 1460\mathrm{r/min}$ ）即可。

2. 变化负载下电动机容量的选择

在多数生产机械中，电动机所带的负载大小是变动的，例如，小型车床、铣床的主轴电动机一直在转动，但因加工工序多，每个工序的加工时间较短，加工结束后要退刀，更换工件后又进刀加工，加工时电动机带负载运行，而更换工件时电动机处于空载运行。其他如传动带运输机、轧钢机等也属于此类负载。有的负载是连续的，但其大小是变动的，如图 5.3 所示。在这种情况下，如果按生产机械的最大负载来选择电动机的容量，则电动机不能充分利用；如果按最小负载来选择，则容量又不够。为了解决该问题，一般采用"等值法"来计算电动机的功率，即把实际的变化负载化成一等效的恒定负载，而两者的温升相同，这样就可根据得到的等效恒定负载来确定电动机的功率。负载的大小可用电流、转矩或功率来代表。

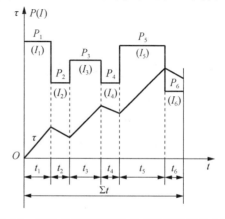

图 5.3　变动负载连续工作的负载图及温升曲线

1）等效电流法

等效电流法的基本思想是用一个不变的电流 I_{d} 来等效实际变化的负载电流，要求在同一个周期内，等效电流 I_{d} 与实际变化的负载电流所产生的损耗相等。假定电动机的铁损与绕组电阻不变，则损耗只与电流的平方成正比，由此可得等效电流为

$$I_{\mathrm{d}} = \sqrt{\frac{I_1^2 t_1 + I_2^2 t_2 + \cdots + I_n^2 t_n}{t_1 + t_2 + \cdots + t_n}} \tag{5.1}$$

式中， t_n ——对应负载电流 I_n 时的工作时间。求出 I_{d} 后，则选用电动机的额定电流 I_{N} 应大于或等于 I_{d} 。采用等效电流法时，必须先求出用电流表示的负载图。

2）等效转矩法

如果电动机在运行时，其转矩与电流成正比（如他励直流电动机的励磁保持不变、异步电动机的功率因数和气隙磁通保持不变时），则式（5.1）可改写成等效转矩公式，即

$$T_{\mathrm{d}} = \sqrt{\frac{T_1^2 t_1 + T_2^2 t_2 + \cdots + T_n^2 t_n}{t_1 + t_2 + \cdots + t_n}} \tag{5.2}$$

此时，选用电动机的额定转矩 T_{N} 应大于或等于 T_{d} ，当然，这时应先求出用转矩表示的负载图。

3）等效功率法

如果电动机具有较硬的机械特性，其转速在整个工作过程中变化很小时，则可近似地认为功率与转矩成正比。于是由式（5.2）可得等效功率为

$$P_d = \sqrt{\frac{P_1^2 t_1 + P_2^2 t_2 + \cdots + P_n^2 t_n}{t_1 + t_2 \cdots + t_n}} \quad (5.3)$$

此时，选用电动机的功率 $P_N \geqslant P_d$ 即可。因为用功率表示的负载图更易作出，故等效功率法应用更广。

如果在一个工作周期内变化负载包括启动、制动、停歇等过程，当采用的是自扇冷式电动机时，则由于电动机在启动、制动和停歇时，转速发生变化，散热条件变差，这样在相同的负载下，电动机的温升要比强迫通风时高一些。考虑到这种冷却条件恶化对电动机温升的影响，在等效法的式（5.1）～式（5.3）的分母中，在对应的启动、制动时间上应乘以系数 α，在对应的停歇时间上应乘以系数 β。α 和 β 均为小于 1 的冷却恶化系数。一般直流电动机取 $\alpha=0.75$，$\beta=0.5$。交流电动机则取 $\alpha=0.5$，$\beta=0.25$。

必须注意的是，用等效法选择电动机的容量时，还必须校验其过载能力和启动能力。如不满足要求，则应适当加大电动机容量或重选启动转矩较大的电动机。

5.3.2 短时工作制电动机容量的选择

某些生产机械的工作时间较短，而停歇时间却很长，如机床的辅助运动、某些冶金辅助机械、水闸闸门的启闭机等均属短时工作制的机械。拖动这类生产机械的电动机，在工作时间内最高温升达不到稳态值，而停歇时间内电动机可完全冷却到周围环境温度。其负载图与温升曲线如图 5.4 所示。

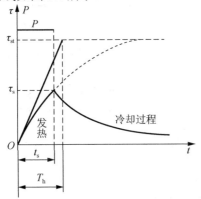

图 5.4　短时工作制下电动机的负载图与温升曲线

由于发热情况与连续工作制的电动机不同，所以电动机的选择也不一样，既可选择专用短时工作制的电动机，也可选择连续工作制的普通电动机。

1. 选择短时工作制的电动机

我国生产的专供短时工作制的电动机，规定的标准短时运行时间是 15min、30 min、60min、90min 四种。这类电动机铭牌上所标的额定功率 P_N 是和一定的标准持续运行时间 t 相对应的。例如，P_N 为 30kW、t_s 为 60min 的电动机，在输出功率为 30kW 时，只能连续运行 60min，否则将超过允许的温升。短时工作制下的负载，如果其工作时间与电动机的标准工作时间一致，如也是 15min、30min、60min 和 90min，设负载功率为 P_L，则选择电动机的额定功率只需满足 $P_N \geqslant P_L$。

若负载的工作时间与标准工作时间不一致，则可按等效功率法，先把负载功率由非标准工作时间换算成标准工作时间，再按标准工作时间选择额定功率。

设短时工作制的负载工作时间为 t_p，负载功率为 P_L，换算时所选标准工作时间为 t_s，换

算后的功率为 P_s，则有 $P_s = P_L\sqrt{t_p/t_s}$。然后选择短时工作制电动机，使其额定功率 $P_N \geqslant P_s$，再进行过载能力与启动能力的校验。

2. 选择连续工作制的普通电动机

由于短时工作方式的电动机较少，故可选择连续工作制的电动机。从发热和温升的角度考虑，电动机在短时工作制下应该输出比连续工作制时额定功率要大的功率才能充分发挥电动机的能力。或者说，应把短时工作制的负载功率等效到连续工作制上去。等效公式为

$$P_s = P_L/K \qquad (5.4)$$

式中，K 与 t_p/T_h 有关，如图 5.5 所示，选择连续工作制电动机，使 $P_N \geqslant P_s$。

若实际工作时间极短，一般来讲，只要 $t_p < (0.3 \sim 0.4)T_h$，则电动机的发热与温升已不成问题，只需从过载能力及启动能力方面来选择电动机连续工作制下的额定功率。

在短时运行时，如果负载是变动的，则可用等效法先算出等效功率（转矩或电流），再选择短时工作制或连续工作制电动机。

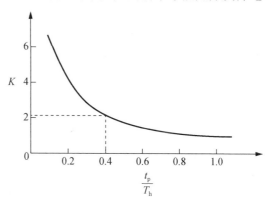

图 5.5 短时工作过载倍数与工作时间的关系

5.3.3 重复短时工作制电动机容量的选择

有些生产机械工作一段时间即停歇一段时间，工作、停歇交替进行，且时间都比较短。如桥式起重机、轧钢辅助机械、电梯、组合机床与自动线中的主传动电动机等就属于这一类。拖动这类生产机械的电动机的工作特点是，电动机按一系列相同的工作周期运行，在一个周期内，工作时间 $t_p < (0.3 \sim 0.4)T_h$，停歇时间 $t_0 < (0.3 \sim 0.4)T_h'$。因而，工作时温升达不到稳定值，停歇时温升也降不到环境温度。其典型负载图与温升曲线如图 5.6 所示。

国家标准规定，每个工作周期 $t_p + t_0 \leqslant 10\,\text{min}$，所以这种工作制被称为重复短时工作制。重复性与短时性就是其两个特点。通常用负载持续率 ε 来表征重复短时工作制的工作情况，即

$$\varepsilon = \frac{t_p}{t_p + t_0} \times 100\% \qquad (5.5)$$

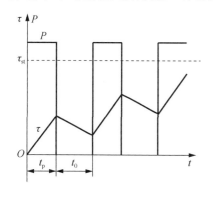

图 5.6 重复短时工作制下电动机的典型
负载图与温升曲线

重复短时工作制下电动机的选择也有两种方法，即选择专用的重复短时工作制电动机或连续工作制电动机。

1. 选择重复短时工作制的电动机

我国生产的专供重复短时工作制的电动机，规定的标准负载持续率 ε_s 为 15%、25%、40% 和 60% 四种，并以 25% 为额定负载持续率 ε_{sN}。常用的型号有 YZ（JZ）系列笼型异步电动机、

YZR（JZR）系列绕线转子异步电动机、ZZ 系列和 ZZJ 系列直流电动机。

选择重复短时工作制电动机的步骤：首先根据生产机械的负载图算出负载的实际负载持续率 ε，如果算出的 ε 值与电动机的额定负载持续率相等，即等于 25%，则只需选择电动机令其 $P_{sN} \geqslant P_L$ 即可；如果算出的 ε 值不等于 25%，则必须先按下式进行换算

$$P_s = P_L \sqrt{\frac{\varepsilon}{25\%}} = 2P_L\sqrt{\varepsilon} \tag{5.6}$$

再按 $P_{sN} \geqslant P_s$ 选择电动机即可。

【例 5.2】有一起重机，其工作负载图如图 5.6 所示，其中 $P = 10\text{kW}$，工作时间 $t_p = 0.91\text{min}$，空车时间 $t_0 = 2.34\text{min}$，要求采用绕线转子异步电动机，转速为 1000r/min 左右，试选用一台合适的电动机。

解：

$$\varepsilon = \frac{t_p}{t_p + t_0} \times 100\% = \frac{0.91\text{min}}{(0.91 + 2.34)\text{min}} \times 100\% = 28\%$$

换算到相近的额定负载持续率 $\varepsilon_{sN} = 25\%$ 时，其所需相对应的等效负载功率为

$$P_s = P\sqrt{\frac{\varepsilon}{\varepsilon_{sN}}} = 10\text{kW} \times \sqrt{\frac{28\%}{25\%}} \approx 10.58\text{kW}$$

查产品目录，可选取 YZR31-6 型绕线转子异步电动机，其额定数据为 $P_{sN} = 11\text{kW}$，$n_N = 953\text{r/min}$。

2. 选择连续工作制的普通电动机

如果选择连续工作制电动机，可把电动机的 ε_{sN} 看作 100%，先按下式进行换算

$$P_s = P_L \sqrt{\frac{\varepsilon}{100\%}} = P_L\sqrt{\varepsilon}$$

然后选择普通连续工作制电动机，使 $P_N \geqslant P_s$ 即可。

仍旧是例 5.2 的数据，此时对应的等效负载功率

$$P_s = P_L\sqrt{\varepsilon} = 10\text{kW} \times \sqrt{28\%} \approx 5.3\text{kW}$$

查产品目录，可选取 YR61-6 型，其 $P_N = 7\text{kW}$，$n_N = 940\text{r/min}$。

在重复短时工作制情况下，如果负载是变动的，则仍可用前面已介绍过的"等效法"先算出其等效功率，再按上述方法选取电动机。选好电动机的容量后，也要进行过载能力的校验。

当负载持续率 $\varepsilon < 10\%$ 时，可按短时工作制选择电动机；当 $\varepsilon > 70\%$ 时，则可按连续工作制选择电动机。

重复周期很短（$t_p + t_0 < 2\text{min}$），启动、制动或正转、反转十分频繁的情况下，必须考虑启动、制动电流的影响，因而在选择电动机的容量时要适当选大些。

另外，电动机铭牌上的额定功率是在一定的工况下电动机允许的最大输出功率，如果工况变了，也应做适当的调整。如常年环境温度偏离 40℃较多，电动机容量可做相应修正，一般 θ_0 变化±10℃，所选电动机的 P_N 可修正±10%左右；风扇冷式电动机长期处于低速下运行时，散热条件恶化，电动机的功率必须降低使用；海拔高于 1 000m 的高原地区，空气稀薄，散热条件差，电动机的功率也应降低使用。

5.4　电动机容量选择的统计法和类比法

根据负载图按发热的理论计算并选择电动机的方法，其理论根据是可靠的，但要得到精确的结果，计算是复杂的。5.3 节介绍的方法是在一些假设条件下得到的，且生产机械的负载种类又很多，不易作出典型的负载图，因此所得结果也只是近似的。我国机床制造厂对不同类型机床主拖动电动机容量的选择，常采用统计法。所谓统计法，就是对国内外同类型先进机床的主拖动电动机进行统计和分析，结合我国的生产实际情况，找出电动机容量与机床主要参数之间的关系，并用数学公式加以表达，作为设计新机床时选择电动机容量的主要依据。具体介绍如下（公式中 P 均为主拖动电动机的容量，单位为 kW）：

车床：$P = 36.5D^{1.54}$，D 为工件的最大直径（m）；

立式车床：$P = 20D^{0.88}$，D 为工件的最大直径（m）；

摇臂钻床：$P = 0.0646D^{1.19}$，D 为最大的钻孔直径（mm）；

卧式镗床：$P = 0.004D^{1.7}$，D 为镗杆直径（mm）；

龙门铣床：$P = \dfrac{B^{1.15}}{166}$，$B$ 为工作台宽度（mm）。

例如，我国 C660 型车床，其加工工件的最大直径 $D = 1.25\text{m}$，按统计法计算主拖动电动机的容量 $P = 36.5 \times (1.25^{1.54}) \text{ kW} \approx 51.5\text{kW}$，而实际选用了 60kW 的电动机，二者相当接近。统计法虽然简单，且确有实用价值，但这种方法不可能考虑到各种机床的实际工作特点与当前先进的技术条件，所以用这种方法初选的电动机，最好再通过试验的方法加以校验。

另一实用的方法为类比法，它是对经过长期运行考验的同类型生产机械的电动机容量进行调查研究，并对其主要参数和工作条件进行对比，从而确定新设计生产机械所需电动机的容量。

5.5　电动机的种类、电压、转速和结构形式的选择

除了正确选择电动机的容量外，还需要根据生产机械的要求、技术经济指标和工作环境等条件，来正确选择电动机的种类、电压、转速和电动机的结构形式。

5.5.1　电动机种类的选择

为生产机械选择电动机的种类，首先应该满足生产机械对电动机启动、调速性能和制动的要求，在此前提下考虑经济性。交流电动机比直流电动机结构简单、运行可靠、维护方便、价格低廉。在这些方面，笼型异步电动机就更为优越。所以，在满足工艺要求的前提下，应尽量选用交流电动机。但是，从我国目前情况看，在对调速性能要求高，且要求快速、平滑启动、制动时，可选用直流电动机。近年来，交流调速系统中的串级调速、变频调速发展很快，尤其是变频调速，具有能和直流调速系统相媲美的调速性能。

（1）对于要求调速性能好、对启动性能无过高要求的生产机械，应优先考虑使用一般笼型异步电动机（如 YL 系列、JS 系列、Y 系列等）。若要求启动转矩较大，则可选用高启动转矩的笼型异步电动机（如 JS$_2$-1×× 型、JQ2 和 JQO2 系列等）。

（2）对于要求经常启动、制动，且负载转矩较大、又有一定调速要求的生产机械，应考虑选用绕线转子异步电动机（如 YR、YZR 系列等）；对于周期性波动负载的生产机械，为了削平尖峰负载，一般采用电动机带飞轮工作，这种情况下也应选用绕线转子异步电动机。

（3）对于只需要几种速度而不需要无级调速的生产机械，为了简化变速机构，可选用多速异步电动机（如 YD 系列小型多速异步电动机等）。

（4）对于要求恒速稳定运行的生产机械且需要补偿电网功率因数的场合，应优先考虑选用同步电动机。

（5）对于需要大启动转矩又要求恒功率调速的生产机械，常选用直流串励或复励电动机。

（6）对于要求大范围无级调速且要求经常启动、制动、正反转的生产机械，可选用带调速装置的直流电动机或笼型异步电动机、同步电动机。

5.5.2 电动机电压的选择

依据电源情况和控制装置的要求选择电动机的额定电压。交流电动机的额定电压主要根据电动机运行场所供电电网的电压等级而定，有 220/380V、380V、380/660V、3 000V、6 000V、10 000V 几种供选用。直流电动机一般由独立电源供电，选择电动机额定电压时只考虑供电电源电压配合恰当即可，直流电动机的额定电压有 110V、220V、330V、440V 和 660V 等，还有专门为单相整流电源设计的 160V 直流电动机以供选用。

5.5.3 电动机转速的选择

对于不需要调速的高转速与中转速的机械，一般选相应额定转速的异步电动机或同步电动机，直接与机械相连；对于不需要调速的低转速的机械，一般选用适当转速的电动机通过减速器机构来传动，但电动机的额定转速也不宜太高，否则减速器机构会很庞大；对于需要调速的机械，电动机的最高转速应与生产机械的最高转速相适应，采用直接传动或减速机构来传动。额定功率相同的电动机，转速越高、体积越小，则造价越低，一般来说 GD^2 也越小。但转速越高的电动机，拖动系统传动机构将越复杂，成本又将提高。另外，电动机 GD^2 和转速将影响电动机过渡过程时间的长短和过渡过程中能量损耗的大小。电动机的转速与 GD^2 的乘积越小，过渡过程越快，能量损失越小。因此，电动机额定转速的选择需根据生产机械的具体情况，综合考虑上面各种因素来确定。

5.5.4 电动机结构形式的选择

电动机的结构形式有卧式和立式两种，一般选用卧式。电动机的防护形式有：①开启式，其价格低廉，散热条件好，但外部液、固、气三态物质均可进入电动机内部，只适用于清洁又干燥的环境中；②防护式，可防止 45° 倾斜落体进入电动机中，多用于干燥、少灰尘、无腐蚀、无爆炸性气体的场合中，这种电动机散热条件好，应用很广；③封闭式，电动机外部的气体或液体绝对不能进入电动机内，如潜水电动机等；④防爆式，应用于有爆炸危险的环境中，如有天然气的井下或油池附近等特殊环境中应选用特殊电动机。

电动机选择不合适带来的后果如下：

若电动机功率选得过小，则经受不起冲击负载及过载，电动机容易损坏。

若电动机功率选得过大，则体积大、成本高，电动机经常在轻载下运行，效率低。

电动机的选择主要是转矩和容量的选择。

【**例 5.3**】有一起重机的提升结构，其工作负载如图 5.7 所示，图中：T_1=760.3N·m，T_2=345.3N·m，T_3=622.9N·m，T_4=204N·m，t_1=0.38s，t_2=16.3s，t_3=30s，t_4=0.17s，t_5=16.5s，t_6=56.6s。试选择一台八极三相绕转子异步电动机。

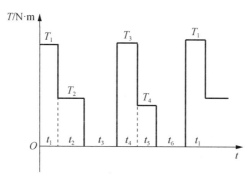

图 5.7　例 5.3 图

解：起重机提升机构负载为重复短时工作制，其持续率为

$$\varepsilon = \frac{t_1 + t_2 + t_4 + t_5}{t_1 + t_2 + t_3 + t_4 + t_5 + t_6}$$

$$= \frac{0.38 + 16.3 + 0.17 + 16.5}{0.38 + 16.3 + 30 + 0.17 + 16.5 + 56.6}$$

$$\approx 0.278 = 27.8\%$$

等效转矩

$$T_d = \sqrt{\frac{T_1^2 t_1 + T_2^2 t_2 + T_3^2 t_4 + T_4^2 t_5}{t_1 + t_2 + t_4 + t_5}}$$

$$= \sqrt{\frac{760.3^2 \times 0.38 + 345.3^2 \times 16.3 + 622.9^2 \times 0.17 + 204^2 \times 16.5}{0.38 + 16.3 + 0.17 + 16.5}} \text{N·m}$$

$$\approx 295.7 \text{N·m}$$

初选电动机的额定转速为 750r/min，则等效功率

$$P_d = \frac{T_d \cdot n_N}{9\,550} = \frac{295.7 \times 750}{9\,550} \text{kW} \approx 23.2 \text{kW}$$

换算到相近的额定负载持续率 $\varepsilon_{sN} = 25\%$ 时，其所需相对应的等效负载功率为

$$P_s = P_d \sqrt{\frac{\varepsilon}{\varepsilon_{sN}}} = 23.2 \times \sqrt{\frac{27.8\%}{25\%}} \text{kW} \approx 24.5 \text{kW}$$

查产品目录，可选取重复短时工作制的电动机 YZR-52/8 型绕线转子异步电动机，其额定数据为：$\varepsilon_{sN} = 25\%$ 时的 $P_{eN} = 30 \text{kW}$，n_N=725r/min，λ_m=3。

过载能力校验：

因电动机的额定转矩

$$T_N = 9\,550\frac{P_N}{n_N} = 9\,550 \times \frac{30}{725}\text{N}\cdot\text{m} \approx 395.2\text{N}\cdot\text{m}$$

则

$$T_{max} = \lambda_m T_N = 3 \times 395.2\text{N}\cdot\text{m} = 1185.6\text{N}\cdot\text{m}$$

故

$$T_{max} > T_{Lmax}(T_1)$$

习题与思考题

一、简答题

1．电动机的温升与哪些因素有关？电动机铭牌上的温升值的含义是什么？电动机的温升、温度及环境温度三者之间有什么关系？

2．机电传动系统中，电动机的选择包括哪些具体内容？

3．选择电动机的容量时主要应考虑哪些因素？

4．电动机有哪几种工作方式？当电动机的实际工作方式与铭牌上标注的工作方式不同时，应注意哪些问题？

5．一台室外工作的电动机，在春、夏、秋、冬四季，其实际与允许的使用容量是否相同？为什么？

6．电动机运行时允许温升的高低取决于什么？影响绝缘材料寿命的是温升还是温度？

二、计算题

1．有一抽水站的水泵向高度 $H = 10\text{m}$ 处送水，排水量 $Q = 500\text{m}^3/\text{h}$，水泵的效率 $\eta_1 = 0.9$，传动装置的效率 $\eta_2 = 0.78$，水的密度 $\gamma = 1\,000\text{kg/m}^3$，试选择一台电动机拖动水泵。

2．一生产机械的实际负载转矩曲线如图 5.8 所示，生产机械要求的转速 $n_N = 1450\text{r/min}$，试选择一台容量合适的交流电动机来拖动此生产机械。

3．有一生产机械的功率为 10kW，其工作时间 $t_p = 0.72\text{min}$，$t_0 = 2.28\text{min}$，试选择所用电动机的容量。

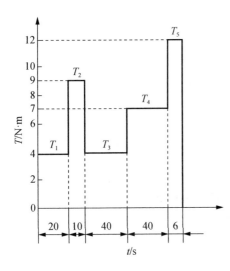

图 5.8 生产机械的实际负载转矩曲线

第6章

继电器–接触器控制系统

学习目标

在熟悉各种控制电器的工作原理、作用、特点、表示符号和应用场合的基础上，着重掌握继电器–接触器控制电路中基本控制环节的构成和工作原理，学会分析较简单的控制电路，并通过训练学会设计一些较简单的控制电路。

由继电器、接触器等有触点电器组成的控制电路，称为继电器–接触器控制电路，它是通过继电器、接触器触点的接通或断开方式对电路进行控制的。继电器–接触器控制电路的主要特点是操作简单、直观形象、抗干扰能力强，并可进行远距离控制，但系统精度不高。在接通或断开电路时，触点间会产生电弧，易烧灼触头，影响使用寿命，造成电路故障，影响工作的可靠性。此外，控制电路是固定接线，没有通用性和灵活性。

尽管电力拖动的自动控制已向无触点、数字控制、弱电化、微机控制方向发展，但由于继电器–接触器控制系统的控制电器结构简单、价格低廉，在满足一般生产工艺要求的一些比较简单的自动控制系统中仍广泛应用。

本章主要介绍一些常用控制电器的结构、工作原理、应用范围，以及自动控制的基本原理和基本电路。

6.1 常用控制电器

生产机械中所用的控制电器多属于电压在 500V 以下的低压电器，用于接通或断开电路，以及用于控制、调节和保护用电设备的电器。

6.1.1 控制电器分类

1. **按动作性质分类**

（1）非自动电器。这类电器没有动力机构，依靠人力或其他外力来接通或切断电路，如刀开关、转换开关、行程开关等。

（2）自动电器。这类电器有电磁铁等动力机构，按照指令、信号或参数变化自动动作，接通或切断工作电路，如接触器、继电器、（低压）断路器等。

2. 按用途分类

（1）控制电器。这类电器用来控制电动机的启动、反转、调速、制动等，如接触器、继电器、磁力启动器等。

（2）保护电器。这类电器用来保护电动机及生产机械，使其安全运行，不被损坏，如熔断器、电流继电器、热继电器等。

（3）执行电器。这类电器用来操纵、带动生产机械，支撑与保持装置在固定位置上的执行元件，如电磁铁、电磁离合器等。

大多数电器既可用作控制电器，也可用作保护电器。例如，电流继电器既可按照"电流"参量控制电动机，又可用于电动机过载保护；行程开关既可用来控制工作台的加、减速及行程长度，又可作为终端开关，控制工作台运行的极限位置。

6.1.2 刀开关

刀开关结构简单，应用广泛，主要用于无负载电路通、断，也可用来通、断较小工作电流，作为照明设备或小容量电动机不频繁操作的电源开关使用。

刀开关根据工作条件和用途不同进行分类，按结构形式可分为开启式刀开关、开启式负荷开关、封闭式负荷开关、组合开关等；按极数可分为单极、双极、三极和四极；按切换功能可分为单投和双投；按灭弧罩可分为有、无灭弧罩；按操纵方式可分为中央手柄式和带杠杆机构操纵式等。

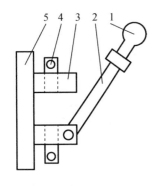

图 6.1　开启式刀开关结构
1—手柄；2—动触刀；3—静插座；
4—铰链支座；5—绝缘底座

1. 开启式刀开关

开启式刀开关由手柄、动触刀、静插座、铰链支座、绝缘底座等组成，如图 6.1 所示。一般在额定电压交流 380V、直流 440V，额定电流 1 500A 的配电设备中使用，依靠手动实现控制。

2. 开启式负荷开关

开启式负荷开关俗称瓷底胶壳刀开关，其内部装设了熔丝，当电路发生短路故障时，可通过熔丝的熔断迅速切断电路，从而保护电路中其他的电气设备。

开启式负荷开关分为两极和三极两种，两极的额定电压为 220V 或 250V，额定电流有 10A、15A 和 30A 三种；三极的额定电压为 380V 或 500V，额定电流有 15A、30A 和 60A 三种。照明电路可选用额定电压 250V、额定电流等于或大于电路最大工作电流的两极开关；电动机直接启动时，可选用额定电压为 380V 或 500V、额定电流等于或大于电动机额定电流 3 倍的三极开关。

3. 封闭式负荷开关

封闭式负荷开关俗称铁壳开关，其手柄转轴与底座之间装有一个速断弹簧，使 U 形双刀片迅速拉开或嵌入夹座，使电弧被很快熄灭。铁壳上装有机械联锁装置，箱盖打开时，不能合闸；合闸后，箱盖不能打开。

封闭式负荷开关用于控制照明电路时,开关的额定电流可按该电路的额定电流选择。用来控制启动不频繁的小容量电动机时,可参考表 6.1 进行选择,但不适宜用 60A 以上的开关来控制电动机,否则可能发生电弧灼伤手等事故。

表 6.1 HH 系列与可控制电动机容量的配合

额定电流/A	可控制电动机最大容量/kW		
	220V	380V	500V
10	1.5	2.7	3.5
15	2.0	3.0	4.5
20	3.5	5.0	7.0
30	4.5	7.0	10
60	9.5	15	20

4. 组合开关

组合开关又称转换开关,属于刀开关类型,其结构特点是刀片是转动式的,比刀开关轻巧而且组合性强,能组成各种不同的电路。它有单极、双极和多极之分。组合开关的外观及结构如图 6.2 所示。

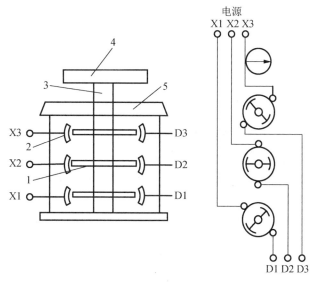

图 6.2 组合开关的外观及结构

1—动触片;2—静触片;3—轴;4—转换手柄;5—定位机构

图 6.2 所示的组合开关有 3 个静触点,分别安装在绝缘垫板上,通过接线柱与电源及用电设备相接,3 个动触点由 2 个磷铜片与消弧性能良好的绝缘钢纸板铆合而成,和绝缘垫板一起套在附有手柄的绝缘杆上,手柄每次转动 90°,带动 3 个动触片分别与 3 对静触片接通和断开,顶盖部分由凸轮、弹簧及手柄等零件构成操作机构,由于采用了弹簧储能使开关快速闭合及分断。

组合开关有 HZ2、HZ4 和 HZ10 等系列,其中 HZ10 系列是全国统一设计产品,具有寿命长、使用可靠、结构简单等特点,适用于交流 50Hz、380V 以下和直流 220V 及以下的电源引入,5kW 以下电动机的直接启动,电动机的正反转控制及机床照明控制电路中。

　　组合开关根据电源种类、电压等级、所需触点数、电动机的容量进行选用。开关的额定电流一般取电动机额定电流的 1.5～2.5 倍。

　　HZ10 系列组合开关额定电压及电流如表 6.2 所示。

表 6.2　HZ10 系列组合开关额定电压及电流

型号	极数	额定电流/A	额定电压/V	
HZ10-10	2、3	6, 10	直流	交流
HZ10-25	2、3	25		
HZ10-60	2、3	60	220	380
HZ10-100	2、3	100		

　　刀开关的图形符号如图 6.3 所示，文字符号为 QS。

6.1.3　熔断器

1. 熔断器

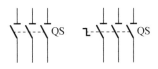

图 6.3　刀开关的图形符号和文字符号

　　熔断器（俗称保险盒）是一种广泛应用于电力拖动控制系统中的保护电器。熔断器串接于被保护的电路中，当电路发生短路或严重过载时，它的熔体能自动迅速熔断，从而切断电路。

　　熔断器从结构上分，有插入式、密封管式和螺旋式；从用途上分，有工业用熔断器、半导体器件保护用快速熔断器和特殊熔断器（如自复式熔断器）。

　　熔断器的文字符号为 FU，图形符号如图 6.4 所示。

2. 自动空气断路器

　　自动空气断路器（自动开关）的接触系统与接触器的接触系统相似，它既具有熔断器能直接断开主回路的特点，又具有过电流继电器动作准确性高，容易复位，不会造成单相运行等优点。自动空气断路器具有作为短路保护的过电流脱扣器和作为长期过载保护的热脱扣器，还有失电压保护，价格较高。

图 6.4　熔断器图形符号

　　自动空气断路器的结构如图 6.5 所示。其工作原理：将操作手柄扳到合闸位置时主触点闭合，触点的连杆被锁钩 3 锁住，使触点保持闭合状态。失电压脱扣器 5 的动铁芯闭合，并经辅助触点进行自锁，失电压脱扣器的顶杆吸下。当电路失电压或电压过低时，在反力弹簧 B 作用下，失电压脱扣器的顶杆将锁钩顶开，主触点在释放弹簧 A 的作用下释放。当电源恢复正常时，须重新合闸后才能工作，实现失电压保护。当电路电流正常时，过电流脱扣器 4 的动铁芯未吸合，脱扣器顶杆被反力弹簧 C 拉下保持锁住状态。当电路发生短路或严重过载时，过电流脱扣器的动铁芯被吸下，使其顶杆向上顶开锁钩，主触点迅速断开切断电路。过电流脱扣器的动作电流值可以通过调节反力弹簧 C 来设定。

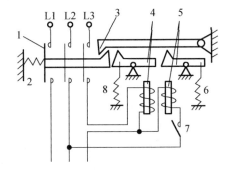

图 6.5　自动空气断路器的结构
1—主触点；2—弹簧 A；3—锁钩；4—过电流脱扣器；
5—失电压脱扣器；6—反力弹簧 B；7—辅助触点；
8—反力弹簧 C

常用的空气断路器有 DZ5、DZ10、DW5、DW10 系列。

自动空气断路器的文字符号一般用 QF 表示。

6.1.4 主令电器

自动控制系统中用于发送控制指令的电器称为主令电器。它是一种机械操作的控制电器，对各种电气系统发出控制指令，使继电器和接触器动作，从而改变拖动装置的工作状态（如电动机的启动、停车、变速、正反转等），以获得远距离控制。

常用的主令电器有控制按钮、行程开关、接近开关、主令控制器、万能转换开关等。

1. 控制按钮

控制按钮用于手动发出控制信号，以控制接触器、继电器、电磁启动器等，其结构如图 6.6 所示，包括按钮帽、弹簧、动断触点及动合触点。按下按钮，动合触点闭合、动断触点断开，松开后按钮在弹簧作用下复位。

控制按钮按结构不同，可分为普通式、自锁式、自复位式、带指示灯式及钥匙式等，有单钮、双钮、三钮及不同组合形式。

为了标明按钮的作用，按钮帽采用红、黄、绿、蓝、黑、白、灰颜色，红色按钮表示停止，绿色按钮表示启动等。

控制按钮的选用主要是根据需要的触点对数、动作要求、指示灯、使用场合及颜色等要求。

控制按钮的图形符号和文字符号如图 6.7 所示。

2. 行程开关

依据生产机械的行程发出命令以控制其运行方向或行程长短的主令电器，称为行程开关。行程开关分为机械式和电子式，机械式又分为按钮式和滑轮式。当行程开关安装于生产机械行程终点以限制其行程时又称为限位开关或终点开关。

行程开关根据操作方式可分为瞬动型和蠕动型；根据结构可分为直动、杠杆、单轮、双轮、滚轮摆杆可调式、杠杆可调式及弹簧杆等类型。

行程开关的图形符号和文字符号如图 6.8 所示。

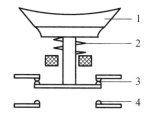

图 6.6 控制按钮的结构

1—按钮帽；2—弹簧；3—动断触点；
4—动合触点

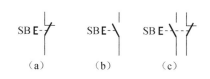

图 6.7 控制按钮的图形符号和文字符号

（a）动断按钮；（b）动合按钮；（c）复合按钮

图 6.8 行程开关的图形
符号和文字符号

1）按钮式行程开关

按钮式行程开关结构简单，价格低廉。其结构如图 6.9 所示，其工作原理与控制按钮类似，只是它用运动部件上的撞块来碰撞行程开关的推杆。其触点分合速度与挡块的移动速度有关，速度太慢，触点不能瞬时切换电路，因此不宜用于移动速度小于 0.4m/min 的运动部件上。常用的按钮式行程开关有 X2 系列。

2）滑轮式行程开关

滑轮式行程开关的结构如图 6.10 所示。它是一种快速动作的行程开关。当行程开关的滑轮 1 受挡块触动时，上转臂 2 向左转动，由于盘形弹簧 3 的作用，带动下转臂 4（杠杆）转动，在下转臂未推开爪钩时，横板 9 不能转动，钢球 8 压缩下转臂弹簧积储能量，直至下转臂转过中点推开爪钩后，横板受恢复弹簧 5 的作用，迅速转动，触点断开或闭合。滑轮式行程开关触点的分合不受部件速度影响，故常用于低速度的工作部件上。

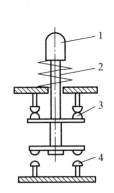

图 6.9　按钮式行程开关的结构

1—推杆；2—复位弹簧；
3—动断触点；4—动合触点

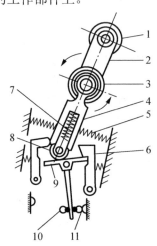

图 6.10　滑轮式行程开关的结构

1—滑轮；2—上转臂；3—盘形弹簧；4—下转臂；
5—恢复弹簧；6—爪钩；7—弹簧；8—钢球；
9—横板；10—动合触点；11—动断触点

此类行程开关有自动复位和非自动复位两种。自动复位的滑轮式行程开关依靠恢复弹簧复位；非自动复位的滑轮式行程开关没有恢复弹簧，但装有两个滑轮，当反向运动时，挡块撞及另一滑轮时将其复位。

目前国内市场上常用的有 LX19、LX22、IX32、LX33、JLXL1，以及 LXW-11、LXW-11、JLXW5 等系列。

3）微动开关

要求行程控制的准确度较高时，可采用微动开关，它体积小、质量小、工作灵敏，且能瞬时动作。微动开关还用作其他电器（如时间继电器、压力继电器等）的触点。

常用的微动开关有 JW、JWL、JLXW、JXW、JLXS 等系列。

3. 接近开关

接近开关（又称无触点行程开关）是一种非接触式开关型传感器。它既有行程开关、微动开关的特性，又具有传感器的性能，动作可靠、性能稳定、频率响应快、使用寿命长、抗干扰能力强，且具有防水、防振、耐腐蚀等特点。除用于行程控制外，它还可以用于计数、测速、零件尺寸检测、金属和非金属的探测、无触点按钮、液面控制等电量与非电量检测的自动化系统中，还可以同微机、逻辑元件配合使用，组成无触点控制系统。

接近开关的种类很多，但其基本结构都是由信号发生机构（感测机构）、振荡器、检波器、鉴幅器和输出电路组成的。

在选用接近开关时，主要依据机械位置对开关形式的要求、控制电路对触点的数量要求，以及电流、电压等级来确定其型号。

4. 主令控制器

主令控制器（又名主令开关）是用来较为频繁地切换复杂多回路控制电路的主令电器。它操作简便，允许频繁通电，触点为双断点桥式结构，适用于按顺序操作的多个控制回路。

主令控制器的主要部件是一套接触元件，图 6.11 所示为其中一组。具有一定形状的凸轮 A 和凸轮 B 固定于方轴上。与静触点 3 相连的接线头 4 连接被操作的回路；桥式动触点 2 固定于能绕轴转动的支杆 5 上，当转动凸轮 B 的方轴时，其凸出部分推压小轮并带动杠杆向外张开，于是触点断开。根据凸轮的不同形状，可以获得触点闭合与断开的任意次序，从而达到控制多回路的要求。它最多有 12 个接触单元，能控制 12 条电路。

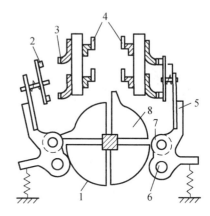

图 6.11　主令控制器的结构

1—凸轮 A；2—桥式动触点；3—静触点；4—接线头；
5—支杆；6—轴；7—小轮；8—凸轮 B

根据结构不同，主令控制器有两种类型，一种是凸轮调整式主令控制器，它的凸轮片上开有孔和槽，凸轮片的位置可根据给定的触点分合表进行调整；另一种是凸轮非调整式主令控制器，其凸轮不能调整，只能按触点分合表做适当的排列组合。

常用的主令控制器有 LS3、LK4、LK5、LK7 和 LK18 系列。

一个具有 7 挡（每挡有 6 个触点）的主令控制器的图形符号如图 6.12 所示，其中“每一横线”代表一路触点，竖的虚线代表手柄位置。哪一路接通就在代表该位置的虚线上的触点下用黑点表示。

主令控制器的触点多，为了更清楚地表示其触点分合状况，在电气系统图中除了用图形符号表示外，还常用触点分合表来表示触点的合断。表 6.3 为图 6.12 对应的触点分合表，其中符号“×”表示手柄在该位置下，触点闭合；空格表示断开。例如，在图 6.12 左图中，当手柄从位置 0 向左转动到位置 I 后，触点 2、4 闭合，其他触点断开。

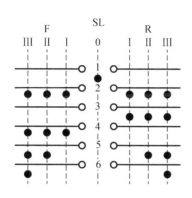

图 6.12　主令控制器的图形符号

表 6.3　触点分合表

| 线路号 | LK5/613 | | | | | | |
| | F | | | 0 | R | | |
	III	II	I		I	II	III
1				×			
2	×	×	×		×	×	×
3					×	×	×
4	×	×	×				
5	×	×				×	×
6	×						×

主令控制器的文字符号一般用 SL 表示。

5. 万能转换开关

万能转换开关是一种多挡式且能对电路进行多种转换的主令电器。它是由多组相同结构的触点组件叠装而成的多回路控制电器，主要用于各种配电装置的远距离控制、电气测量仪表的转换开关、小容量电动机的启动、制动、调速和换向控制。由于触点挡数多，换接线路多，用途又广泛，故称为万能转换开关。

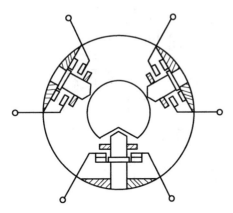

图 6.13 万能转换开关的结构

万能转换开关一般由操作机构、面板、手柄及数个动、静触片等部件组成。触点的分断与闭合由凸轮进行控制，如图 6.13 所示。由于每层凸轮可做成不同的形状，因此当手柄转到不同位置时，通过凸轮的作用，可以使各对触点按需要的规律接通和分断。

常用的万能转换开关有 LW2、LW5、LW6、LW8、LW9、LW10-10、LW12、LW15 和 3LB、3ST1、JXS2-20 等系列。

万能转换开关的图形符号和触点分合表与主令控制器的类似，文字符号一般用 SO 表示。

6. 光电开关

光电开关又称为非接触检测和控制开关。它是利用物质对光束的遮蔽、吸收或反射等作用，对物体的位置、形状、标志、符号等进行检测。

光电开关能非接触、无损伤地检测各种固体、液体、透明体、烟雾等。它具有体积小、功能多、寿命长、功耗低、精度高、响应速度快、检测距离远和抗光、电、磁干扰性能好等优点，广泛应用于物体检测、液位检测、行程控制、产品计数、速度检测、产品精度检测、尺寸控制、宽度鉴别、色斑与标记识别、人体接近开关和防盗警戒等，成为自动控制系统和生产线中不可缺少的重要元件。光电开关是一种新兴的控制开关。在光电开关中最重要的是光电器件，它是把光照强弱的变化转换为电信号的传感元件。光电器件主要有发光二极管、光敏电阻、光敏晶体管、光耦合器等，它们构成了光电开关的传感系统。

光电开关电路一般由投光器和受光器组成，光传感系统根据需要有的是投光器和受光器相互分离，也有的是投光器和受光器组成一体。

6.1.5 电磁执行机构

1. 电磁机构

电磁机构是电磁式继电器和接触器等的主要组成部件之一，其工作原理是将电磁能转换为机械能，从而带动触点动作。

1）电磁机构的结构形式

电磁机构由吸引线圈（励磁线圈）和磁路两个部分组成，磁路包括静铁芯、铁轭、动铁芯和气隙。吸引线圈通过一定的电压或电流，产生励磁磁场及吸力，并通过气隙转换为机械能，从而带动动铁芯运动使触点动作，完成断开和闭合。常用电磁机构的形式如图6.14所示。

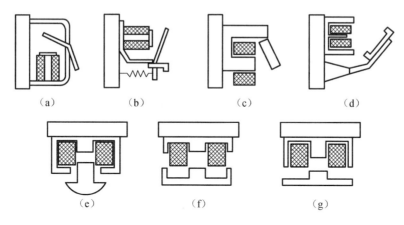

（a）　　　　　（b）　　　　　（c）　　　　　（d）

（e）　　　　　（f）　　　　　（g）

图 6.14　常用电磁机构的形式

按电磁系统的形状分类，电磁机构可分为 U 形和 E 形两种。按动铁芯的运动方式，电磁机构有如下分类：

图 6.14（a）、（b）所示为动铁芯沿棱角转动的拍合式铁芯，适用于直流继电器和接触器；图 6.14（c）、（d）所示为动铁芯沿轴转动的拍合式铁芯，适用于容量较大的交流接触器；图 6.14（e）～（g）所示为动铁芯做直线运动的直动式铁芯，适用于中小容量的交流接触器和继电器。

2）电磁机构的工作原理

电磁机构的工作特性常用反力特性和吸力特性来表达。电磁机构使动铁芯释放（复位）的力与气隙的关系曲线称为反力特性。电磁机构使动铁芯吸合的力与气隙的关系曲线称为吸力特性。

（1）反力特性。电磁机构使动铁芯释放的力一般有两种：一种是利用弹簧的反力，如图 6.14（b）所示；另一种利用动铁芯的自身重力，如图 6.14（g）所示。弹簧的反力特性可写成

$$F_{f1} = K_1 x \tag{6.1}$$

式中，K_1——弹性系数。

自重的反力与气隙大小无关，如果气隙方向与重力 M 一致，如图 6.14（e）～（g）所示，其反力特性可写成

$$F_{f2} = -M \tag{6.2}$$

考虑到动合触点闭合时超行程机构的弹力作用，上述两种反力特性曲线如图 6.15 所示。其中，δ_1 为电磁机构气隙的初始值；δ_2 为动、静触点开始接触时的气隙长度。由于超行程机构的弹力作用，反力特性在 δ_2 处有一突变。

（2）吸力特性。电磁机构的吸力与很多因素有关，当静铁芯与动铁芯端面互相平行，且气隙 δ 比较小时，吸力可近

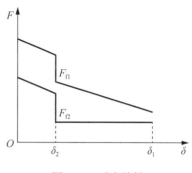

图 6.15　反力特性

似按下式求得

$$F = 4 \times 10^5 B^2 S \tag{6.3}$$

式中，F——电磁吸力（N）；

    B——气隙磁通密度（T）；

    S——吸力处端面积（m^2）。

吸力 F 与磁通密度 B^2（或磁通 Φ^2）成正比，反比于端面积 S，即

$$F \propto \Phi^2 / S \tag{6.4}$$

电磁机构的吸力特性反映的是其电磁吸力与气隙的关系，而励磁电流的种类不同，其吸力特性也不一样。图 6.16 所示为直流电磁机构的吸力特性曲线，图 6.17 所示为交流电磁机构的吸力特性曲线。

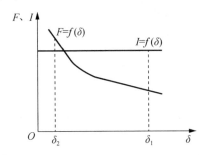

图 6.16　直流电磁机构的吸力特性曲线

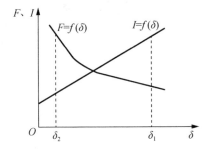

图 6.17　交流电磁机构的吸力特性曲线

3）吸力特性与反力特性的配合

电磁机构欲使动铁芯吸合，在整个吸合过程中，吸力都必须大于反力；但也不能过大，否则会影响电器的机械寿命。反映在特性曲线图上，就是要保证吸力特性曲线在反力特性曲线的上方。当切断电磁机构的励磁电流以释放动铁芯时，其反力特性必须大于剩磁吸力，才能保证动铁芯可靠释放。所以在特性曲线图上，电磁机构的反力特性必须介于电磁吸力特性曲线和剩磁吸力特性曲线之间，如图 6.18 所示。

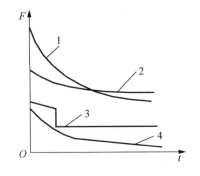

图 6.18　吸力特性曲线和反力特性曲线
1—直流吸力特性；2—交流吸力特性；
3—反力特性；4—剩磁吸力特性

2. 电磁铁

电磁铁由励磁线圈、静铁芯和动铁芯三个基本部分构成。动铁芯是牵动主轴或触点支架动作的部分。当励磁线圈通以励磁电流后便产生磁场及电磁力，动铁芯被吸合，并带动机械装置完成一定的动作，把电磁能转换为机械能。根据励磁电流的性质，电磁铁分为直流电磁铁和交流电磁铁。直流电磁铁的铁芯根据不同的剩磁要求选用整块的铸钢或工程纯铁制成，交流电磁铁的铁芯则用相互绝缘的硅钢片叠成。直流电磁铁常用拍合式与螺管式两种结构。交流电磁铁的结构形式主要有 U 形和 E 形两种。

选用电磁铁时应考虑用电类型、额定行程、额定吸力及额定电压等技术参数。动铁芯在启动时与静铁芯的距离称为额定行程。动铁芯处于额定行

程时的吸力称为额定吸力，必须大于机械装置所需的启动吸力。额定电压（励磁线圈两端的电压）应尽量与机械设备的电控系统所用电压相符。此外，在实际应用中要根据工艺要求、安全要求等，选择交流或直流电磁铁。

（1）直流电磁铁具有如下特点：

① 励磁电流的大小仅取决于励磁线圈两端的电压及本身的电阻，与动铁芯的位置无关，因此，一旦机械装置被卡住，励磁电流不会因此而增加，也不会导致线圈烧毁。

② 吸力与动铁芯的位置有关，吸力在动铁芯启动时最小，而在吸合时最大，因此在启动时吸力较小，吸合后电磁铁容易因励磁电流大而发热。

（2）交流电磁铁具有如下特点：

① 励磁电流与动铁芯的位置有关，当动铁芯处于启动位置时，电流最大；当动铁芯吸合后，电流就降到额定值。因此，一旦机械装置被卡住而动铁芯无法被吸合时，励磁电流将大大超过额定电流，容易使线圈烧毁。

② 吸力与动铁芯的位置无关，动铁芯处于起始位置与处于吸合位置时吸力相同，因此，交流电磁铁具有较大的启动初始吸力。

3. 电磁阀

电磁阀按电源种类分为直流电磁阀、交流电磁阀、交直流电磁阀和自锁电磁阀等；按用途分为控制一般介质（气体、流体）电磁阀、制冷装置用电磁阀、蒸汽电磁阀和脉冲电磁阀等；按使用环境分为一般用电磁阀、户外用电磁阀和防爆用电磁阀等。各种电磁阀还分为二通、三通、四通、五通等规格；还可分为主阀和控制阀等。图 6.19 所示是一般控制用螺管电磁系统电磁阀的结构示意图。

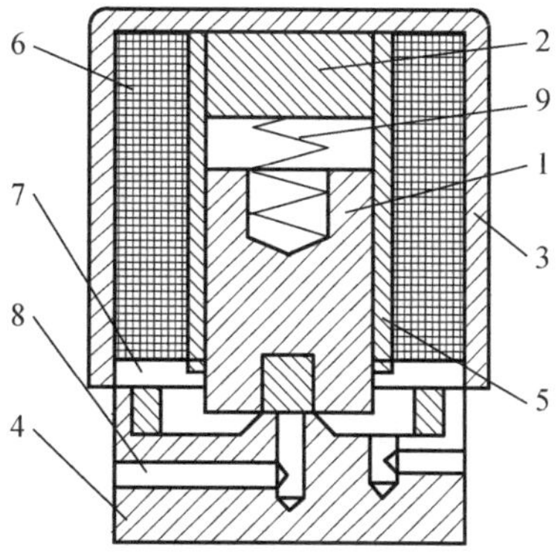

由图 6.19 中可见，阀门为直通式，用反力弹簧压住动铁芯上端，而用动铁芯下端装有的氟橡胶塞将阀门的进出口密封阻塞。如要接通管道，必须接通线圈电源，产生电磁力，克服反力弹簧阻力，开启阀门。

另外，在液压系统中电磁阀用来控制液流方向。阀门开关由电磁铁来操纵。电磁阀的结构性能可用它的位置数和通路数来表示，有单电磁铁（称为单电式）和双电磁铁（称为双电式）两种。

图 6.20 所示为电磁阀的图形符号。

图 6.19　一般控制用螺管电磁系统
电磁阀结构示意图

1—动铁芯；2—静铁芯；3—外壳；4—阀体；
5—隔磁管；6—线圈；7—压盖；
8—管路；9—反力弹簧

4. 电磁制动器

电磁制动器由制动器或电力液压推动器、摩擦片、制动轮（盘）或闸瓦等组成。图 6.21 是盘式电磁制动器结构示意图。盘式电磁制动器在电动机轴端装着一个钢制圆盘，它靠制动钳块与圆盘表面的离合，实现对电动机的制动和释放。圆盘的直径越大，制动力矩越大，可以根据所需要的制动力矩选择与之相匹配的圆盘。

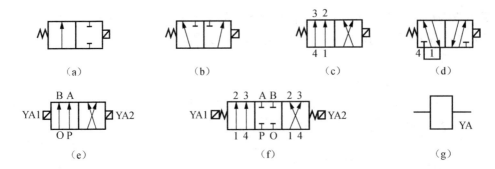

图 6.20　电磁阀的图形符号

（a）单电两位二通电磁换向阀；（b）单电两位三通电磁换向阀；（c）单电两位四通电磁换向阀；
（d）单电两位五通电磁换向阀；（e）双电两位四通电磁换向阀；（f）双电三位四通电磁换向阀；
（g）电磁阀的一般图形符号

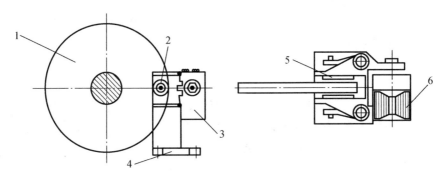

图 6.21　盘式电磁制动器的结构示意图

1—圆盘；2—静铁芯；3—壳体；4—支架；5—摩擦片；6—动铁芯

　　盘式电磁制动器的供电方式采用桥式整流装置，其电磁系统是在直流状态下工作的。它的工作电流很小，整个装置是与盘式电磁制动器装在一起的，其吸引线圈用环氧树脂密封于壳体内，适宜于在露天或多尘等恶劣环境中工作。

6.1.6　接触器

　　接触器是在外界输入信号下，利用电磁力使触点闭合或断开，从而自动接通或断开带负荷主电路的自动控制电器。它适用于频繁操作（高达每小时 1 500 次）、远距离控制强电流电路，并具有低压释放的保护性能、工作可靠、寿命长（机械寿命达 2 000 万次，电寿命达 200 万次）和体积小等优点。接触器是继电器-接触器控制系统中较重要和较常用的元件之一。

　　接触器按主触点通过电流的种类分为交流接触器和直流接触器；按驱动力分为电磁式、气动式和液压式，以电磁式应用最为广泛；按冷却方式分为自然空气冷却式、油冷式和水冷式等，以自然空气冷却式应用最多；按主触点的极数分为单极、双极、三极、四极、五极等多种。

　　从结构上讲，接触器都是由电磁机构、触头系统和灭弧装置三部分组成的。图 6.22 所示为接触器结构示意图。当电磁铁的线圈通电后，产生磁通，电磁吸力克服弹簧阻力，吸引磁铁使磁路闭合，动铁芯运动时，通过机械结构将动合触点闭合，而原来闭合的触点即动断触点打开，从而接通或断开外电路。当电磁铁线圈断电时，电磁吸力消失，依靠弹簧作用释放动铁芯，使触点又恢复到通电前的状态（即动断触点闭合，动合触点断开）。

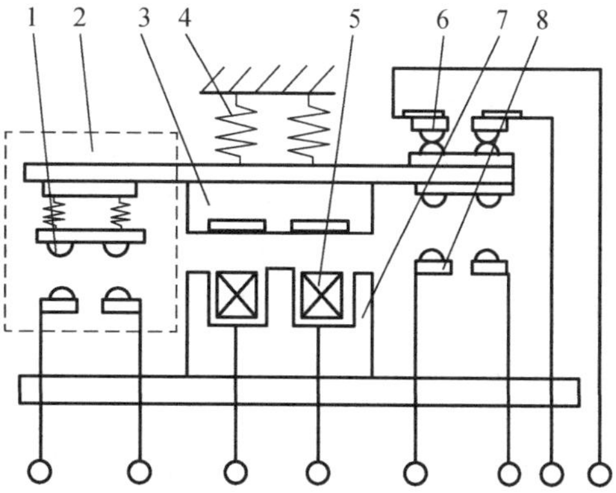

1. 交流接触器

交流接触器用于远距离接通和分断电压至 380V，电流至 600A 的 50Hz 或 60Hz 的交流电路，以及频繁启动和控制交流电动机。常用的交流接触器有 CJ20、CJ21、CJ26、CJ29、 CJ35、CJ40、NC、B、LC1-D、3TB 和 3TF 等系列。近年来，还生产了由晶闸管组成的无触点式接触器。

图 6.22　接触器结构示意图

1—主触点；2—灭弧罩；3—动铁芯；4—弹簧；

5—线圈；6—动断辅助触点；7—静铁芯；

8—动合辅助触点

1）交流接触器的结构

触点：用来接通和断开电路，是接触器的执行部分，要求接通时导电性能良好，不跳（不振动），噪声小，不过热，断开时能可靠地消除规定容量下的电弧。

交流接触器的触点一般采用双断电桥式触点。

接触器的触点系统分为主触点和辅助触点。主触点用在通断电流较大的主电路中，一般由三对动合触点组成，体积较大。辅助触点用以通断小电流的控制电路，体积较小，它由动合触点和动断触点组成。动合、动断是指电磁系统未通电动作前触点的状态。

接触器的动断和动合触点是连同动作的，即线圈通电时，动断触点先断开，动合触点再闭合，中间有一个很短的时间间隔；线圈断电时，动合触点先恢复断开，随即动断触点恢复原来的接通状态，同样存在一个很短的时间间隔。

电磁系统：电磁系统是用来操纵触点的闭合和断开的，包括静铁芯、动铁芯和吸引线圈三部分。交流接触器电磁系统的结构形式主要取决于静铁芯的形状和动铁芯的运动方式。

交流接触器的铁芯一般用硅钢片叠压后铆成，以减少交变磁场在铁芯中产生的涡流及磁滞损耗，防止铁芯过热。交流接触器线圈的电阻较小，所以铜损引起的发热较小，为了增加铁芯的散热面积，线圈一般做成短而粗的圆筒状。E 形铁芯的中柱较短，铁芯闭合时，上下中柱间形成很小的间隙，以减少剩磁，防止线圈断电后铁芯粘连。

交流接触器的铁芯端面上装有短路环。

灭弧装置：交流接触器在断开大电流电路时，往往会在动、静触点之间产生很强的电弧。电弧是触点间气体在强电场作用下产生的放电现象，它一方面发光发热造成触点灼伤，另一方面会使电路的切断时间延长，影响接触器的正常工作。因此对容量较大的交流接触器往往采用电动力灭弧、纵缝灭弧或灭弧栅灭弧。

其他部分：交流接触器的其他部分有反作用弹簧、缓冲弹簧、触点压力弹簧、传动机构和接线柱等。反作用弹簧的作用是当吸引线圈断电时，迅速使主触点和动合辅助触点复位分断；缓冲弹簧的作用是缓冲动、静铁芯吸合时对静铁芯及外壳的冲击力；触点压力弹簧的作用是增加动、静触点之间的压力，增大接触面积以降低接触电阻，避免触点由于接触不良而造成的过热灼伤，并有减振的作用。

2）交流接触器的工作原理

交流接触器的结构如图 6.23 所示。线圈得电以后，产生的磁场将静铁芯磁化，吸引动铁芯，克服反作用弹簧的弹力，使它向着静铁芯运动，拖动触点系统运动，使得动合触点闭合，动断触点断开。一旦电源电压消失或者显著降低，电磁线圈将没有励磁或励磁不足，动铁芯就会因电磁吸力消失或过小而在反作用弹簧的弹力作用下释放，使得动触点与静触点脱离，触点恢复线圈未通电时的状态。

2. 直流接触器

直流接触器主要用于远距离闭合或分断额定电压至 440V，额定电流至 600A 的直流电或频繁操作和控制直流电机的一种控制电器。常用的有 CZ0、CZ1、CZ3、C25～11 等系列。

直流接触器的结构如图 6.24 所示。其工作原理与交流接触器的基本相同，具体结构有些不同。

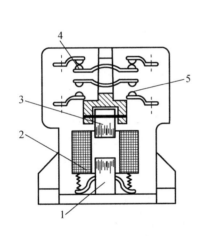

图 6.23　交流接触器的结构

1—静铁芯；2—线圈；3—动铁芯；
4—动断触点；5—动合触点

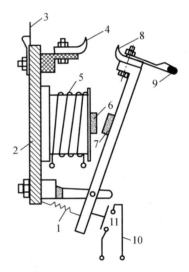

图 6.24　直流接触器的结构

1—反作用弹簧；2—底板；3，9，10—连接线端；4—静主触点；
5—线圈；6—静铁芯；7—动铁芯；8—动主触点；11—辅助触点

触点：直流接触器有主触点和辅助触点，主触点由于通断电流较大，故采用滚动接触的指形触点。辅助触点的通断电流较小，故采用点接触的双断点桥式触点。

电磁系统：直流接触器的电磁系统由静铁芯、线圈和动铁芯组成。由于线圈中通直流电，在静铁芯中不会产生涡流，所以静铁芯可以用整块铸铁或工程纯铁制成，不需要短路环。静铁芯没有涡流故不发热，但线圈匝数较多，电阻大，铜损大，以线圈本身发热为主，通常将线圈做成长而薄的圆筒状。

灭弧装置：直流接触器的主触点在断开较大直流电流电路时，会产生强烈的电弧，容易烧坏触点而不能连续工作。为了迅速使电弧熄灭，一般采用磁吹式灭弧装置。

直流接触器由于通直流电，没有冲击启动电流，所以不会产生铁芯猛烈撞击的现象，因此寿命长，适用于频繁启动的场合。

3. 接触器的图形符号和文字符号

接触器的图形符号和文字符号如图 6.25 所示。

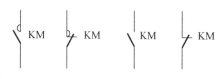

4. 接触器的选用

为了保证系统正常工作，必须根据以下原则正确选
择接触器，使接触器的技术参数满足控制电路的要求。

图 6.25　接触器的图形符号和文字符号

1）接触器类型的选择

接触器的类型应根据电路中负载电流的种类来选择，即交流负载应选用交流接触器，直
流负载应选用直流接触器。

接触器产品系列是按使用类别设计的，所以应根据接触器负载的工作任务来选择相应的
使用类别。例如，电动机承担一般负载任务，可选用 AC-3 类；若承担重负载任务，可选用
AC-4 类。

2）接触器主触点额定电压的选择

被选用的接触器主触点的额定电压应大于或等于负载的额定电压。

3）接触器主触点额定电流的选择

对于电动机负载，接触器主触点额定电流按下式计算：

$$I_N = \frac{P_N \times 10^3}{\sqrt{3} U_N \cos\theta \cdot \eta} \qquad (6.5)$$

式中，P_N——电动机功率（kW）；

$\quad$ U_N——电动机额定线电压（V）；

$\quad$ $\cos\theta$——电动机功率因数，其值为 0.85～0.9；

$\quad$ η——电动机的效率，其值一般为 0.8～0.9。

选用接触器时，其额定电流应大于计算值，也可根据电气设备手册选择。

4）接触器吸引线圈电压的选择

如果控制电路比较简单，所用接触器数量较少，则交流接触器线圈的额定电压一般直接选用
380V 或 220V。如果控制电路比较复杂，使用的电器又比较多，为了安全起见，线圈的额定电压
可选低一些。例如，交流接触器线圈电压可选择 127V、36V 等，这时需要附加一个控制变压器。

直流接触器线圈的额定电压应视控制回路的情况而定。同一系列、同一容量等级的接触
器，其线圈的额定电压有几种，可以选线圈的额定电压与直流控制电路的电压一致。

直流接触器的线圈加的是直流电压，交流接触器的线圈一般加交流电压。有时为了提高
接触器的最大操作频率，交流接触器也可以采用直流线圈。

6.1.7　继电器

继电器广泛应用于自动控制系统中，起控制和保护电路或传递和转换信号的作用。

继电器按其所反映信号的种类，可分为电流继电器、电压继电器、速度继电器、时间继
电器、压力继电器、热继电器等；按动作时间可分为瞬时动作和延时动作继电器（后者常称
为时间继电器）；按作用原理可分为电磁式、感应式、电动式、电子式和机械式继电器等。其
中，电磁式继电器应用最为广泛。

1. 电流继电器

电流继电器是根据电流信号而动作的，它的特点是线圈匝数少，线径大，能通过较大的电流。电流继电器分为过电流继电器和欠电流继电器两种。

（1）过电流继电器。当被控制电路中出现超过允许的电流时，继电器触点动作，从而切断被控制电路电源，以保证电气设备不致因电流过大而损坏。

（2）欠电流继电器。当被控制电路电流过小时，继电器触点动作，从而切断被控制电路电源，以保证电气设备不致因电流过小而损坏。例如，他励直流电动机励磁回路中串联欠电流继电器，当励磁电流过小时，继电器触点动作，从而控制接触器切除电动机电源，防止电动机因转速过高或电枢电流过大而损坏。

选择电流继电器时，主要根据电路内的电流种类和额定电流大小来选择。常用的电流继电器系列有 JL14、JL15、JT3、JT9、JT10 等。

电流继电器的文字符号为 KA，图形符号如图 6.26 所示。

2. 电压继电器

电压继电器是根据电压信号动作的，分为过电压继电器和欠（零）电压继电器两种。

（1）过电压继电器。当被控制电路出现超过允许的电压时，继电器触点动作，从而控制切换电器（接触器），使电动机停止工作，以保护电气设备不致因电压过高而损坏。

（2）欠（零）电压继电器。当被控制电路电压过低，控制系统不能正常工作时，继电器触点动作，从而切断被控制电路电源，使控制系统或电机脱离不正常的工作状态。

选择电压继电器时，根据电路电压的种类和大小来选择。常用的电压继电器有 JT3、JT4 系列。

电压继电器的文字符号为 KV，图形符号如图 6.26 所示。

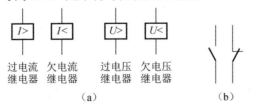

过电流　欠电流　过电压　欠电压
继电器　继电器　继电器　继电器

（a）　　　　　　　　　　　　（b）

图 6.26　电流继电器和电压继电器的图形符号

（a）线圈；（b）触点

3. 中间继电器

中间继电器本质上是电压继电器，但还具有触点多（多至 6 对或更多）、触点能承受的电流较大（额定电流 5～10A）、动作灵敏（动作时间小于 0.05s）等特点。它的用途有两个：其一是用于中间传递信号，当接触器线圈的额定电流超过电压或电流继电器触点所允许通过的电流时，可用中间继电器作为中间放大器来控制接触器；其二是用于同时控制多条电路。

选用中间继电器时，主要根据是控制电路所需触点的多少和电源电压等级。

4. 热继电器

热继电器是根据控制对象的温度变化，即利用电流的热效应而动作来进行控制的继电器。

它主要用来保护电动机的过载。电动机工作时不允许超过额定温升，熔断器和过电流继电器只能保护电动机不超过允许最大电流，不能反映电动机的发热状况，一般电动机短时过载是允许的，但长期过载时，电动机就要发热，因此必须采用热继电器进行保护。

图 6.27 所示为热继电器的原理结构示意图。感应部分包括发热元件和双金属片，发热元件直接串联在被保护的主电路内，随电流的大小和时间的长短而发出不同的热量，加热双金属片。双金属片是由两种不同膨胀系数的金属片碾压而成的，一端固定，另一端为自由端，过热便弯曲。一个热继电器一般有两个或三个发热元件、感温元件用作温度补偿，调节旋钮用于整定动作电流。热继电器的动作原理：当电动机过载，通过发热元件 1 的电流使双金属片 2 向左膨胀，推动绝缘杆 3，带动感温元件 4 向左转，凸轮 5 在弹簧的拉动下绕支点顺时针方向旋转，从而使动触点 6 与静触点 7 断开。

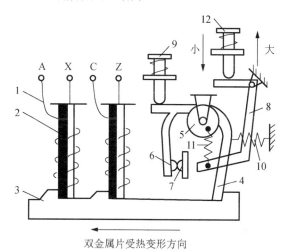

图 6.27　热继电器的原理结构示意图

1—发热元件；2—双金属片；3—绝缘杆；4—感温元件；5—凸轮；6—动触点；7—静触点；8—杠杆；
9—手动复位按钮；10，11—弹簧；12—调节旋钮

常用的热继电器有 JR14、JR15、JR16 等系列。

用热继电器保护三相异步电动机时，至少要用到两个热元件的热继电器，从而在正常的工作状态下，也可对电动机进行过载保护。例如，电动机单相运行时，至少有一个热元件能起到作用。当然，最好采用有三个热元件带缺相保护的热继电器。

热继电器的文字符号为 FR，图形符号如图 6.28 所示。

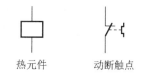

图 6.28　热继电器的图形符号

5. 时间继电器

某些生产机械要求在给出信号一定时间后才开始运动，这就产生了按时间的自动控制方法。时间继电器是一种输入信号经过一定时间间隔才能控制电流流通的自动控制电器，按其动作原理及构造不同可分为空气阻尼式、电磁式、电动式和电子式等。

用得最多的是利用阻尼（如空气阻尼或磁阻尼等）、电子和机械的原理而制成的时间继电器。时间继电器可实现从 0.05s 至几十小时的延迟。

常用的空气阻尼式时间继电器的原理结构如图 6.29 所示，主要由电磁铁、空气室和工作触头三部分组成。以通电延时型时间继电器为例，其工作原理如下：

吸引线圈通电后，动铁芯吸下，胶木块与支撑杆间形成一个空隙距离，胶木块在弹簧作用下向下移动，但胶木块通过连杆与活塞相连，活塞表面上覆有橡皮膜，因此当活塞向下时，就在气室上层形成稀薄的空气层，活塞受下层气体的压力而不能迅速下降，室外空气经由进气孔逐渐进入气室，活塞逐渐下移，移动至最后位置时，挡块撞及微动开关，使延时触点动作输出信号。延时时间自电磁铁线圈通电时刻起至延时触点动作止。通过调节螺钉，调节进气孔大小可以调节延时时间。

电磁铁线圈失电后，依靠恢复弹簧复原。气室空气经由出气孔迅速排出。

通电延时型时间继电器，线圈通电后延时触点延时动作，断电后瞬时复位；另一种断电延时型时间继电器，它在线圈通电后延时触点瞬时动作，断电后延时触点延时复位。

时间继电器的文字符号为 KT。时间继电器的触点有 4 种可能的工作情况，它们在电气传动系统图中的图形符号如图 6.30 所示。

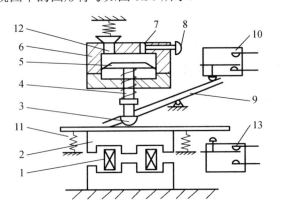

图 6.29　空气阻尼式时间继电器的原理结构

1—吸引线圈；2—动铁芯；3—胶木块；4，11—弹簧；5—活塞；6—橡皮膜；
7—进气孔；8—调节螺钉；9—压杆；10—延时触点；12—出气孔；13—瞬动触点

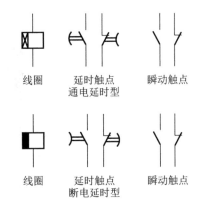

图 6.30　时间继电器的图形符号

空气式时间继电器具有延时范围大、通用性强、结构简单、价格低廉等优点，应用较为广泛。其缺点是准确度低、延时误差较大，在要求高准确度延时的生产机械中不宜采用。

常用的几种时间继电器的性能比较见表 6.4。

表 6.4　几种时间继电器的性能

形式	线圈的电流种类	延时范围	延时准确度	触点延时的种类
空气阻尼式	交流	0.4～180s	一般，±（8%～15%）	通电延时 失电延时
电磁式	直流	0.3～16s	一般，±10%	失电延时
电动式	交流	0.5s 至几十小时	准确，±1%	通电延时 失电延时
电子式	直流	0.1～1h	准确，±3%	通电延时 失电延时

6. 速度继电器

速度继电器常用于三相感应电动机按速度原则控制的启动和制动电路。用得最多的是感应式速度继电器，其结构如图 6.31 所示。

速度继电器的工作原理与笼型异步电动机完全一样。继电器的轴和被控制的电动机轴相连接，在轴上装有一块永磁铁转子，随电动机同步转动，外面有一个可以转动一定角度的外环，外环内部装有与笼型电动机转子类似的绕组。当轴及转子转动时，形成一个旋转磁场，定子外环有和转子一起转动的趋势，于是固定在外环上的定子柄触动弹簧片，使触头系统动作（视轴的旋转方向而定）。当转轴接近停止时，动触点跟着弹簧片恢复到原来的位置，与两个靠外边的静触点分开，而与靠内侧的静触点闭合。

一般速度继电器在速度小于 100r/min 时，触点就恢复原位。调整弹簧片的拉力可以改变触点恢复原位时的转速，以达到准确的制动。速度继电器的结构简单、价格低廉，但它只能反映出转动的方向和是否停转，而不能反映转速的准确值，所以，它仅广泛用在异步电动机的反接制动中。

速度继电器在电气传动控制系统图中的文字符号为 KV，图形符号如图 6.32 所示。

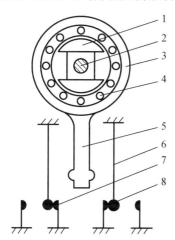

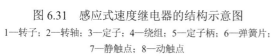

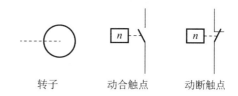

转子　　　动合触点　　　动断触点

图 6.31　感应式速度继电器的结构示意图

图 6.32　速度继电器的图形符号

1—转子；2—转轴；3—定子；4—绕组；5—定子柄；6—弹簧片；
7—静触点；8—动触点

另外，还有测速发电机、光电转速计等，它们可以连续地测量转速。

7. 干簧继电器

干式舌簧继电器简称干簧继电器，是迅速发展起来的一种密封触点的继电器。其克服了普通电磁式继电器动作部分惯量较大，动作不快；线圈电感较大，时间常数较大，对信号反应不够灵敏；触点暴露，易受污染，接触不可靠等缺点，具备快速动作、高度灵敏、稳定可靠和功率消耗低等优点，为自动控制装置和通信设备所广泛采用。

干簧继电器的主要部件是由铁镍合金制成的干簧片，它既能导磁又能导电，兼有普通电磁继电器的触点和磁路系统的双重作用。干簧片封装在充有纯净干燥的惰性气体的玻璃管内，防止触点表面氧化。干簧片的触点表面镀有导电良好、耐磨的贵重金属（如金、铂、铑）。

在干簧管外面套一励磁线圈，如图 6.33（a）所示。当线圈通电时，在轴向产生磁场，使密封管内的两干簧片被磁化，产生极性相反的两磁极，它们相互吸引而闭合。当切断线圈电流时，磁场消失，两干簧片失去磁性，依靠其自身的弹性复位，使触点断开。

图 6.33（b）所示直接用一块永久磁铁靠近干簧片来励磁，当永久磁铁靠近干簧片时，触点同样也被磁化而闭合；当永久磁铁离开干簧片时，触点则断开。

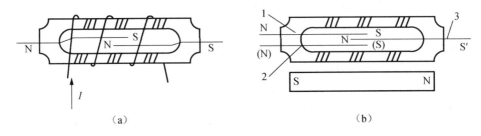

（a）　　　　　　　　　　　　　（b）

图 6.33　干簧继电器

干簧片的触点有两种：一种是如图 6.33（a）所示的动合式触点，另一种则是如图 6.33（b）所示的切换式触点。后者当给予励磁时（用条形永久磁铁靠近），干簧管中的三根簧片均被磁化，其中，簧片 1、2 的触点被磁化后产生相同的磁极（图示为 S 极性），因而互相排斥，使动断触点断开；而簧片 1、3 的触点则因被磁化后产生的磁性相反而吸合。

常用的干簧继电器有 JAG-2 型、小型 JAC-4 型、大型 JAC-5 型等，其中又分动合式、动断式与切换式三种不同的类型。另外，还有双列直插式干簧继电器，其外形尺寸和引脚与 14 根引出端的 DIP 标准封装的集成电路一致，因此称为 DIP（双列直插）封装的干簧继电器，可直接装配在印制电路板上。

8. 固态继电器

固态继电器（Solid State Relay，SSR）是一种无触点通断电子开关，因可实现电磁式继电器的功能，故称为固态继电器，因其"断开"和"闭合"均无触点、无火花，又称其为无触点开关。

固态继电器是由固体元件组成的无触点开关元件，与电磁继电器相比，具有体积小、质量小、工作可靠、寿命长、对外界干扰小、能与逻辑电路兼容、抗干扰能力强、开关速度快、使用方便等优点，因此在某些领域有逐步取代传统电磁式继电器的趋势，特别在电磁式继电器难以胜任的领域得到扩展，如计算机和 PLC 的输入/输出接口、计算机外围和终端设备、机械控制、中间继电器、电磁阀、电动机等的驱动装置、调压装置、调速装置等。固态继电器采用整体集成封装，具有耐腐蚀、抗振动、防潮湿等特点，在一些要求抗振、防潮、耐腐蚀、防爆的特殊装置和恶劣的工作环境，以及要求工作可靠性高的场合中，较传统电磁式继电器具有无可比拟的优越性。

固态继电器按负载电源类型可分为交流型固态继电器（AC-SSR）和直流型固态继电器（DC-SSR）；按安装形式可分为装配式、焊接式和插座式固态继电器。

6.2　继电器-接触器控制电路的组成

6.2.1　控制电路的图形符号和文字符号

继电器-接触器控制电路系统中包括多种继电器、接触器、主令电器和电动机等。每个电器和电动机都是由一些功能部件所组成的，如触点、线圈、电动机电枢绕组和磁场绕组等。为了表达系统设计意图，便于分析工作原理、安装和检修，要将电气控制系统中各电气元件及其连接用一定的图形符号和文字符号表达出来，并用不同的文字符号表示设备及线路的功能、状态和特征。这些图形符号和文字符号必须采用统一的标准及规定的画法绘制，符合国家电气制图标准及国际电工委员会（International Electrotechnical Committee，IEC）颁布的有关文件要求。

1.　图形符号

图形符号通常是指用图样或其他文件，表示一个设备或概念的图形、标记或字符。图形符号由符号要素、一般符号和限定符号构成。

符号要素是一种具有确定意义的简单图形，必须同其他图形组合才能构成一个设备或概念的完整符号。例如，电动机符号Ⓜ是由符号要素○和电动机英文的字头 M 组合而成的。

一般符号是用于表示同一类产品的一种简单符号，是各类电气元件的基本符号。例如，电机的一般符号为⊛，若将符号中的*用 M 来代替，则Ⓜ表示电动机；若将*用 G 代替，则Ⓖ表示发电机。

限定符号是用以提供附加信息的一种加在其他符号之上的符号。例如，在电阻器一般符号基础上加上不同的限定符号就可组成可变电阻器、光敏电阻器、热敏电阻器等。使用限定符号可以使图形符号具有多样性。限定符号一般不能单独使用。

图形符号的使用规则如下：

（1）图形符号的大小和方位可根据图面布置确定，但不应改变其含义。

（2）符号的含义由其形式决定，而符号大小和线宽一般不影响符号的含义。

（3）尽量采用最简单的形式；对于电路图，必须使用完整形式的图形符号来详细表示。

（4）在同一张电气图中只能选用一种图形形式，图形符号的大小和线宽亦应基本一致。

（5）符号方位不是强制的。在不改变符号含义的前提下，符号可根据图面布置的需要旋转或镜像放置，但文字和指示方向不得倒置。

（6）图形符号中一般没有端子符号。如果端子符号是符号的一部分，则必须画出。

（7）导线符号可以用不同宽度的线条表示，以突出或区分某些电路、连接线等。

（8）图形符号一般画有引线。在不改变其符号含义的原则下，引线可取不同方向。一般情况下，引线符号的位置不加限制；当引线符号的位置影响符号的含义时，必须按规定绘制。

（9）图形符号均按无电压、无外力作用的正常状态表示。

（10）图形符号中的文字符号、物理量符号，应视为图形符号的组成部分。当这些符号不能满足需要时，可再按有关标准加以充实。

2. 文字符号

文字符号是用于标明电气设备、装置和元器件的名称、功能、状态和特征的，可在其上或近旁使用，表明其种类和功能。文字符号分为基本文字符号和辅助文字符号。

基本文字符号分为单字母符号和双字母符号两种。

单字母符号是用拉丁字母将各种电气设备、装置和元器件划分为 23 大类，每一类用一个字母表示。例如，M 代表电动机，K 代表继电器等。

双字母符号由一个表示种类的单字母符号与另一字母组成，并且单字母符号在前，另一字母通常选用该类设备、装置和元器件的英文名称的首位字母，这样，双字母符号可以较详细和更具体地表述电气设备、装置和元器件的名称。例如，RP 代表电位器，RT 代表热敏电阻，MD 代表直流电动机，MC 代表笼型异步电动机。

辅助文字符号是用以表示电气设备、装置和元器件及线路的功能、状态和特征的，通常也是由英文名称的前一两个字母构成的。例如，DC 代表直流，IN 代表输入，S 代表信号。

辅助文字符号一般放在单字母文字符号后面，构成组合双字母符号。例如，Y 是电气操作机械装置的单字母符号，B 是代表制动的辅助文字符号，YB 代表制动电磁铁的组合符号。辅助文字符号可单独使用，如 ON 代表闭合，N 代表中性线。

3. 电气图中的接线端子标记

电气控制线路中的支路、元件和节点等一般要加上标号。主电路标号由文字符号和数字组成。文字符号用以标明主电路中的元件或线路的主要特征，数字标号用以区别电路不同线段。

三相交流电源引入线采用 L1、L2、L3 标记，中性线为 N。电源开关之后的三相交流电源主电路分别按 U、V、W 顺序进行标记，接地端为 PE。电动机分支电路各节点标记采用三相文字代号后面加数字来表示，数字中的个位数表示电动机代号，十位数表示该支路节点的代号，从上到下按数值的大小顺序标记。例如，U11 表示电动机 M1 的第一相的第一个节点代号，U21 为第一相的第二个节点代号，依此类推。

电动机绕组首端分别用 U1、V1、W1 标记，尾端分别用 U2、V2、W2 标记，双绕组的中性点则用 1U、1V、1W 标记。也可以用 U、V、W 标记电动机绕组首端，用 U′、V′、W′标记绕组尾端，U″、V″、W″标记双绕组的中性点。

对于数台电动机，在字母前加数字来区别。例如，对电动机 M1，其三相绕组接线端以 1U、1V、1W 来区别；对 M2 电动机，其三相绕组接线端则标以 2U、2V、2W 来区别。

6.2.2 电气线路图的分类与作用

电气线路图可分为主电路和辅助电路两部分。交流电动机的定子、转子电路和直流电动机的电枢电路等通过大电流的电路属于主电路，是由电能转化为其他形式能的电路。其他均属于辅助电路，包括控制电路、照明电路、信号电路及保护电路等。辅助电路一般由接触器和继电器的线圈、接触器的辅助触点、继电器触点、按钮、照明灯、信号灯、控制变压器等电气元件组成，在这些电路中消耗的电能比较小。

根据需要，电气线路图包括三种形式，即电气原理图、电气安装图、电气互连图。

1. 电气原理图

电气原理图是说明电气设备工作原理的线路图。在电气原理图中并不考虑电气元件的实际安装位置和实际连线情况，只是把各个元件按接线顺序用符号展开在平面图上，用直线将各个元件连接起来。图 6.34 所示为异步电动机直接启动控制电路电气原理图。

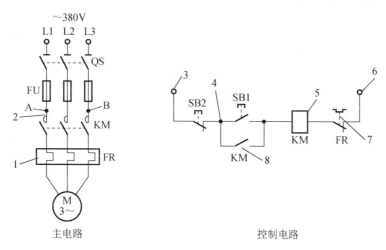

图 6.34　异步电动机直接启动控制电路电气原理图
1—热继电器的热敏元件；2—接触器主触点；3，6—电源线；
4—连接处的节点；5—接触器的线圈；7—热继电器的触点；8—接触器辅助触点

电气原理图绘制方法及注意事项：

（1）通常将主电路和控制电路分开绘制，一般主电路画在左侧，辅助电路画在右侧。

（2）控制电路的电源线可分列左、右和上、下，各控制支路基本上按照电气元件的动作顺序从上到下或从左到右绘制。

（3）各电气元件的不同部分（如接触器的线圈和触点等）并不按照实际布置绘制，而是将电气元件的各个部分分别绘制在它们完成作用的地方。

（4）各种电气元件的图形符号、文字符号均按标准规定绘制和标写，同一电气元件的不同部分用同一文字符号表示；如果在一个控制电路中，同一种电气元件（如接触器）同时使用多个，其文字符号前（或后）加字母或数字以示区别。

（5）电气原理图应按照功能来组合，同一功能的电气相关元件应画在一起。电路应按动作顺序和信号流程自上而下或自左向右排列。

（6）电气原理图中各电器均为未通电或未动作的初始状态，二进制逻辑元件应是置零的状态，机械开关应是循环开始的状态，即按电路"常态"画出。

（7）为了查线方便，在电气原理图中，两条以上导线的电气连接处要画一节点。

2. 电气安装图

电气安装图表示各种电气设备在机械设备和电气控制柜中的实际安装位置。它将提供电

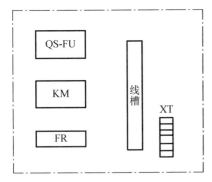

图 6.35 三相笼型异步电动机控制
电路电气安装图

气设备各个单元的布局和安装工作所需数据的图样。例如，电动机要和被拖动的机械装置放在一起，行程开关应画在获取信息的地方，操作手柄应画在便于操作的地方，一般电气元件应放在电气控制柜中。图 6.35 为三相笼型异步电动机控制电路电气安装图。

3. 电气互连图

电气互连图是用来表明电气设备各单元之间的接线关系，一般不包括单元内部的连接，着重表明电气设备外部元件的相对位置及它们之间的电气连接。图 6.36 为三相笼型异步电动机控制电路电气互连图。

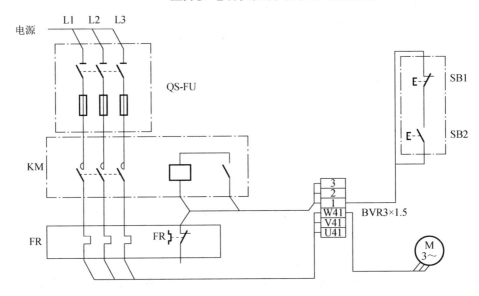

图 6.36 三相笼型异步电动机控制电路电气互连图

6.2.3 电路中的基本保护

电气控制系统除了能满足生产机械要求外，还应保证设备长期安全、可靠、无故障运行，因此保护环节是所有电气控制系统不可缺少的组成部分。

1. 短路保护

为防止用电设备（电动机、接触器等）短路而产生大电流，冲击电网，损坏电源设备；引起用电设备、导线和机械上的严重损坏，应在被保护的线路中串入熔断器或自动断路器，当线路发生短路或严重过载时，切断电路，实现短路保护。

2. 过电流保护

如果在直流电动机和绕线转子异步电动机启动或制动时，限流电阻被短接，将会造成很大的启动或制动电流。另外，负载的加大也会导致电流增加。过大的电流将会使电动机或机械设备损坏。因此，对直流电动机或绕线转子异步电动机常采用过电流保护。

过电流保护常用电磁式过电流继电器实现。当电动机过电流达到电流继电器的动作值时，继电器动作，使串接在控制电路中的动断触点断开，切断控制电路，电动机随之脱离电源停转，达到过电流保护的目的。一般过电流的动作值为启动电流的 1.2 倍。

3. 过载保护

当电动机负载过大，启动操作频繁或缺相运行时，会使电动机工作电流长时间超过其额定电流，电动机绕组过热，温升超过其允许值，导致绝缘材料变脆，寿命缩短，严重时会损坏电动机。

过载保护常采用热继电器或自动断路器。

热继电器的发热元件或自动断路器接在主回路中，而触点接在控制回路中，当电动机长期过载时，热继电器的触点动作，自动断路器热脱扣器脱开，断开控制回路。

短路保护、过电流保护、过载保护虽然都是电流保护，但由于故障电流、动作值及保护特性、保护要求，以及使用元件的不同，不能相互取代。

4. 欠电压及零压保护

当电网电压降低时，电动机便在欠电压状态下运行，由于负载不变，电动机转速下降，定子绕组中电流增大。因电流增幅尚不足以使熔断器和热继电器等动作，长时间会使电动机过热损坏，且欠电压还会引起一些电器释放，使电路不能正常工作。

实现欠电压保护的电器是电压继电器和有欠电压保护的接触器。

由于某种原因导致电网突然停电，如果没有保护措施，当电源电压恢复时，电动机便会自动启动运行，造成机械或人身事故。

常用的零压保护电器是接触器和中间继电器，当电网停电时，接触器和中间继电器触点复位，切断主电路和控制电路，电网恢复时，若不重新启动，电动机不会自动运行。

5. 弱（零）磁保护

弱磁保护保证直流电动机必须在一定强度磁场下才能启动和运行。磁场太弱，电动机的启动电流会很大。另外，当直流电动机运行时，磁场突然减弱或消失，会使电动机转速迅速升高，甚至发生"飞车"现象。

弱磁保护是通过在电动机励磁回路中串入欠电流继电器实现的，在电动机运行中，如果励磁电流消失或降低太多，欠电流继电器释放，切断主回路，使电动机停车。

6.3 继电器-接触器控制的基本电路

6.3.1 异步电动机全压启动控制电路

将额定电压直接加到电动机的定子绕组上，使电动机启动，称为全压启动。全压启动的优点是所用电气设备少、线路简单、维修量小；缺点是启动电流过大，会使电网电压降低而影响其他设备的稳定运行。

判断一台交流电动机能否采用全压启动可按下面的条件来确定

$$\frac{I_{ST}}{I_N} \leqslant \frac{3}{4} + \frac{S_T}{4P_N} \tag{6.6}$$

式中，I_{ST}——电动机全压启动的启动电流；

I_N——电动机额定电流；

S_T——电源变压器容量；

P_N——电动机额定功率。

满足式（6.6）即可全压启动，否则采用降压启动。

1. 直接启动控制电路

异步电动机直接启动控制电路如图 6.34 所示。

1）主回路

由电路可知，当 QS 合上后，只有控制接触器 KM 的主触点闭合或断开时，才能控制电动机接通或断开电源而启动或停止，即要求控制回路能控制 KM 的线圈通电或失电。

2）控制回路

当 QS 合上后，A、B 两端有电压。初始状态时，接触器 KM 的线圈失电，其动合主触点和动合辅助触点均为断开状态，当按下启动按钮 SB1 时，接触器 KM 的线圈得电，其动合辅助触点闭合自锁（松开按钮 SB1 使其复位后，接触器 KM 的线圈能维持通电状态的一种控制方法），动合主触点闭合使电动机接通电源而运行；当按下停止按钮 SB2 后，接触器 KM 的线圈失电，其动合主触点断开，使电动机脱离电网而停止运转。

3）保护

图 6.34 所示的电路中采用熔断器 FU 实现短路保护，当主回路或控制回路短路时，熔断器熔体熔化，系统脱离电网停止工作；采用热继电器 FR 实现长期过载保护，当电动机长期工作在过载情况下，过载电流使 FR 发热元件发热，动断触点断开，接触器 KM 的线圈失电，动合触点断开，电动机停止工作；当电动机在运转中电源突然中断时，电动机停止运转，接触器 KM 线圈失电，但当电源突然接通时，由于 KM 的线圈不能通电，只有按下 SB1 后电动机才能启动运转，即该电路具有零（欠）电压保护。

2. 点动控制

调整或维修状态下的一种间断性工作方式称为点动工作方式，正常状态下的连续工作方式称为长动工作方式。

用继电器-接触器实现长动和点动的控制电路如图 6.37 所示。在电路中，SB2 为长动控制按钮，SB3 为点动控制按钮。

当按下按钮 SB2 后，中间继电器 KA 的线圈通电并自锁，KA 的动合触点使接触器的线圈通电，KM 的主触点控制电动机接入电源而运行；只有当按下停止按钮 SB1 时，电动机脱离电源而停止。这一过程即长动。

当按住点动按钮 SB3 时，接触器 KM 的线圈通电，电动机接入电网运行，松开点动按钮 SB3 时，接触器 KM 的线圈就失电，电动机脱离电网而停止。因此，操作者点一下按钮，电动机动一下。这一过程即点动。

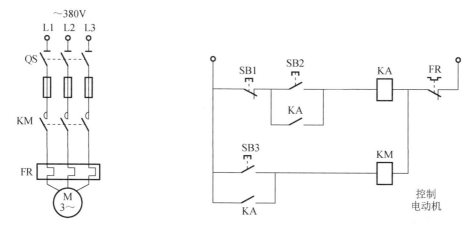

图 6.37　长动和点动控制电路

3. 正、反转控制

基本的正、反转控制电路如图 6.38 所示。由图中主回路可知：假设 KM1 的主触点闭合时，电动机正转，则 KM2 主触点闭合时，电动机反转；当 KM1、KM2 同时闭合时，电源短路。因此，主回路对控制回路的要求是，正转时 KM1 的线圈通电；反转时 KM2 的线圈通电；任何时候都保证 KM1、KM2 的线圈不同时通电。

由控制回路可知：当电路处于初始状态时，KM1、KM2 的线圈均失电，电动机静止；当按下按钮 SB2（或 SB3）时，接触器 KM1（或 KM2）的线圈通电，其动合主触点闭合，电动机正向（或反向）启动运行；如果电动机已经在正转（或反转），要改变其运行方向，必须先按停止按钮 SB1，再按反向启动按钮。

图 6.38 所示控制电路采用了电气互锁控制，使正、反转控制电路不能同时接通，KM1、KM2 线圈不能同时通电。

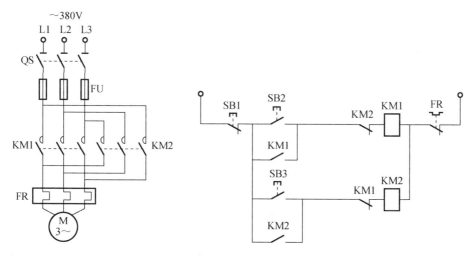

图 6.38　基本的正、反转控制电路

图 6.39 所示为实用的正、反转控制电路，在图 6.38 基础上增加了机械互锁。

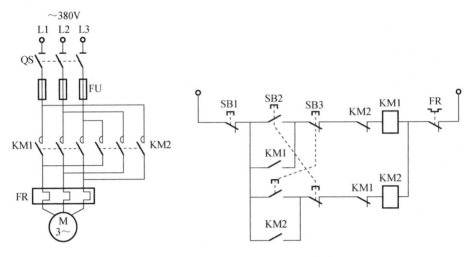

图 6.39 实用的正、反转控制电路

4. 多点控制

多点控制主要用于大型机械设备在不同位置对其运动机构进行控制，如在多处对同一运动机构的电动机进行启动和停止控制。电动机两地控制电路如图 6.40 所示。

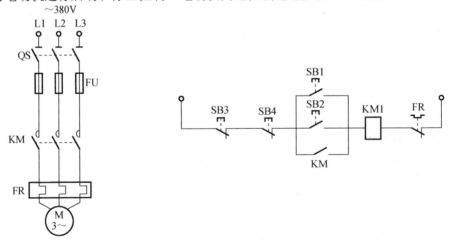

图 6.40 两地控制一台电动机启动、停止的控制电路

5. 顺序启、停控制

两个以上运动部件的启动、停止需按一定顺序进行的控制称为顺序控制，如切削前需先开冷却系统，工作机械运动前需先开润滑系统等。

【例 6.1】有两台电动机 M1 和 M2，要求 M1 启动后，M2 才能启动，而 M2 停止后，M1 才能停止。实现这一控制要求的控制电路如图 6.41 所示。

【例 6.2】若把例 6.1 中的要求改为：要求电动机 M1 启动一段时间后，M2 才能启动，则实现有时间要求的控制电路如图 6.42 所示。

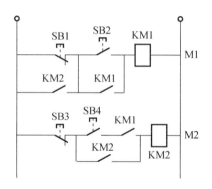

图 6.41　顺序启、停控制电路

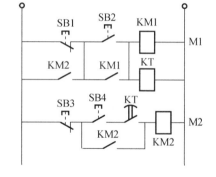

图 6.42　有时间要求的顺序启、停控制电路

6.3.2　异步电动机降压启动控制电路

1. 定子串电阻降压启动控制电路

1) 按时间原则控制的定子串电阻降压启动控制电路

串接电阻启动时对控制电路的要求：启动时，电动机的定子绕组串接电阻；启动结束后，电动机定子绕组直接接入电源运行。按时间原则控制的定子串电阻降压启动控制电路如图 6.43 所示。

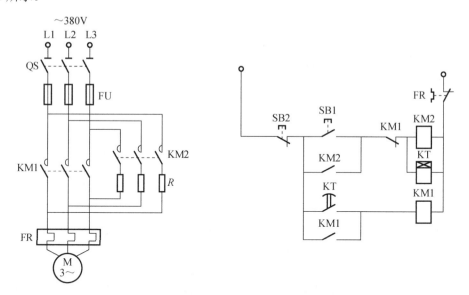

图 6.43　按时间原则控制的定子串电阻降压启动控制电路

主回路：当 KM2 的主触点闭合，KM1 的主触点断开时，电动机定子绕组串接电阻接入电源；KM1 的主触点闭合，KM2 的主触点处于任何状态时，电动机直接接入电源。主回路对控制回路的要求：启动时，控制 KM2 的线圈通电，KM1 的线圈失电，当启动结束时，控制 KM1 的线圈通电。

控制回路：当电路处于初始状态时，接触器 KM1、KM2 和时间继电器 KT 的线圈都失电，电动机脱离电源处于静止状态；当按下启动按钮 SB1 时，接触器 KM2 的线圈首先通电并自锁，其主触点闭合，电动机定子绕组串电阻启动，在开始启动时，时间继电器 KT 同时开始延时；启动后，当时间继电器 KT 延时时间到，其延时动合触点闭合，使接触器 KM1 的线圈通电，其动合主触点闭合，使电动机直接接入电源而运行。

KM1 的线圈通电后，KM2 的状态不影响电路的工作状态，但为了节省能源和增加电器的使用寿命，用 KM1 的动断辅助触点使 KM2 和 KT 线圈失电。

与电动机直接启动相同，采用了电流保护、零（欠）电压保护。

此电路的主要特点是启动过程是按时间来控制的，时间长短可由时间继电器的延时时间来确定。在控制领域中，常把用时间来控制某一过程的方式称为时间原则控制。

2）按电流原则控制的定子串电阻降压启动控制电路

按电流原则控制的定子串电阻降压启动控制电路如图 6.44 所示。

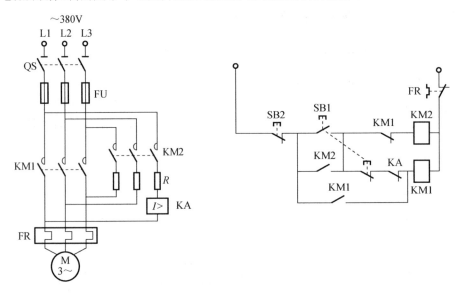

图 6.44　按电流原则控制的定子串电阻降压启动控制电路

主回路：与图 6.43 相似，不同之处是在定子串接电阻回路中同时串接电流继电器，用以检测定子电流的大小。

控制回路：当电路处于初始状态时，接触器 KM1、KM2 的线圈都失电，电动机脱离电源处于静止状态；当按下启动按钮 SB1 时，接触器 KM2 的线圈首先通电并自锁，由于启动按钮 SB1 的动断触点使 KM1 的线圈不能通电，故 KM2 的动合主触点闭合，使电动机定子绕组串电阻启动，启动电流大于电动机的额定电流，电流继电器的线圈通电，动断触点断开；随着电动机的转速上升，定子电流将下降，当电流下降到设定值时，电流继电器恢复初态，其动断触点闭合，使接触器 KM1 的线圈通电并自锁，电动机直接接入电源而运行。

图 6.44 所示的电路启动过程是由电流大小来控制的，在电气控制系统中常把这种控制方式称为电流原则控制。

3）电阻的选择

电路中所串接的电阻 R 一般采用电阻丝绕制的板式电阻或铸铁电阻，它的阻值小、功率大，允许通过较大的电流。每相串接的降压电阻阻值可用以下经验公式计算

$$R = \frac{220}{I_N} \sqrt{\left(\frac{I_{ST}}{I'_{ST}}\right)^2 - 1} \tag{6.7}$$

式中，I_N——电动机额定电流（A）；

I_{ST}——额定电压下未串接降压电阻的启动电流（A），一般取 $I_{ST} = (5\sim7)I_N$；

I'_{ST}——降压启动时的启动电流（A），一般取 $I'_{ST} = (2\sim3)I_N$。

降压电阻的功率 P 的计算：

$$P = I'^2_{ST}R \tag{6.8}$$

由于降压电阻只在电动机启动的时候应用，而启动时间又很短，所以实际选用电阻的功率可以为计算值的 $1/4\sim1/3$。若电动机定子电路只串接两相的降压电阻，则电阻值应取式（6.7）计算值的 1.5 倍。

定子电路串电阻降压启动时，能量损耗较大，为了节省能量可采用电抗器代替电阻，但其价格昂贵，成本较高。

2. Y-△降压启动控制电路

为减小启动电流，正常运行时定子绕组接成△的笼型异步电动机均可采用 Y-△降压启动，启动时，把定子绕组连接成 Y 形，每相绕组承受的电压为电源的相电压（220V），减小启动电流对电网的影响。在启动完成时，再恢复成△连接。由于 Y-△启动时定子绕组连接成 Y 形，每相定子绕组上的电压只有正常运转时的$1\sqrt{3}$，故启动电流和启动转矩仅为△连接时的 1/3，故只适用于空载或轻载启动。

Y-△降压启动控制电路如图 6.45 所示。

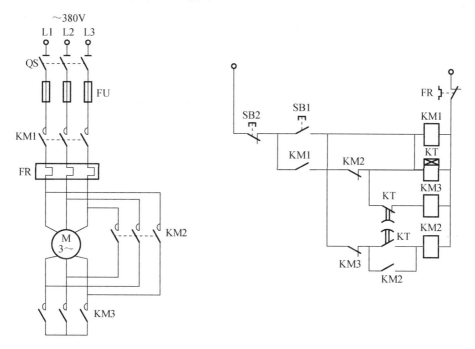

图 6.45　Y-△降压启动控制电路

主回路：合上电源开关 Q 后，如果 KM1、KM3 的动合触点同时闭合，则电动机的定子绕组成星形连接；如果 KM1、KM2 的动合触点同时闭合，则电动机的定子绕组成三角形连接；如果 KM2、KM3 同时闭合，则电源短路。

因此，主回路要求控制回路：启动时控制接触器 KM1 和 KM3 的线圈通电，启动结束时，控制接触器 KM1 和 KM2 的线圈通电，在任何时候不能使 KM2、KM3 的线圈同时通电。

控制回路：初始状态时，接触器 KM1、KM2、KM3 和时间继电器 KT 的线圈均失电，电动机静止，按下启动按钮 SB1，KM1 的线圈首先通电自锁，同时 KM3、KT 的线圈通电，主回路 KM1、KM3 动合触点闭合，电动机成星形联结，开始启动；启动运行一段时间后，KT 的延时动断触点断开，使 KM3 线圈失电，主回路 KM3 动合触点断开，同时 KT 的延时动合触点使 KM2 的线圈通电，主回路 KM2 的动合触点闭合。由于 KM1 的线圈继续通电，故当时间继电器的延时时间到后，控制电路自动控制 KM1、KM2 的线圈通电，电动机的定子绕组换成三角形连接而运行。

3. 软启动器控制电路

软启动器（Soft Starter）是一种集软启动、软停车、轻载节能和多功能保护于一体的电动机控制装置，实现在整个启动过程中无冲击而平滑地启动，而且可根据电动机负载的特性来调节启动过程中的各种参数，如限流值、启动时间等。

软启动器采用三相反并联晶闸管作为调压器，将其接入电源和电动机定子之间。使用软启动器启动电动机时，晶闸管的输出电压逐渐增加，电动机逐渐加速，直到晶闸管全导通。电动机工作在额定电压的机械特性上，可实现平滑启动，降低启动电流，避免启动过电流跳闸。启动过程结束，软启动器自动用旁路接触器取代已完成任务的晶闸管，为电动机正常运转提供额定电压。软启动器同时还提供软停车功能，软停车与软启动过程相反，电压逐渐降低，转速逐渐下降到 0，避免自由停车引起的转矩冲击。

软启动器的启动方式包括斜坡升压软启动、斜坡恒流软启动、阶跃启动、脉冲冲击启动、电压双斜坡启动、限流启动。

软启动器还具有过载保护功能、缺相保护功能、过热保护功能、测量回路参数功能，以及通过电子电路的组合，在系统中实现其他联锁保护的功能。

6.3.3 异步电动机调速控制电路

改变异步电动机转速有以下三种方法：笼型异步电动机改变磁极对数 p 的变极调速；绕线转子异步电动机通过在转子电路中串接可变电阻，改变转差率 S 进行调速；改变电源频率 f 的变频调速。

1. 双速电动机控制电路

双速电动机定子绕组的连接方法如图 6.46 所示。图 6.46（a）所示电动机为△连接，磁极数为 4 极，同步转速为 1 500r/min；图 6.46（b）所示电动机绕组为 YY 连接，磁极数为 2 极，同步转速为 3 000r/min。注意：从一种接法转换为另一种接法时，为了保证电动机旋转方向不变，必须把电源相序反接。

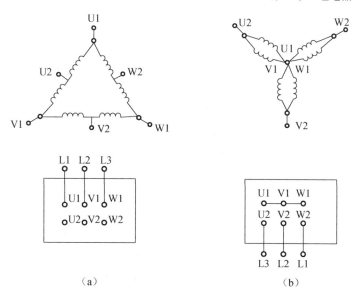

图 6.46　双速电动机定子绕组的连接方法

（a）△连接；（b）YY 连接

简单的双速电动机控制电路如图 6.47 所示。

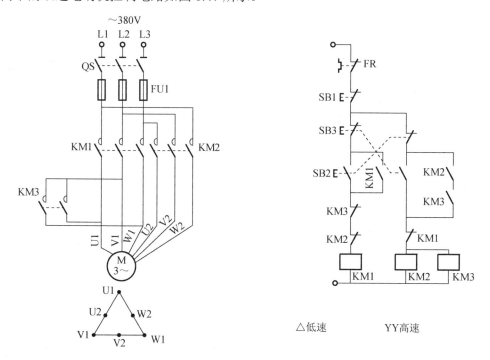

图 6.47　双速电动机控制电路

线路的工作原理如下（首先合上电源开关 QS）。

（1）低速启动运转：按下启动用复合按钮 SB2，SB2 的动断触点先断开，对接触器 KM2 和 KM3 进行机械联锁，SB2 的动合触点随即闭合，接触器 KM1 的线圈得电且自锁，KM1 的主触点闭合，并对 KM2 和 KM3 进行电气自锁，电动机接成△低速运行。

（2）高速启动运转：按下启动用复合按钮 SB3，SB3 的动断触点先断开，KM1 的线圈失电，KM1 的主触点断开，电动机断开电源，KM1 的动断辅助触点复位闭合。SB3 的动合触点随即闭合，KM2 和 KM3 的线圈同时得电且自锁，KM2 和 KM3 的主触点闭合，电动机接成 YY 高速运转。同时，KM2 和 KM3 的动断触点断开，对接触器 KM1 进行电气联锁。

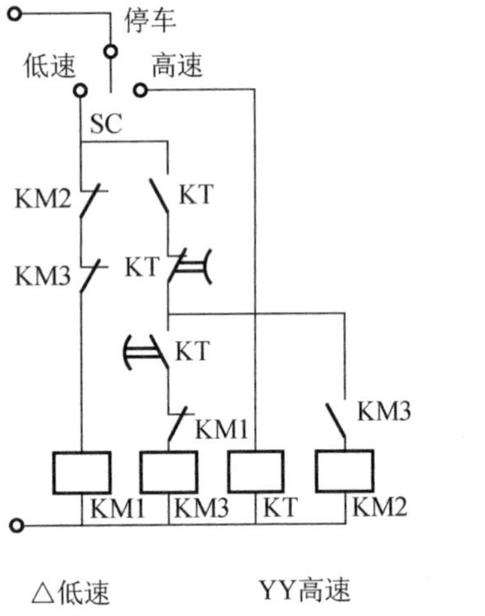

图 6.48 所示为采用转换开关和时间继电器的双速电动机控制电路，图中转换开关 SC 具有三个接点位置，即"低速"位、"停车"位和"高速"位。

当 SC 扳到"低速"位时，接触器 KM1 线圈得电，主触点闭合，电动机的定子绕组接成△低速运行；当 SC 扳到"高速"位时，时间继电器 KT 线圈得电，KT 的瞬动动合触点闭合，接触器 KM1 线圈得电，电动机接成△低速运行，经过一段延时，KT 的延时断开动断触点断开，延时闭合的动合触点闭合，KM1 线圈失电，KM1 的动断辅助触点复位闭合，接触器 KM3 的线圈得电，其动合辅助触点闭合，接触器 KM2 的线圈得电，KM3、KM2 的主触点相继闭合，电动机定子绕组接成 YY 高速运转。

图 6.48 采用转换开关和时间继电器的双速电动机控制电路

2. 三速电动机控制电路

三速电动机定子绕组的连接方法如图 6.49 所示。用按钮和接触器控制的三速电动机控制电路如图 6.50 所示。

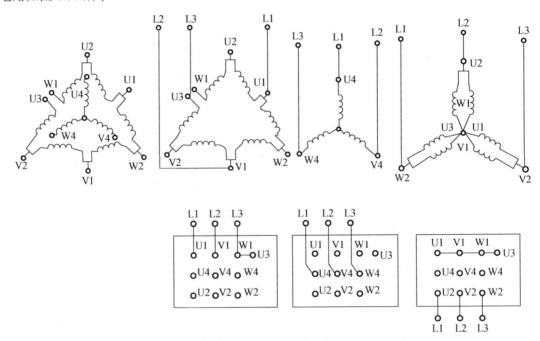

图 6.49 三速电动机定子绕组的连接方法

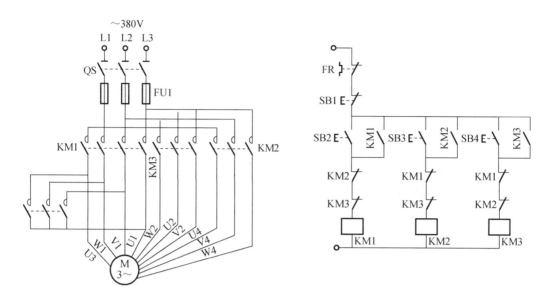

图 6.50　用按钮和接触器控制的三速电动机控制电路

低速启动运转：按下启动按钮 SB2，接触器 KM1 的线圈得电且自锁，它的两对动断辅助触点断开，对接触器 KM2 和 KM3 进行电气联锁，KM1 的主触点闭合，电动机 M 接成△低速运行。

低速转为中速运转：先按下停车按钮 SB1，KM1 线圈失电，其所有触点复位，电动机断开电源，再按下按钮 SB3，接触器 KM2 的线圈得电且自锁，它的两对动断辅助触点断开，对接触器 KM1 和 KM3 进行电气联锁，KM2 的主触点闭合，电动机 M 接成 Y 中速运转。

中速转为高速运转：过程相似，电动机 M 接成 YY 高速运转。

6.3.4　异步电动机制动控制电路

电动机制动包括机械制动和电气制动；电气制动方式有反接制动和能耗制动。制动过程中电流、转速、时间三个参量都发生变化，因此可以取某一参量作为控制信号，在制动结束时取消制动转矩。但由于受负载变化和电网电压波动影响较大，所以一般不以电流为参量进行制动控制。

取时间作为控制参量，其控制电路简单，价格低廉。但按时间原则控制的制动时间是整定值，实际制动过程与负载有关。当负载增大（减小）时，制动时间变短（加长）；这样，按时间原则控制反接制动时，当负载减小时，转速还未到 0 就取消了制动，延缓了制动时间；反之，当负载增大时，转速已经为 0 时仍未取消制动，可能造成电动机反向启动。

按时间原则进行能耗制动时，在转速未到 0 时取消制动，转矩很小，影响不大。当转速为 0 时，仍未取消制动，也不会反转。所以，时间参量对能耗制动是合适的。

取转速为变化参量，用速度继电器检测转速，能够正确地反映转速变化，不受外界因素的影响。所以，反接制动常采用以转速为变化参量进行控制。当然，能耗制动也可以采用以转速为变化参量进行控制。

1. 能耗制动控制电路

1）按时间原则控制的能耗制动控制电路

电动机按时间原则控制的能耗制动控制电路如图 6.51 所示。

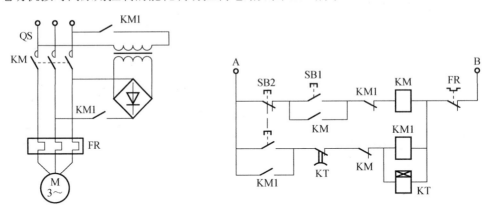

图 6.51　按时间原则控制的能耗制动控制电路

主回路：当接触器 KM 的主触点闭合，接触器 KM1 的动断主触点断开时，电动机接入电源启动运行。当接触器 KM1 的动合主触点闭合，接触器 KM 的动合主触点断开时，电动机的定子绕组接上直流电源进行能耗制动。

因此要求：按下启动按钮时，控制电路控制接触器 KM 的线圈通电，KM1 的线圈失电；而按下停止按钮时，控制电路控制接触器 KM1 的线圈通电，KM 的线圈失电；同时应保证 KM、KM1 的线圈不同时通电。

控制回路：电路初始状态，接触器 KM、KM1 和时间继电器 KT 的线圈均失电，电动机静止；按下启动按钮 SB1，接触器 KM 的线圈通电并自锁，其主触点闭合，接通电动机电源，电动机在全压下启动运行，同时动断触点断开与 KM1 互锁。停车时，按下停车复合按钮 SB2，使 KM 的线圈失电，KM 动断触点复位闭合，使接触器 KM1 和时间继电器 KT 的线圈同时通电，并自锁；KM1 的主触点闭合，使电动机两相定子绕组送入直流电流，进行能耗制动。时间继电器开始计时，制动一段时间后，时间继电器 KT 延时断开的动断触点断开，KM1、KT 的线圈同时失电，电动机切断直流电源而静止，制动过程结束。

2）按速度原则控制的可逆运行能耗制动控制电路

按速度原则控制的可逆运行能耗制动控制电路如图 6.52 所示。图中 KM1、KM2 分别为正、反转接触器，KM3 为制动接触器，KV 为速度继电器，KV1、KV2 分别为正、反转时对应的动合触点。

线路的工作原理如下：

启动时，合上电源开关 QS，根据需要按下正转（或反转）按钮 SB2（SB3），相应的接触器 KM1（或 KM2）的线圈得电并自锁，KM1（或 KM2）的主触点闭合，电动机正转（或反转），此时速度继电器的触点 KV1（或 KV2）闭合，为能耗制动做好准备。

停车时，按下停车复式按钮 SB1，使 KM1（或 KM2）的线圈失电，SB1 的动合触点闭合，接触器 KM3 的线圈得电并自锁，KM3 的主触点闭合，电动机定子绕组接入直流电源进行能耗制动。当转速下降到 100r/min 时，速度继电器的动合触点 KV1（或 KV2）断开，KM3 线圈失电，能耗制动结束，电动机自由停车。

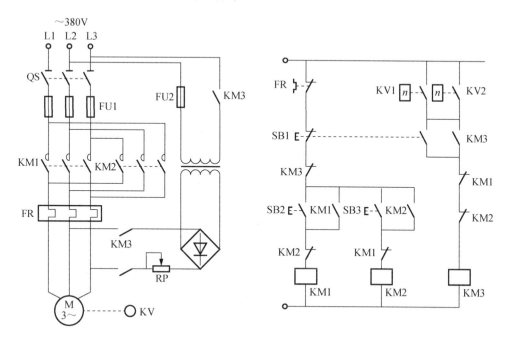

图 6.52　按速度原则控制的可逆运行能耗制动控制电路

能耗制动的特点是制动电流较小，能量损耗小，制动准确，但需要直流电源，制动速度较慢，所以适用于要求平稳制动的场合。

2. 反接制动控制电路

电动机反接制动是依靠改变定子绕组中的电源相序，使旋转磁场反向，转子受到与旋转方向相反的制动力矩作用而迅速停车。

在反接制动时，电动机定子绕组流过的电流相当于全电压直接启动时电流的 2 倍，为了限制制动电流对电动机转轴的机械冲击力，制动过程中在定子电路中串入电阻。

三相笼型异步电动机单向运转、反接制动的控制电路如图 6.53 所示。

主电路：KM1 为单向旋转接触器，KM2 为反接制动接触器，KV 为速度继电器，R 为反接制动电阻。

控制电路：启动时、合上电源开关 QS，按下启动按钮 SB2，接触器 KM1 的线圈得电并自锁，KM1 的主触点闭合，电动机在全压下启动运行，当转速升到某一值（通常为大于 120r/min）以后，速度继电器 KV 的动合触电闭合，为制动接触器 KM2 的线圈得电做好准备。

停车时，按下停车复式按钮 SB1，KM1 的线圈失电，其主触点断开，动断辅助触点复位闭合，KM2 的线圈得电并自锁，KM2 的主触点闭合，改变了电动机定子绕组中电源的相序，电动机反接制动，转速迅速下降，当转速低于 100r/min 时，速度继电器 KV 复位，KM2 的线圈失电，其主触点断开，制动过程结束。

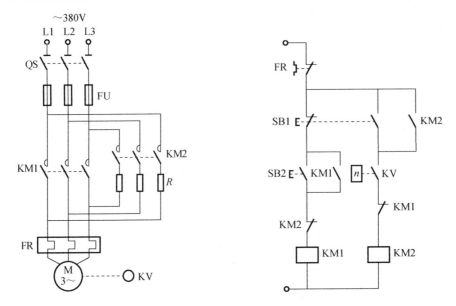

图 6.53 三相笼型异步电动机单向运转、反接制动的控制电路

6.3.5 行程控制电路

在许多生产机械中，常需要控制某些机械运动的行程（运动位置），如起重机运行到终端位置时需要及时停车；磨床要求工作台在一定距离内能自动往返。这种控制生产机械运动行程和位置的方法称为行程控制，也称位置控制。

可逆行程控制电路如图 6.54 所示。图中接触器 KM1、KM2 为电动机正、反转接触器，行程开关 SQ1 和 SQ2 为控制行程的限位开关。将 SQ1 装在左端需要进行反向的位置上，SQ2 装在右端需要进行反向的位置上，机械挡铁装在运动部件上。

首先合上电源开关 QS，启动时按下正转启动按钮 SB2，接触器 KM1 的线圈得电并自锁，KM1 的主触点闭合，电动机正转，带动部件向前移动。当运动部件移至左端，机械挡铁碰到 SQ1 时，SQ1 的动断触点断开，KM1 的线圈失电，其所有触点复位。KM1 的动断辅助触点和 SQ1 的动合触点闭合，接通了 KM2 的线圈电路，KM2 的线圈得电并自锁，KM2 的主触点闭合，电动机开始反转，带动运动部件反向后退。同理，运动部件反向运动到右端时，碰到了 SQ2，SQ2 动断触点断开 KM2 的线圈电路，同时接通 KM1 的线圈电路，电动机正转，带动部件向前移动。就这样，运动部件自动进行往复运动，直到按下停车按钮 SB1，运动部件停止运动。

可见，运动部件每往复一次，电动机就要经受两次反接制动过程，将出现较大的反接制动电流的机械冲击力，因此，这种电路只适用于循环周期较长的生产机械。在选择接触器容量时，应比一般情况下选择的容量大一些。

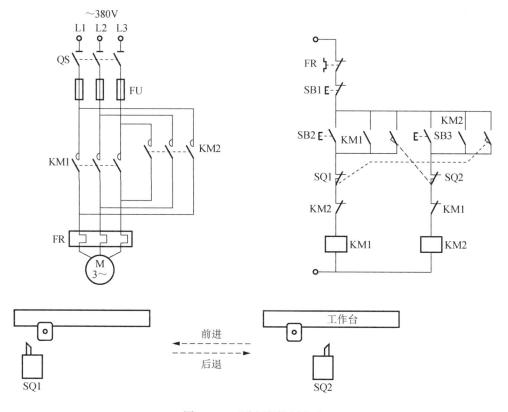

图 6.54　可逆行程控制电路

习题与思考题

一、简答题

1. 电磁继电器与接触器的区别主要是什么？
2. 电动机中的短路保护、过电流保护和长期过载（热）保护有何区别？
3. 过电流继电器与热继电器有何区别？各有什么用途？
4. 为什么热继电器不能作短路保护而只能作长期过载保护，而熔断器则相反？
5. 自动空气断路器有什么功能和特点？
6. 时间继电器的 4 个延时触点符号各代表什么意思？
7. 为什么电动机要设有零电压保护和欠电压保护？
8. 在装有电气控制的机床上，电动机由于过载而自动停车后，若立即按启动按钮则不能开车，这可能是什么原因？

二、设计题

1. 要求 3 台电动机 M1、M2、M3 按一定顺序启动，即 M1 启动后 M2 才能启动，M2启动后 M3 才能启动，停车时则同时停，试设计此控制电路。

2．设计一台异步电动机的控制电路，要求：

（1）能实现启、停的两地控制；

（2）能实现点动调整；

（3）能实现单方向的行程保护；

（4）有短路和长期过载保护。

3．为了限制点动调整时电动机的冲击电流，试设计它的控制电路，要求正常运行时为直接启动，而点动调整时需串入限流电阻。

4．试设计一台电动机的控制电路，要求能正反转并能实现能耗制动。

5．冲压机床的冲头，有时用按钮控制，有时用脚踏开关操作，试设计用转换开关选择工作方式的控制电路。

6．容量较大的笼型异步电动机反接制动时电流较大，反接制动时应在定子回路中串接电阻，试按转速原则设计其控制电路。

7．试设计一条自动运输线，有两台电动机，M1 拖动运输机，M2 拖动卸料机，要求：

（1）M1 启动后，才允许 M2 启动；

（2）M2 停止一段时间后 M1 自动停止，且 M2 可以单独停止；

（3）两台电动机均有短路保护和长期过载保护。

8．试设计 M1 和 M2 两台电动机顺序启、停的控制电路，要求：

（1）M1 启动后，M2 立即自动启动；

（2）M1 停止后，延时一段时间，M2 才自动停止；

（3）M2 能点动调整工作；

（4）两台电动机均有短路保护和长期过载保护。

9．试设计某机床主轴电动机控制电路，要求：

（1）可正、反转，且可反接制动；

（2）正转可点动，可在两处控制启、停；

（3）有短路和长期过载保护；

（4）有安全工作照明及电源信号灯。

10．试设计一个工作台前进→退回的控制电路，工作台由电动机 M 拖动，行程开关 ST1、ST2 分别装在工作台的原位、终点，要求：

（1）能自动实现前进→后退→停止到原位；

（2）工作台前进到达终点后停一下再后退；

（3）工作台在前进中可以人为地立即后退到原位；

（4）有终端保护。

三、分析题

图 6.55 为机床自动间歇润滑控制电路图，其中接触器 KM 为润滑油泵电动机启停用接触器（主电路未画出），控制电路可使润滑有规律地间歇工作，试分析此电路的工作原理，并说明开关 S 和按钮 SB 的作用。

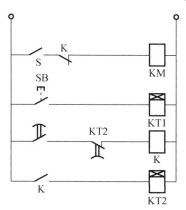

图 6.55　机床自动间歇润滑控制电路

第7章

电力电子学基础

学习目标

了解典型电力半导体器件的基本工作原理和特性；掌握晶闸管整流电路、逆变电路、斩波电路、PWM 控制技术和电力半导体器件驱动电路的基本工作原理。

利用半导体电力开关器件与其相应的控制电路组成变换器，实现电功率的变换与控制的学科，称为电力电子学（Power Electronics），其技术称为电力电子技术。在电动机控制系统中，电力电子（半导体）器件主要是作为功率开关使用，利用不同的控制技术与开关相配合，达到向电动机提供不同极性、不同电压、不同频率、不同相序的供电电压的目的，以此控制电动机的启停、转向和转速。故电力电子器件是现代机电传动控制技术的基础与核心。随着电力电子器件日新月异的革新，机电传动控制系统也有了很大的发展。

可控硅整流器（Silicon Controlled Rectifier，SCR）是在 20 世纪 60 年代发展起来的一种新型电力半导体器件，后来被命名为晶闸管（Thyristor）。晶闸管起到了弱电控制与强电输出之间的桥梁的作用。如果把以晶闸管与二极管为主的电力电子器件及控制电路视为传统的电力电子技术，那么以电力晶体管（Giant Transistor，GTR）、功率（电力）场效应晶体晶体管（P-MOSFET）、门极关断晶闸管（Gate Turn-Off，GTO）、绝缘栅双极晶体管（Insulated Gate Bipolar Transistor，IGBT）等为主的正在蓬勃发展的电力电子器件、模块及控制电路可称为现代电力电子技术。

由电力电子器件与相应控制电路组成的电力变换电路，按其功能可分为下列几种类型：

（1）可控整流电路。它把固定的交流电压（一般是电网上工频 50Hz 的交流电）变成固定的或者可调的直流电压。它可方便地对直流电动机进行调速，并有统一规格的成套产品，广泛用在冶金、机械、造纸、纺织及高压直流输电等方面。

（2）交流调压电路。它把固定的交流电压变成可调的交流电压，较多地应用于灯光控制、温度控制以及交流电动机的调速系统中。

（3）逆变电路。它把直流电变成频率固定的或者可调的交流电。例如，不间断电源（Uninterrupted Power Supply，UPS）可以在交流电网停电时，把蓄电池的直流电变为交流电，供某些不能断电的重要设备或部门使用；又如在高压直流输电的终端将直流电变换为交流电送往交流电网。

（4）变频电路。它把固定频率的交流电变成可调频率的交流电。冶炼、热处理中使用的中、高频加热电源，交流电动机的变频调速，都是变频电路的应用领域。

（5）斩波电路。它把固定的直流电压变成可调的直流电压。斩波电路可使直流电动机的启动、调速、制动平稳，操作灵活，维修方便，并能实现再生制动，广泛用于城市电车、高速电力机车、铲车、电动汽车等车辆的调速传动上。

（6）电子开关。功率半导体器件工作在开关状态，可以代替接触器、继电器用于频繁开合操作的场合。有的生产机械（如机床）的正、反转控制，开关次数频繁，有触点控制会产生电弧、磨损，开关寿命不长。由电子开关组成的无触点控制装置则反应快、无电弧、无噪声、寿命长，有些场合可以取代有触点开关。

在人类社会进入信息化时代后，电力电子技术与计算机技术均是 21 世纪重要的两大技术。

7.1　电力半导体器件

半导体器件目前还在继续向两个方面迅速发展，一方面向高集成度的集成电路方向发展微（弱）电子学，另一方面向电力电子器件方向发展电力（强）电子学。电力电子器件是现代交、直流调速装置的支柱，其发展直接影响交、直流调速技术的发展。自 1957 年出现晶闸管到 20 世纪 80 年代中期，交、直流调速装置的功率回路主要采用晶闸管器件，而中、小容量的交流变频调速装置的效率、可靠性、成本、体积均无法与同容量的直流调速装置相比。20 世纪 80 年代中期出现了第二代电力电子器件 GTR、GTO、IGBT 等，用这些器件制造的中、小容量变频调速装置在性价比上基本可以与直流调速装置媲美。随着电力电子器件向大电流、高电压、高频率、集成化、模块化方向继续发展，第三代电力电子器件成为 20 世纪 90 年代制造变频器的主流产品，中、小功率的变频调速装置（1～1 000kW）主要采用 IGBT，中、大功率的变频调速装置（1～10MW）采用 GTO 器件。20 世纪 90 年代末至今，电力电子器件进入第四代，主要在 IGBT、GTO 的基础上往高电压、大容量、集成模块化方向发展。

电力电子器件根据其开通与关断可控性的不同可以分为三类：

（1）不可控型器件：开通与关断都不能控制的器件。仅整流二极管是不可控器件。

（2）半控型器件：只能控制其开通，不能控制其关断的器件。普通晶闸管 SCR 及其派生器件属于半控型器件。

（3）全控型器件：开通与关断都可以控制的器件。GTR、GTO、P-MOSFET、IGBT 等都属于全控型器件。全控型电力电子器件按其结构与工作机理可分为三大类型：双极型、单极型和混合型。

① 双极型器件是指器件内部的电子和空穴两种载流子同时参与导电的器件，常见的有 GTR、GTO 等，这类器件的特点是容量大，但工作频率较低，且有二次击穿现象等弱点。

② 单极型器件是指器件内只有一种载流子，即只有多数载流子参与导电的器件，其典型代表是 P-MOSFET，这种器件工作频率高，无二次击穿现象，但目前容量尚不如双极型。

③ 混合型器件是指双极型与单极型器件的集成混合，兼备了二者的优点，最具发展前景，IGBT 是其典型代表。

电力电子器件种类繁多，本书仅在"电子技术"课程的基础上介绍几种基本的器件，除对普通晶闸管作较为详细的介绍外，对其他一些器件只作定性的分析。

7.1.1　不可控型开关器件

大功率二极管亦即整流二极管，其电压、电流的额定值都是比较高的，目前其最大额定电压、电流分别可达 6kV、6kA 以上（注意：额定电压最高的二极管，其额定电流不一定最高；反之亦然）。当二极管阳极与阴极加正向电压时，它就导通，正向导通时电压降一般为 0.8～1V，这比变换电路的额定工作电压要小得多，可以忽略不计，相当于开关闭合；加反向电压时，它就截止（关断），反向截止时的反向电流仅为反向饱和电流，其值远小于正向导通时的额定电流（约为正向导通的万分之一），相当于开关断开。因此，半导体电力二极管可视为一个正向单向导通、反向阻断的静态单向电力电子开关。正向导通时尽管电压降很小，但对于电力二极管来说，额定正向电流很大时的功耗及其发热则不容忽略，这是在使用电力二极管时需要注意的。

在低电压（200V 以下）、大电流（500A 以下）的开关电路中，肖特基二极管应是首选器件，它不仅开关特性好，允许工作频率高，且正向压降相当小（小于 0.5V），故它是十分理想的开关器件。

7.1.2 半控型开关器件

晶闸管是在半导体二极管、三极管之后发现的一种新型大功率半导体器件，分为螺栓形和平板形两种。

螺栓形晶闸管带有螺栓的那一端是阳极 A，它可与散热器固定；另一端的粗引线是阴极 K；细线是控制极（又称门极）G。这种结构更换元件很方便，用于 100 A 以下的场合。平板形晶闸管中间的金属环是控制极 G，离控制极远的一面是阳极 A，近的一面是阴极 K。这种结构散热效果比较好，用于 200A 以上的场合。

晶闸管是由 4 层半导体构成的。图 7.1（a）所示为螺栓形晶闸管的内部结构，它由单晶硅薄片 P_1、N_1、P_2、N_2 等 4 层半导体材料叠成，形成 3 个 PN 结。图 7.1（b）、（c）所示分别为其示意图和表示符号。

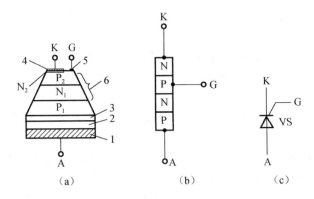

图 7.1 螺栓形晶闸管的内部结构、示意图和表示符号
（a）内部结构；（b）示意图；（c）表示符号
1—铜底座；2—钼片；3—铝片；4—金锑合金片；5—金硼钯片；6—硅片

1. 晶闸管的工作原理

在晶闸管的阳极与阴极之间加反向电压时，有两个 PN 结处于反向偏置，在阳极与阴极之间加正向电压时，中间的那个 PN 结处于反向偏置，所以晶闸管都不会导通（称为阻断）。

那么，晶闸管是怎样工作的呢？下面，通过实验来观察晶闸管的工作情况。

如图 7.2 所示，主电路加上交流电压，控制极电路接入 E_g，在 t_1 瞬间合上开关 S，在 t_4 瞬间拉开开关 S，则在电阻 R_L 上产生电压 u_d。

可见，当 $t=t_1$ 时，晶闸管阳极对阴极的电压为正，开关 S 合上时，控制极对阴极的电压为正，所以晶闸管导通，晶闸管压降很小，电源电压 u_2 加于电阻 R_L 上；当 $t=t_2$ 时，由于 $u_2=0$，所以流过晶闸管的电流小于维持电流，晶闸管关断，之后，晶闸管承受反向电压不会导通；当 $t=t_3$ 时，u_2 从 0 变正，晶闸管的阳极对阴极又开始承受正向电压，这时，控制极对阴极有正电压 $u_g=E_g$，所以晶闸管又导通，电源电压 u_2 再次加于 R_L 上；当 $t=t_4$ 时，$u_g=0$，但这时晶闸管处于导通状态，维持导通；当 $t=t_5$ 时，$u_2=0$，晶闸管又关断，晶闸管处于阻断状态。这种现象称为晶闸管的可控单向导电性。

根据晶闸管的内部结构，可以把它等效地看成两只晶体管组合而成的，其中，一只为 PNP 型晶体管 VT_1，另一只为 NPN 型晶体管 VT_2，中间的 PN 结为两管共用，如图 7.3 所示。

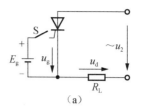
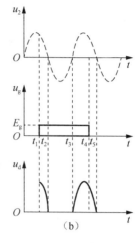

图 7.2　普通晶闸管的控制电路及其波形
（a）控制电路；（b）波形

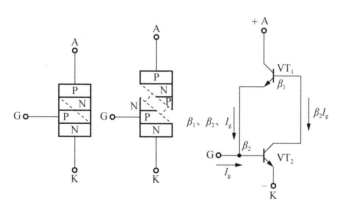

图 7.3　晶闸管的工作原理

当晶闸管的阳极与阴极之间加上正向电压时，VT_1 和 VT_2 都承受正向电压，如果在控制极上加一个对阴极为正的电压，就有控制电流 I_g 流过，它就是 VT_2 的基极电流 I_{b2}。经过 VT_2 的放大，在 VT_2 的集电极就产生电流 $I_{c2}=\beta_2 I_{b2}=\beta_2 I_g$（$\beta_2$ 为 VT_2 的电流放大系数），而这个 I_{c2} 又恰恰是 VT_1 的基极电流 I_{b1}，这个电流再经过 VT_1 的放大作用，便得到 VT_1 的集电极电流 $I_{c1}=\beta_1 I_{b1}=\beta_1\beta_2 I_g$（$\beta$ 为 VT_1 的电流放大系数）。由于 VT_1 的集电极和 VT_2 的基极是接在一起的，所以这个电流又流入 VT_2 的基极，再次放大。如此循环下去，形成了强烈的正反馈，即 $I_g=I_{b2}\rightarrow I_{c2}=\beta_2 I_{b2}=I_{b1}\rightarrow I_{c1}=\beta_1\beta_2 I_g$，直至元件全部导通为止。这个导通过程是在极短的时间内完成的，一般不超过几微秒，称为触发导通过程。在晶闸管导通后，VT_2 的基极始终有比控制

电流 I_g 大得多的电流流过,因此,晶闸管一经导通,则控制极即使去掉控制电压,晶闸管仍可保持导通;当晶闸管阳极与阴极间加反向电压时,VT_1 和 VT_2 便都处于反向电压作用下,它们都没有放大作用,这时即使加入控制电压,导通过程也不可能产生。所以普通晶闸管是具有反向阻断的逆阻型晶闸管。如果起始时控制电压没加入或极性接反,则不可能产生起始的 I_g,这时即使阳极加上正向电压,晶闸管也不能导通。

综上所述可得以下结论:

(1)开始时若控制极不加电压,则不论阳极加正向电压还是反向电压,晶闸管均不导通,这说明晶闸管具有正、反向阻断能力;

(2)晶闸管的阳极和控制极同时加正向电压时晶闸管才能导通,这是晶闸管导通必须同时具备的两个条件;

(3)在晶闸管导通之后,其控制极就失去控制作用,欲使晶闸管恢复阻断状态,必须把阳极正向电压降低到一定值(或断开,或反向)。

晶闸管的 PN 结可通过几十安至几千安的电流,因此,它是一种大功率的半导体器件。由于晶闸管导通相当于两只晶体管饱和导通,因此,阳极与阴极间的管压降为 1V 左右,而电源电压几乎全部降落在负载电阻 R_L 上。

2. 晶闸管的伏安特性

晶闸管的阳极电压与阳极电流的关系称为晶闸管的伏安特性(见图 7.4)。在晶闸管的阳极与阴极间加上正向电压时,在晶闸管控制极开路($I_g=0$)情况下,元件中开始有很小的电流(称为正向漏电流)流过,晶闸管阳极与阴极间表现出很大的电阻,处于截止状态(称为正向阻断状态),简称断态。当阳极电压上升到某一数值时,晶闸管突然由阻断状态转化为导通状态,简称通态。阳极这时的电压称为断态不重复峰值电压(U_{DSM})或正向转折电压(U_{BO})。导通后,元件中流过较大的电流,其值主要由限流电阻(使用时由负载)决定。在减小阳极电源电压或增加负载电阻时,阳极电流随之减小,当阳极电流小于维持电流 I_H 时,晶闸管便从导通状态转化为阻断状态。

由图 7.4 可看出,当晶闸管控制极流过正向电流 I_g 时,晶闸管的正向转折电压降低,I_g 越大,转折电压越小,当 I_g 足够大时,晶闸管正向转折电压很小,一加上正向阳极电压,晶闸管就导通。实际规定,当晶闸管元件阳极与阴极之间加上 6V 直流电压时,能使元件导通的控制极最小电流(电压)称为触发电流(电压)。

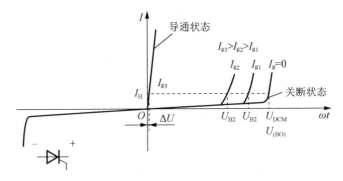

图 7.4 晶闸管的伏安特性

在晶闸管阳极与阴极间加上反向电压时，开始晶闸管处于反向阻断状态，只有很小的反向漏电流流过。当反向电压增大到某一数值时，反向漏电流急剧增大，这时，所对应的电压称为反向不重复峰值电压（U_{RSM}）或反向转折（击穿）电压（U_{BR}）。可见，晶闸管的反向伏安特性与二极管反向特性类似。

3. 晶闸管的主要参数

为了正确选用晶闸管，必须要了解它的主要参数。一般在产品目录上给出了参数的平均值或极限值，产品合格证上标有元件的实测数据。

（1）断态重复峰值电压 U_{DRM}，即在控制极断路和晶闸管正向阻断的条件下，可以重复加在晶闸管两端的正向峰值电压，规定其数值比正向转折电压小 100V。

（2）反向重复峰值电压 U_{RRM}，即在控制极断路时，可以重复加在晶闸管两端的反向峰值电压，规定此电压数值比反向击穿电压小 100V。

通常把 U_{DRM} 与 U_{RRM} 中较小的一个数值作为元件型号上的额定电压。瞬时过电压会使晶闸管遭到破坏，因而选用晶闸管时，应要求其额定电压为正常工作峰值电压的 2～3 倍，以保证安全。

（3）额定通态平均电流（额定正向平均电流）I_T。在环境温度不大于 40℃ 和标准散热及全导通的条件下，晶闸管可以连续通过的工频正弦半波电流（在一个周期内）的平均值，称为额定通态平均电流 I_T，简称额定电流。通常所说多少安的晶闸管，就是指这个电流的数值。需要指出的是，晶闸管的发热主要是由通过它的电流有效值决定的。正弦半波电流的平均值为

$$I_T = \frac{1}{2\pi} \int_0^\pi I_m \sin\omega t\, d(\omega t) = \frac{I_m}{\pi}$$

而其有效值为

$$I_e = \sqrt{\frac{1}{2\pi} \int_0^\pi I_m^2 \sin^2\omega t\, d(\omega t)} = \frac{I_m}{2}$$

有效值 I_e 和平均值 I_T 的关系可用下式计算：

$$\frac{I_e}{I_T} = K = \frac{I_m/2}{I_m/\pi} = \frac{\pi}{2} \approx 1.57$$

即

$$I_e = KI_T = 1.57I_T \tag{7.1}$$

式中，K——波形系数。

例如，对于一个额定电流 I_T 为 100A 的晶闸管，其允许通过的电流有效值为 157A。为确保晶闸管安全可靠地工作，一般按下式来选晶闸管：

$$I_T = (1.5\sim2)\frac{I_e'}{1.57}$$

式中，I_e'——实际通过晶闸管的电流有效值。

显然，波形系数 K 值是与电路结构和导通角有关的，使用时可查看有关的手册来选取。

（4）维持电流 I_H。在规定的环境温度和控制极断路时，维持元件继续导通的最小电流称

为维持电流 I_H，一般为几十毫安到一百多毫安，其数值与元件的温度成反比。在 120℃时的维持电流约为 25℃时的一半。当晶闸管的正向电流小于这个电流时，晶闸管将自动关断。

（5）开通时间 t_{on} 与关断时间 t_{off}。晶闸管从断态到通态的时间称为开通时间 t_{on}，一般 t_{on} 为几微秒；晶闸管从通态到断态的时间称为关断时间 t_{off}，一般 t_{off} 为几微秒到几十微秒。

（6）断态电压临界上升率 du/dt 与通态电流临界上升率 di/dt。使用中实际值必须低于临界值，若大于 du/dt 则容易误导通，若大于 di/dt 则容易损坏管子。为了限制 du/dt 与 di/dt，常采用缓冲电路。

4. 晶闸管的优点

晶闸管之所以能在机电传动控制的各个领域得到极为广泛的应用，是因为它具有一系列的优点：

（1）用很小的功率（电流自几十毫安到一百多毫安，电压自 2V 到 4V）可以控制较大的功率（电流自几十安到几千安，电压自几百伏到几千伏），功率放大倍数可以达到几十万倍；

（2）控制灵敏、反应快，晶闸管的导通和截止时间都在 μm 级；

（3）损耗小、效率高，晶闸管本身的压降很小（仅 1V 左右），总效率可达 97.5%，而一般机组效率仅为 85%左右；

（4）体积小、质量小。

此外，它没有旋转部分，所以无机械磨损，改善了工作条件，而且维护方便，工作中一旦出现故障，只需将备用插件换上即可。

5. 晶闸管的缺点

（1）过载能力弱，在过电流、过电压情况下很容易损坏，要保证其可靠工作，在控制电路中要采取保护措施，在选用时，其电压、电流应适当留有余量；

（2）抗干扰能力差，易受冲击电压的影响，当外界干扰较强时，容易产生误动作；

（3）导致电网电压波形畸变，高次谐波分量增加，干扰周围的电气设备；

（4）控制电路比较复杂，对维修人员的技术水平要求高。

7.1.3 全控型开关器件

1. 门极关断晶闸管

门极关断晶闸管也是晶闸管的一种派生器件，它可以通过在门极施加负的脉冲电流使其关断，因而属于全控型器件。门极关断晶闸管的基本电路如图 7.5 所示，其图形符号和 SCR 相似，只是在门极上加一短线，以示区别。

GTO 的工作特点如下：

（1）在门极 G 上加正电压或正脉冲（图中的开关 SA 合至位 1处），GTO 即导通。其后，即使撤销控制信号，门极关断晶闸管仍保持导通。

（2）在门极 G 上加反向电压或较强的反向脉冲（开关 SA 合至

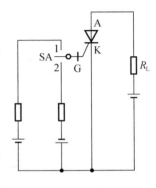

图 7.5 GTO 的基本电路

位置 2 处），可使 GTO 关断。由于不需用外部电路强迫阳极电流为 0 而使之关断，仅由门极加负脉冲电流去关断它，所以在直流电源供电的 DC-DC、DC-AC 变换电路中应用时不必设置强迫关断电路。这就简化了电力变换主电路，提高了工作可靠性，减少关断损耗。

GTO 是一种多元的功率集成器件，虽然外部同样引出三个极，但内部包含数十个甚至数百个共阳极的小 GTO 元，这些 GTO 元的阴极和门极在器件内部并联在一起。这种特殊结构是为了便于实现门极控制关断而设计的。它不仅对关断有利，还可使 GTO 比普通晶闸管开通过程更快，这就可提高电力变换主电路的最高工作频率，并使 GTO 承受 $\mathrm{d}i/\mathrm{d}t$ 的能力增强。GTO 的通断时间从 25μs 到几百纳秒。

GTO 的许多参数都和普通晶闸管相应的参数意义相同。这里仅特别介绍两个意义不同的参数。

（1）最大可关断阳极电流 I_{ATO}，也是用来标称 GTO 额定电流的参数。这一点与普通晶闸管用通态平均电流作为额定电流是不同的；

（2）电流关断增益 β_{off}，即最大可关断阳极电流与门极负脉冲电流最大值 I_{GM} 之比，即

$$\beta_{\mathrm{off}} = \frac{I_{\mathrm{ATO}}}{I_{\mathrm{GM}}}$$

β_{off} 值一般很小，只有 5 左右，这是 GTO 的一个主要缺点。一个 1 000A 的 GTO，关断时门极负脉冲电流的峰值达 200A，这是一个相当大的数值。

另外需要指出的是，不少 GTO 都制造成逆导型，类似于逆导晶闸管。当需要承受反向电压时，应和电力二极管串联使用。

现今 GTO 产品的额定电流、电压已分别超过 6kA、6kV，它在开关频率要求几百赫到数千赫、容量为 10MV·A 以上的特大型电力电子变换装置中广泛应用。

2. 电力晶体管

电力晶体管是一种耐高电压、大电流的双极结型晶体管（Bipolar Junction Transistor，BJT）。GTR 与普通的双极结型晶体管的基本原理是一样的，但是对 GTR 来说，最主要的特性是耐压高、电流大、开关特性好，而不像小功率用于信息处理的 BJT 那样注重单管电流放大系数、线性度、频率响应，以及噪声和温度等性能参数。因此，GTR 通常采用至少由两个晶体管按达林顿接法组成的单元结构。达林顿结构的 GTR 一般把续流二极管 V_1、稳定电阻 R、加速二极管 V_2 制作在一起，再用环氧树脂密封成 GTR 模块。其内部的基本电路如图 7.6（a）所示，它的三个极分别是集电极 C、发射极 E 和基极 B。它可做成双管模块，如图 7.6（b）所示，甚至做成六管模块。

在实际应用中，GTR 一般采用共发射极接法，图形符号和基本电路如图 7.7 所示。单管 GTR 的 β 值比处理信息用的小功率晶体管小得多，通常为 10 左右。采用达林顿接法可以使电流增益增大至几百到几千，这样，很小的外加驱动电流（基极电流）I_{B} 即可控制几千倍大的集电极电流 I_{C}。

GTR 通常在频繁开关状态下工作，了解其开关特性对正确使用 GTR 非常重要。GTR 是用基极电流 I_{B} 来控制集电极电流 I_{C} 的。图 7.8 所示的是基极电流波形和集电极电流波形的关系。从图中可以看出，GTR 处在断态（$I_{\mathrm{C}} = 0$）时，从基极 B 通入正向信号电流起，到集电极电流上升到 $0.9I_{\mathrm{CS}}$（饱和导通时集电极电流）时进入通态。欲使 GTR 关断，通常给基极加

一个负的电流脉冲，但这时集电极电流不能立即减小，而是要延长一段时间才开始减小，再逐渐下降至 $0.1I_{CS}$ 进入断态。要缩短晶体管的关断时间有两种方法，一是减小饱和深度，最好使晶体管导通时工作在临界饱和状态；二是增加基极负电流的幅值和负偏压，这样就可以加快关断速度。GTR 的开关时间在几微秒以内，比晶闸管和 GTO 都短。

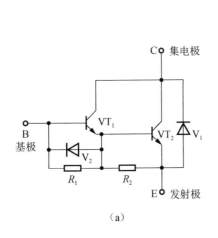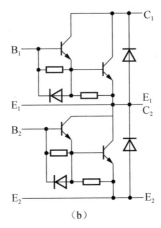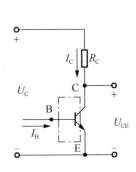

图 7.6　GTR 模块的内部电路
（a）达林顿晶体管；（b）双管模块

图 7.7　GTR 的基本电路

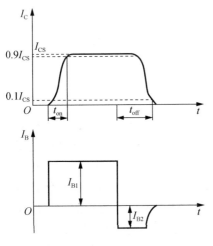

图 7.8　GTR 的开关时间

GTR 的主要特性参数如下：

（1）开路阻断电压。开路阻断电压是指基极（或发射极）开路时，另外两个极间能承受的最高电压。对于 380V 交流电网，大多使用 1 200V 等级的 GTR。

（2）集电极最大持续电流 I_{CM}。集电极最大持续电流是指基极正向偏置时，集电极能流入的最大电流。额定集电极电流 I_{CN} 通常只有 I_{CM} 的一半左右。

此外，还有电流放大倍数 $h_{FE}=I_C/I_B=50\sim20\ 000$、开关频率（一般为 5kHz）及最大耗散功率 P_{CM} 等参数。

GTR 由于结构所限，其耐压难以超过 1 500V，到目前为止，它的额定电压大多不超过 1 400V，额定电流大多不超过 800A。GTR 常用于工作频率较高、中小容量的电力电子变换装置中。

3. 电力场效应晶体管

与用于信息处理的小功率场效应晶体管（Field Effect Transistor，FET）一样，电力场效应晶体管（P-MOSFET）也分为结型和绝缘栅型，但通常主要指绝缘栅型中的 MOS（Metal Oxide Semiconductor，MOS）型，简称电力 MOSFET（Power MOSFET）或 P-MOSFET；而结型电力场效应晶体管一般称为静电感应晶体管（Static Induction Transistor，SIT）。SIT 可制成大功率的 SIT 器件，其工作频率与功率都比 P-MOSFET 大，目前已在雷达通信设备、超声波功率放大、脉冲功率放大和高频感应加热等高频大功率场合获得了较多的应用。但是 SIT 在不加任何信号时栅极是导通的，栅极加负偏压时才关断，属正常导通型器件，使用不太方便。此外，SIT 通态电阻较大，使得通态损耗也大，因而 SIT 还未在大多数电力电子设备中得到广泛应用。

P-MOSFET 和小功率 MOS 管导电机理相同，但在结构上有较大的区别。小功率 MOS 管是由一次扩散形成的。而 P-MOSFET 是多元集成结构，一个器件由许多个小 MOSFET 组成。P-MOSFET 的图形符号和基本接法如图 7.9 所示。它的三个极分别是源极（S）、漏极（D）和栅极（G）。

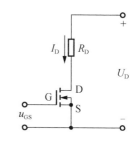

图 7.9　P-MOSFET 基本接法

P-MOSFET 是用栅极电压 U_{GS} 来控制漏极电流 I_D 的，改变 U_{GS} 的大小，主电路的漏极电流也跟着改变。由于 G 与 S 间的输入阻抗很大，故控制电流几乎为 0，所需驱动功率很小。和 GTR 相比，其驱动系统比较简单，工作频率也较高。MOSFET 的开关时间为 10～100ns，其工作频率可达 100 kHz 以上，是主要电力电子器件中最高的。P-MOSFET 的热稳定性也优于 GTR。但是 P-MOSFET 电流容量小，耐压低，一般只适用于功率不超过 10kW 的高频电力电子装置。

P-MOSFET 的主要参数如下：

（1）开启电压 U_T。当 u_{GS} 上升到开启电压 U_T 时，开始出现漏极电流 I_D。一般情况下，P-MOSFET 的 U_T=2～4V。

（2）漏极电压 U_{DS}。这是标称 P-MOSFET 电压定额的参数。

（3）漏极直流电流 I_D 和漏极脉冲电流幅值 I_{DM}。这是标称 P-MOSFET 电流定额的参数。

（4）栅源电压 U_{GS}。栅源之间的绝缘层很薄，|U_{GS}|>20V 将导致绝缘层被击穿。

（5）极间电容。MOSFET 的三个电极之间分别存在极间电容 C_{GS}、C_{GD}、C_{DS}。一般生产厂家提供漏源极短路时的输入电容 C_{iss}、共源极输出电容 C_{oss} 和反向转移电容 C_{rss}，它们之间的关系是 $C_{iss} = C_{GS} +C_{GD}$、$C_{oss}= C_{DS} + C_{GD}$、$C_{rss}=C_{GD}$。

目前 P-MOSFET 的最高电压、电流值分别为 500～1 000V、200A。

4. 绝缘栅双极晶体管

P-MOSFET 器件是单极型、电压控制型开关器件，因此其通断控制驱动功率很小，开关速度快，但通态压降大，难以制成高压大电流器件。GTR 是双极型、电流控制型开关器件，因此其通断控制驱动功率大，开关速度不够快，但通态压降低，可制成较高电压和较大电流的开关器件。IGBT 则是二者结合起来的新一代半导体电力开关器件，它的输入控制部分类似MOSFET，输出主电路部分则类似双极型晶体管。其图形符号和基本电路如图 7.10 所示。它的三个极分别是集电极（C）、发射极（E）和栅极（G）。

1）IGBT 的主要特性参数

（1）额定集电极-发射极电压（U_{CES}）。额定集电极-发射极电压是指栅极-发射极短路时 IGBT 的集电极与发射极间能承受的最大电压（如 500V、1 000V 等）。

（2）额定集电极电流 I_C。额定集电极电流是指 IGBT 导通时能流过集电极的最大持续电流（目前已有 1 200A/3 300V 和 1 800A/4 500V 的 IGBT 器件）。

（3）集电极-发射极饱和电压（即导通压降 U_{CE}）。集电极-发射极饱和电压一般为 2.5～5.0V，此值越小，管子的功率损耗就越小。

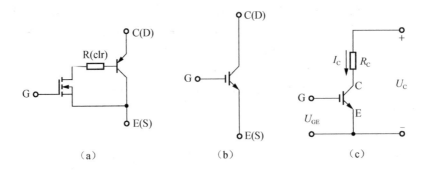

图 7.10 IGBT 的图形符号和基本电路

(a) 简化等效电路;(b) 图形符号;(c) 基本电路

(4)开关频率。开关频率一般为 10～40kHz,现以 MG25N2S1 型 25A/1 000V 的 IGBT 元件为例,列出其主要特性参数:U_{CES} = 1 000 V,I_C=25 A,$U_{CE(sat)}$ =3 V,开关时间 $t_{on\text{-}off}$ = 2.4μs。

2)IGBT 特性的优点

IGBT 的特性兼有 P-MOSFET 和 GTR 二者的优点:

(1)驱动功率小(输入阻抗高,取用前级的控制电流小,比 GTR 小);

(2)开关速度快(频率高,比 GTR 高得多);

(3)导通压降低(功率损耗小,比 MOSFET 小得多,与 GTR 相当);

(4)阻断电压高(耐压高);

(5)承受电流大(容量大、功率大)。

由于 IGBT 具有上述显著优点,加上它的驱动电路简单,保护容易,而且成本也逐渐下降到接近 GTR 的水平,因此,目前在新设计的电力电子装置中已取代了 GTR 和一部分 P-MOSFET,成为中小功率电力电子设备的主导器件。沟槽式结构的绝缘栅晶体管高压 IGBT 器件(SIEMENS 公司 HVIGBT)已经面世,目前采用高压 IGBT 器件的变频器容量达到 6 000kV·A,并还在继续努力提高电压和电流容量,以期取代 GTO 的地位。

技术进步的脚步是永不停止的,经过 GTO 和 IGBT 等器件制造技术的积累,又有一批专门为大功率变流器应用的功率器件面世。例如,罗克威尔公司研制的高压、大容量、全控型功率器件对称门极换流晶闸管(Symmetrical Gate Commutated Thyristor,SGCT),它保留了 GTO 低通态压降的优点,在 GTO 的基础上,集成了门极驱动电路,使得控制变得简单,采用双面压接冷却技术,开关频率比 GTO 要高,它的一个显著优点在于它是双向电压封锁型器件,特别适合电流源逆变器使用。A-B 公司用 SGCT 器件成功开发了 3 000 kW 的商业产品,另外在 GTO 的基础上还发展出了集成门极换流晶闸管(Integrated Gate Commutated Thyristor,IGCT)。IGCT 将 IGBT 与 GTO 的优点结合起来,与 GTO 容量相当,但开关速度比 GTO 快 10 倍,且通态压降更低,驱动功率小,可省去 GTO 庞大的吸收电路,以承受更高的 du/dt 和 di/dt,现已研制成功 4 kA、6 kV 的 IGCT,实用化的 IGCT 变频器容量已达 6 000～10 000kV·A。另外还有东芝半导体公司推出的注入增强型栅极晶体管(Injection Enhanced Gate Transistor,IEGT)。由于利用了电子注入增强效应,IEGT 兼有 IGBT 和 GTO 二者的某些优点:较低的饱和压降(与晶闸管相当)、较低的驱动功率(比 GTO 低两个数量级)、较高的工作频率和较高的工作电压（与 GTO 相当），现已有 4.5 kV/1 kA 的器件进入实用化。在高压大功率应用领域，GTO 有被不断推出的新型大功率器件逐步取代的趋势。随着 SiC 这一新型功率半导体材料的发展，目前高压大功率器件的发展呈现出多种形式，每种器件都具有各自的应用优势，如何选择合适的器件作为主回路功率开关器件需要考虑多种因素。

高压大功率半导体器件除了朝着高电压、大电流等级、低饱和压降、高开关频率、易于驱动控制等方面迅速发展外，高集成度模块化也是一个发展方向。按照典型电力电子电路所需要的拓扑结构，将多个相同的电力电子器件或多个相互配合使用的不同电力电子器件封装在一个模块中，可以缩小装置体积，降低成本，提高可靠性，更重要的是，对于工作频率较高的电路，还可以大大减小线路电感，从而降低对保护和缓冲电路的要求。这种模块称为功率模块（power module），或者按照主要器件的名称命名，如 IGBT 模块（IGBT module）。

例如，图 7.11 所示模块为由 7 个 IGBT 和 13 个二极管组成的三相 AC-DC-AC 电力变换电路（间接变频器）。A、B、C 三端引入交流输入电源，X、Y、Z 三端输出至交流负载。L、P、N 三端引出外接体积大而不能装在模块内的电路元件，例如 P、N 两端或 L、N 两端外接滤波电容 C，L、P 两端外接三相桥的输入电路开关或熔断器等元件。

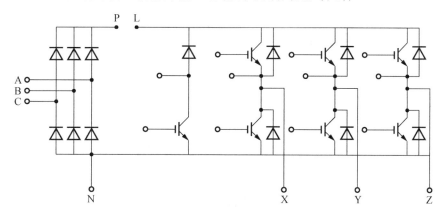

图 7.11　AC-DC-AC 变频功率模块

近年来，具有驱动、保护、检测功能，含有功率器件的智能功率模块（Intelligent Power Module，IPM）在许多功率变换器中得到使用，进入 20 世纪 90 年代后，大功率 IPM 已成为电力电子科技领域的一个研究重点。目前甚至出现将功率变换器、逆变器的标准电路与电动机控制电路、电源、电路开关等集成为一个模块的。如果将这样的模块直接与电动机做在一起，就称为智能电动机（Smart Motor）。

更进一步说，如果将电力电子器件与逻辑、控制、保护、传感、检测、自诊断等信息电子电路集成在同一芯片上，就形成功率集成电路（Power Intergrated Circuit，PIC）。由 PIC 派生的器件较多，如高压集成电路（High Voltage IC，HVIC）、智能功率集成电路（Smart Power IC，SPIC）。功率集成电路实现了电能流与控制流的集成，成为机电一体化的理想接口，具有广泛的应用前景。

目前常用的电力电子器件有晶闸管、门极关断晶闸管、电力双极型晶体管、功率场效应晶体管和绝缘栅双极晶体管等。常用的电力电子器件的文字符号、图形符号、控制性质、带负载能力和开关频率如表 7.1 所示。

表 7.1　常用电力电子器件

名称	二极管	晶闸管	门极关断晶闸管	电力双极型晶体管	功率场效应晶体管	绝缘栅双极晶体管
文字符号	V	TH（SCR）	GTO	GTR（BJT）	P-MOSFET	IGBT
控制性质	不可控型	半控型	全控型	全控型	全控型	全控型
带负载能力/ （kV·A）	10^5 （大）	10^4 （较大）	10^3 （中等）	10^2 （小）	10^3 （中等）	
开关频率		400Hz （低）	600～1 000Hz （较低）	1～5kHz （较高）	100kHz （高）	10～40kHz （高）

7.2　可控整流电路

由晶闸管组成的可控整流电路同二极管整流电路相类似，按所用交流电源的相数和电路的结构，它可分为单相半波、单相桥式、三相半波和三相桥式等。

7.2.1　单相半波可控整流电路

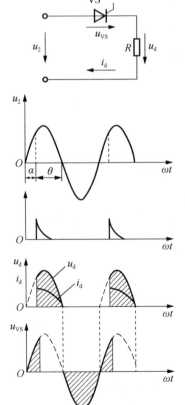

图 7.12　单相半波晶闸管整流电路

单相半波可控整流电路实际应用较少，但它电路简单，调整容易，且便于理解可控整流的原理，所以从它开始进行分析。

1. 带电阻性负载的可控整流电路

图 7.12 为单相半波可控整流电路在电阻性负载时的电压、电流波形图。图中，α 为控制角，θ 为导通角。控制角 α 是晶闸管元件承受正向电压起始点到触发脉冲的作用点之间的电角度。导通角 θ 是晶闸管在一周期时间内导通的电角度。对单相半波可控整流电路而言，α 的移相范围是 $0\sim\pi$，而对应的变化范围为 $\pi\sim0$。由图 7.12 可见

$$\alpha + \theta = \pi \tag{7.2}$$

当不加触发脉冲信号时，晶闸管不导通，电源电压全部加于晶闸管上，负载上电压为 0（忽略漏电流），晶闸管承受的最大正向与反向电压为 $1.414U_2$。当 $\omega t=\alpha$（$0<\alpha<t$）时，晶闸管上电压为正，若控制极加上触发脉冲信号，则晶闸管触发导通，电源电压将全部加于负载（忽略晶闸管的管压降）上。当 $\omega t=\alpha$ 时，电源电压从正变为 0，晶闸管内流过的电流小于维持电流而关断，之后，晶闸管就承受电源的反向电压，直至下个周期触发脉冲再次加到控制极上时，晶闸管重新导通，改变 α 的大小就可以改变负载上的电压波形，也就改变了负载电压的大小。

输出电压平均值可由下式求得

$$U_{\mathrm{d}} = \frac{1}{2\pi}\int_{\alpha}^{\pi}\sqrt{2}U_2\sin\omega t\,d(\omega t) = 0.45U_2\frac{1+\cos\alpha}{2} \qquad (7.3)$$

负载电流平均值大小由欧姆定律决定，其值为

$$I_{\mathrm{d}} = \frac{U_{\mathrm{d}}}{R} = 0.45\frac{U_2}{R}\frac{1+\cos\alpha}{2} \qquad (7.4)$$

2. 带电感性负载的可控整流电路

负载的感抗 ωL 和电阻 R 的大小相比不可忽略时称为电感性负载，这类负载有各种电机的励磁线圈、整流输出接电抗器的负载等。整流电路带电感性负载时的工作状况与带电阻性负载时的有很大不同，为了便于分析，把电感与电阻分开，如图 7.13 所示。

由于电感具有阻碍电流变化的作用，当电流上升时，电感两端的自感电动势 e_{L} 阻碍电流的上升，所以，晶闸管触发导通时，电流要从 0 逐渐上升。随着电流的上升，自感电动势逐渐减小，这时在电感中便储存了磁场能量。当电源电压下降及过 0 变负时，电感中电流在变小的过程中又由于自感效应，产生方向与上述相反的自感电动势，来阻碍电流减小。只要 e_{L} 大于电源的负电压，负载上电流将继续流通，晶闸管继续导通，这时，电感中储存的能量释放出来，一部分消耗在电阻上，一部分回送到电源，因此，负载上电压瞬时值出现负值。到某一时刻，当流过晶闸管的电流小于维持电流时，晶闸管关断，并且立即承受反向电压。

所以，晶闸管在 $\omega t=\alpha$ 时触发导通后在 $\alpha+\theta$ 时关断。

由此可见，在单相半波可控整流电路中，当负载为感性时，晶闸管的导通角 θ 将大于 $\pi-\alpha$，也就是说，在电源电压为负时仍可能继续导通。负载电感越大，导通角 θ 越大，每个周期中负载上的负电压所占的比重就越大，输出电压和输出电流的平均值也就越小。所以，单相半波可控整流电路用于大电感性负载时，如果不采取措施，负载上就得不到所需要的电压和电流。

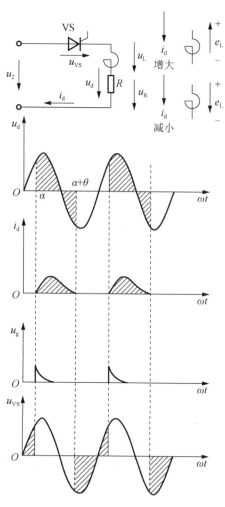

图 7.13　电感性负载无续流二极管的晶闸管整流电路

3. 续流二极管的作用

为了提高电感性负载时的单相半波可控整流电路整流输出平均电压，可以采取措施使电源的负电压不加于负载上，这可在负载两端并联一只二极管 V，如图 7.14 所示。当晶闸管导

通时，若电源电压为正，二极管 V 不通，负载上电压波形与不加二极管 V 时相同；当电源电压为负时，V 导通，负载上由电感维持的电流流经二极管。此二极管称为续流二极管。二极管导通时，晶闸管承受反压自行关断，没有电流流回电源去，负载两端电压仅为二极管管压降，接近于 0，此时，由电感放出的能量消耗在电阻上。有了续流二极管，输出电压 u_d 与 α 的关系也与式（7.3）一样。但是，负载电流的波形与电阻性负载时有很大不同，如图 7.14 所示，负载电流 i_d 在晶闸管导通期间由电源提供，而当晶闸管关断时由电感通过续流二极管来提供。当 $\omega L \geqslant R$ 时，电流的脉动将是很小的，所以，这时电流波形可以近似地看成一条平行于横轴的直线。假若负载电流的平均值为 I_d，则流过晶闸管与续流二极管的电流平均值分别为

$$I_{dVS} = \frac{\theta}{2\pi} I_d \tag{7.5}$$

$$I_{dV} = \frac{2\pi - \theta}{2\pi} I_d \tag{7.6}$$

7.2.2　单相桥式可控整流电路

1. 单相半控桥式整流电路

在单相桥式整流电路中，把其中两只二极管换成晶闸管就组成了半控桥式整流电路，如图 7.15 所示。这种电路在中小容量场合应用很广，它的工作原理如下：当电源 1 端为正的某一时刻，触发晶闸管 VS_1，电流途经如图中实线箭头所示。这时 VS_2 及 V_1 均承受反向电压而截止。同样，在电源 2 端为正的下半周期，触发晶闸管 VS_2，电流途经如图中虚线箭头所示，这时 VS_1 及 V_2 处于反压截止状态。下面分三种不同负载情况来讨论。

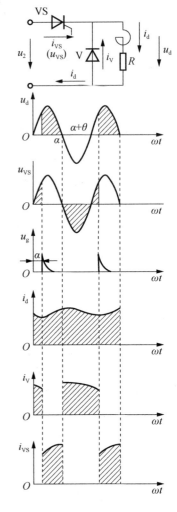

图 7.14　电感性负载有续流二极管的晶闸管整流电路及电压、电流波形

1）电阻性负载

带电阻性负载时，整流输出的电流、电压波形及晶闸管上电压波形如图 7.16 所示，电流波形与电压波形相似。晶闸管在 $\omega t = \alpha$ 时触发导通，当电源电压过 0 变负时，电流降到 0，晶闸管关断。输出电压平均值 U_d 与控制角 α 的关系为

$$U_d = \frac{1}{\pi} \int_\alpha^\pi \sqrt{2} U_2 \sin \omega t \, d(\omega t) = 0.9 U_2 \frac{1 + \cos \alpha}{2} \tag{7.7}$$

电流平均值 I_d 为

$$I_d = \frac{U_d}{R} = 0.9 \frac{U_2}{R} \frac{1 + \cos \alpha}{2} \tag{7.8}$$

在桥式整流电路中，元件承受的最大正反向电压是电源电压的最大值，即 $\sqrt{2} U_2$。

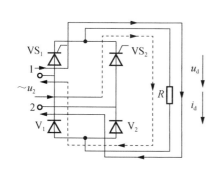

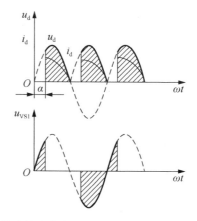

图 7.15 半控桥式整流电路   图 7.16 整流输出的电流、电压波形及晶闸管上电压波形

2）电感性负载

如图 7.17 所示的半控桥式整流电路在带电感性负载时也采用加接续流二极管的措施。有了续流二极管，当电源电压降到 0 时，负载电流流经续流二极管，晶闸管因电流为 0 而关断，不会出现失控现象。

若晶闸管的导通角为 θ，则每周期续流二极管导通时间为 $2\pi - 2\theta$，因此，流过每只晶闸管的平均电流为 $\dfrac{\theta}{2\pi}I_d$，流过续流二极管的平均电流为 $\dfrac{\pi - \theta}{\pi}I_d$。

如图 7.18 所示的半控桥式电路在带电感性负载时，可以不加续流二极管，这是因为在电源电压过 0 时，电感中的电流通过 V_1 和 V_2 形成续流，确保 VS_1 或 VS_2 可靠关断，这样也就不会出现失控现象。由于省去了续流二极管，整流装置的体积减小了。因两只晶闸管阴极没有公共点，故用一套触发电路触发时，必须采用具有两个线圈的脉冲变压器供电。本电路中流过 VS_1、VS_2 的电流与图 7.17（b）所示的相同，但流过 V_1、V_2 的电流增大了，其值为

$$I_{dV} = \frac{2\pi - \theta}{2\pi}I_d \tag{7.9}$$

为了节省晶闸管元件，还可采用如图 7.19 所示的电路。它是由四只整流二极管组成的单相桥式电路，将交流电整流成脉动的直流电，然后用一只晶闸管进行控制，改变晶闸管的控制角 α，即可改变其输出电压。晶闸管由触发脉冲使其导通，在电源电压接近于 0 的短暂时间内，因流过晶闸管的电流小于维持电流而关断。本电路带电阻性负载时，其输出电压平均值的计算公式与半控桥式整流电路的计算公式一样，但带电感性负载时，为了避免晶闸管失控，必须在负载两端并接续流二极管，否则，感性电流会在电源电压为 0 时维持晶闸管导通，而使晶闸管无法关断，造成失控。

该电路的优点是晶闸管用得少，因此控制电路简单，加在晶闸管上的电压是整流过的脉动电压，当负载为电阻性或电感性时，晶闸管不承受反向电压。该电路的不足之处是需要五只整流二极管，使得装置尺寸加大，输出电流 I_d 要同时经过三个整流元件，故压降、损耗较大；另外，该电路必须选用维持电流较大的晶闸管，否则容易失控。

3）反电动势负载

当整流电路输出接有反电动势负载时，只有在电源电压的瞬时值大于反电动势，同时又有触发脉冲条件下，晶闸管才能导通，整流电路才有电流输出，在晶闸管关断的时间内，负

载上保留原有的反电动势。桥式整流电路带反电动势负载时，输出电压、电流波形如图 7.20 所示。负载两端的电压平均值比带电阻性负载时高。例如，直接由电网 220V 电压经桥式整流输出，带电阻性负载时，可以获得最大为 0.9×220V=198V 的平均电压，但接反电动势负载时的电压平均值可以增大到 250V 以上。

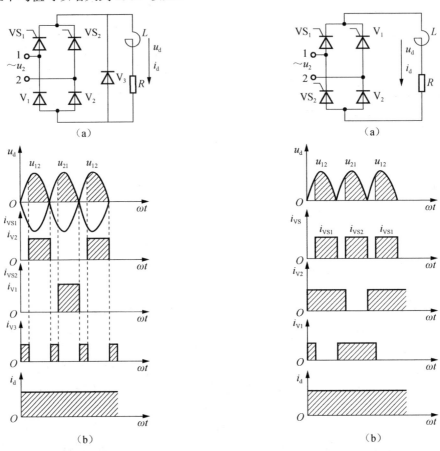

图 7.17　带电感性负载的单相半控桥式整流电路及　图 7.18　晶闸管串联的半控桥式整流电路及其电压、
　　　　其电压、电流波形　　　　　　　　　　　　　　　　电流波形
　　　　（a）电路；（b）波形　　　　　　　　　　　　　　　（a）电路；（b）波形

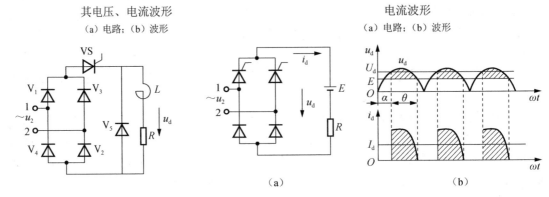

图 7.19　只用一只晶闸管的单相桥式整　图 7.20　带反电动势负载的单相半控桥式整流电路及其电压、电流
　　　　流电路　　　　　　　　　　　　　　　　波形
　　　　　　　　　　　　　　　　　　　　　　（a）电路；（b）波形

当整流输出直接加于反电动势负载时，输出平均电流为

$$I_{\mathrm{d}} = \frac{U_{\mathrm{d}} - E}{R}$$

其中，$U_{\mathrm{d}}\text{-}E$ 即图 7.20 中斜线阴影部分的面积对一周期取平均值。因为导通角小，导电时间短，回路电阻小，所以，电流的幅值与平均值之比值相当大，晶闸管元件工作条件差，晶闸管必须降低电流定额使用。

2. 单相全控桥式整流电路

把半控桥中的两只二极管用两只晶闸管取代即构成全控桥。带电阻性负载时，电路的工作情况与半控桥没有什么区别，晶闸管的控制角移相范围也是 $0\sim\pi$，输出平均电压、电流的计算公式也与半控桥式电路的计算公式相同，所不同的仅是全控桥式电路每半周期要求触发两只晶闸管。在带电感性负载且没有续流二极管的情况下，输出电压的瞬时值会出现负值，这时输出电压平均值为

$$U_{\mathrm{d}} = \frac{2}{2\pi}\int_{\alpha}^{\pi+\alpha}\sqrt{2}U_2\sin\omega t\mathrm{d}(\omega t) = \frac{2\sqrt{2}U_2}{\pi}\cos\alpha = 0.9U_2\cos\alpha\left(0\leqslant\alpha\leqslant\frac{\pi}{2}\right) \tag{7.10}$$

在全控桥式电路中，元件承受的最大正、反向电压是 $\sqrt{2}U_2$。

在一般电阻性负载情况下，由于该电路整流不比半控桥式整流电路优越，但比半控桥式整流电路复杂，所以，一般采用半控桥式整流电路，它主要用于电动机需要正、反转的逆变电路中。

【例 7.1】 欲装一台白炽灯泡调光电路，需要可调的直流电源，调节范围：电压 $U_0 = 0\sim 180\mathrm{V}$，电流 $I_0 = 0\sim 10\mathrm{A}$。现采用单相半控桥式整流电路，试求最大交流电压和电流的有效值，并选择整流元件。

解： 在晶闸管导通角 θ 为 π（控制角 $\alpha = 0$）时，$U_0 = 180\mathrm{V}$，$I_0 = 10\mathrm{A}$，则交流电压有效值

$$U = \frac{U_0}{0.9} = \frac{180}{0.9}\mathrm{V} = 200\mathrm{V}$$

实际上还要考虑电网电压波动、管压降，以及导通角常常到不了 180° 等情况，交流电压要比上述计算而得到的值适当加大 10% 左右，即大约为 220V。因此，在本例中可以不用整流变压器，直接接到 220V 的交流电源上。

交流电流有效值

$$I = \frac{U}{R_{\mathrm{L}}} = \frac{220\mathrm{V}}{180\mathrm{V}/10\mathrm{A}} \approx 12.2\mathrm{A}$$

晶闸管所承受的最高正向电压 U_{FM}、最高反向电压 U_{RM} 和二极管所承受的最高反向电压相等，即

$$U_{\mathrm{FM}} = U_{\mathrm{RM}} = \sqrt{2}U = 1.41\times 220\mathrm{V} \approx 310\mathrm{V}$$

流过晶闸管和二极管的平均电流

$$I_{\mathrm{VS}} = I_{\mathrm{V}} = \frac{1}{2}I_0 = \frac{10\mathrm{A}}{2} = 5\mathrm{A}$$

为了保证晶闸管在出现瞬时过电压时不致损坏，通常根据下式选取晶闸管的 U_{DRM} 和 U_{RRM}：

$$U_{\mathrm{DRM}} > 2U_{\mathrm{FM}} = 2\times 310\mathrm{V} \approx 600\mathrm{V}$$

$$U_{RRM} > 2U_{RM} = 2 \times 310V \approx 600V$$

根据上面的计算，晶闸管可选用 3CT10/600，考虑留有余量，故额定电流采用 10A。二极管可选用 2CZ10/300，因为二极管的最高反向工作电压一般取反向击穿电压的一半，已有较大余量，所以选 300V 已足够。

7.2.3 三相半波可控整流电路

图 7.21 所示为三相半波可控整流电路。整流变压器二次侧接成星形，有个公共零点"0"，所以也称三相零式电路。图中 u_A、u_B、u_C 处分别表示三相对点 0 的相电压（u_{2p}），电源的三个相电压分别通过 VS$_1$、VS$_2$、VS$_3$ 晶闸管及负载电阻 R 供给直流电流，改变触发脉冲的相位即可以获得大小可调的直流电压。现分电阻性负载和电感性负载分别加以讨论。

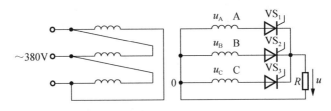

图 7.21　三相半波可控整流电路

1. 电阻性负载

三相电源电压的波形如图 7.22 所示。可以看出，对于 VS$_1$、VS$_2$、VS$_3$，只有在点 1、2、3 之后对应于该元件承受正向电压期间来触发脉冲，该晶闸管才能触发导通，点 1、2、3 是相邻电压波形的交点，也是可控整流的自然换相点。对三相可控整流而言，控制角 α 就是从自然换相点算起的。当晶闸管没有触发信号时，晶闸管承受的最大正向电压为 U_{2p}，可能承受的最大反向电压为 $\sqrt{2} \times \sqrt{3}\, U_{2p} = \sqrt{6}\, U_{2p}$，现按不同控制角 α 分下列三种情况进行讨论。

1）当 $\alpha = 0$ 时

这时触发脉冲在自然换相点加入，其波形如图 7.22 所示。在 $t_1 \sim t_2$ 时间内，A 相电压比 B、C 相电压都高，如果在 t_1 时刻触发晶闸管 VS$_1$，负载上得到 A 相电压，电流经 VS$_1$ 和负载回到中性点 0。在 t_2 时刻触发晶闸管 VS$_2$，VS$_1$ 因承受反向电压而关断，负载上得到 B 相电压，依此类推。负载上得到的脉动电压 u_d 波形与三相半波可控整流一样，在一个周期内每只晶闸管的导通角为 $2\pi/3$，要求触发脉冲间隔也为 $2\pi/3$。从这里可以看出，当三只晶闸管共阴极连接时，哪一相电压最高，则触发脉冲到来时，与那一相相连接的晶闸管就导通，这只管子导通后将使其他管子承受反压而处于阻断状态。电阻性负载时，电流波形与电压波形相似。

这时，负载上电压的平均值与三相半波可控整流一样，可由下式决定：

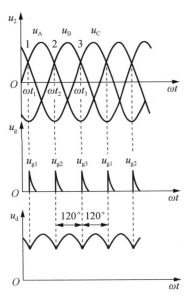

图 7.22　$\alpha=0$ 时三相半波可控整流电路输出电压波形

$$U_{\mathrm{d}} = \frac{1}{2\pi/3} \int_{\pi/6}^{5\pi/6} \sqrt{2} U_{2\mathrm{p}} \sin\omega t \mathrm{d}(\omega t) = 1.17 U_{2\mathrm{p}} \tag{7.11}$$

2) 当 $0 < \alpha \leqslant \pi/6$ 时

图 7.23 所示为当 $\alpha = \pi/6$ 时的输出电压波形，u_{A} 使 VS_1 上电压为正，若在 t_1 时刻对 VS_1 控制极加触发脉冲，VS_1 就立即导通，而且在 u_{A} 为正时维持导通。到 t_1 时，如果是可控整流电路，此时，由于第二相导通，迫使第一相关断；而可控整流电路要求触发脉冲间隔 $120°$，由于此时 VS_2 控制极未加触发脉冲，VS_2 不能导通，故 VS_1 不能关断，直到 t_2 时刻，对 VS_2 控制极加了触发脉冲，VS_2 在 u_{B} 正向阳极电压作用下导通，迫使 VS_1 承受反向电压而关断。同理，到 t_3 时刻由于 VS_3 导通而迫使 VS_2 关断。依此类推，α 在一个周期内三相轮流导通，负载上得到脉动直流电压 u_{d}，其波形是连续的。电流波形与电压波形相似，这时，每只晶闸管导通角为 $120°$，负载上电压平均值与 α 的关系为

$$U_{\mathrm{d}} = \frac{1}{2\pi/3} \int_{(\pi/6+\alpha)}^{(5\pi/6+\alpha)} \sqrt{2} U_{2\mathrm{p}} \sin\omega t \mathrm{d}(\omega t) = 1.17 U_{2\mathrm{p}} \cos\alpha \tag{7.12}$$

3) 当 $\pi/6 < \alpha \leqslant 5\pi/6$ 时

图 7.24 所示为当 $\alpha = \pi/2$ 时的输出电压波形，u_{A} 使 VS_1 上电压为正，若 t_1 时刻向 VS_1 控制极加触发脉冲，VS_1 立即导通，当 A 相相电压过 0 时，VS_1 自动关断。同理，在 t_2 时刻对 VS_2 控制极加触发脉冲，在 u_{B} 正向阳极电压作用下导通，当 B 相相电压过 0 时 VS_2 自动关断，依此类推。三相轮流导通，负载上电压波形是断续的。这时，输出电压的平均值为

$$U_{\mathrm{d}} = \frac{1}{2\pi/3} \int_{\pi/6+\alpha}^{\pi} \sqrt{2} U_{2\mathrm{p}} \sin\omega t \mathrm{d}(\omega t) = 1.17 U_{2\mathrm{p}} \frac{1+\cos(30°+\alpha)}{\sqrt{3}} \tag{7.13}$$

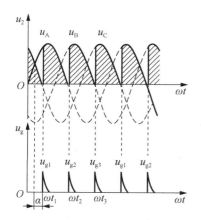

图 7.23 $\alpha = \pi/6$ 时三相半波可控整流电路
输出电压波形

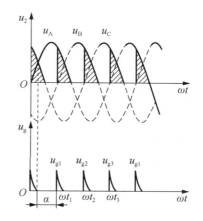

图 7.24 $\alpha = \pi/2$ 时三相半波可控整流电路
输出电压波形

当 $\alpha = 5\pi/6$ 时，$U_{\mathrm{d}} = 0$。所以，三相半波可控整流电路，其 α 的移相范围为 $0 \sim 5\pi/6$。总之，带电阻性负载情况下，当在 $0 \sim 5\pi/6$ 内移相时，输出平均电压由最大值 $1.17 U_{2\mathrm{p}}$ 下降到 0，输出电流的平均值为 $I_{\mathrm{d}} = U_{\mathrm{d}}/R$，流过每只晶闸管元件的电流平均值为 $I_{\mathrm{d}}/3$。

2. 电感性负载

电阻性负载时，当 $\alpha \leqslant \pi/6$ 时整流输出电压波形是连续的，而当 $\alpha > \pi/6$ 时，整流输出电压波形是不连续的，当电源电压下降到 0 时，电流 i_d 也同时下降到 0，所以，导通的晶闸管关断。在带电感性负载的情况下，如图 7.25 所示，在 VS_1 管导通时，电源电压 u_A 加到负载上，当 $t = t_1$ 时，$u_A = 0$，由于自感电动势的作用，电流的变化将落后于电压的变化，所以 $t = t_1$ 时负载电流 i_d 并不为 0，VS_1 要维持导通，如若电感 L 足够大，VS_1 要一直导通至 t_2 时刻，当控制极来触发脉冲，使 VS_2 导通，电源电压 u_B 加于负载时，VS_1 才因承受反向电压而关断，这时，由于电感大，电流脉动小，可以近似地把电流波形看成一条水平线，如图 7.25 所示。这时每只晶闸管导通角为 $2\pi/3$，输出电压的平均值为

$$U_d = \frac{1}{2\pi/3} \int_{\pi/6+\alpha}^{\pi} \sqrt{2} U_{2p} \sin\omega t \, d(\omega t) = 1.17 U_{2p} \cos\alpha \qquad (7.14)$$

由式（7.14）可知，当 $\alpha = \pi/2$ 时，$U_d = 0$，这时，整流电压的波形如图 7.26 所示，电压 u_d 波形正、负面积相等，即 $U_d = 0$。故三相半波整流电路带电感性负载时，要求触发脉冲的移相范围是 $0 \sim \pi/2$。三相半波可控整流电路带电感性负载时，晶闸管可能承受的最大正向电压为 $\sqrt{6} U_{2p}$，这是与电阻性负载时承受 $\sqrt{2} U_{2p}$ 的不同之处。

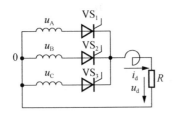

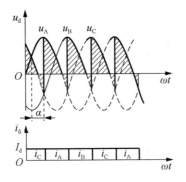

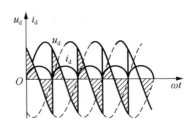

图 7.25 带电感性负载时三相半波可控整流电路及   图 7.26 $\alpha = \pi/2$ 时三相半波可控整流电压、电流波形
电压、电流波形

三相半波可控整流电路带电感性负载时，也可加接续流二极管，其电路如图 7.27 所示。图中，电压、电流波形是对应于 $\alpha = \pi/3$ 时的波形。从图 7.27 可看出，有了续流二极管，整流输出电压波形、电压平均值 U_d 与控制角 α 的关系和纯电阻负载时一样，负载电流波形则与电感性负载时一样，当电感很大（$\omega L \gg R$）时电流波形将接近于一条平行于横轴的直线。

三相半波可控整流电路只用三只晶闸管元件，接线简单，在要求输出电压为 220V 时，可以不用变压器而直接接于 380 V 的三相交流电源，这时相电压为 220V，当控制角 α =0 时，可得到最大输出直流平均电压为 U_{dmax} = 1.17×220V≈257V，稍加控制即可满足 220V 直流负载的要求。但是，三相半波可控整流电路中晶闸管元件承受的反向电压高，而且，在电流连续时，每个周期内变压器二次绕组和晶闸管都只有三分之一的时间导通，因此，变压器利用率低。另外，流过变压器的是单方向脉动电流，其直流分量引起很大的零线电流，并在铁芯中产生直流磁动势，易于造成变压器铁芯饱和，引起附加损耗和发热。

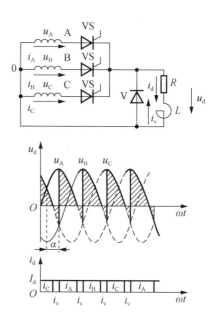

图 7.27　电感性负载带电流二极管的三相半波可控整流电路及电压、电流波形

7.2.4　三相桥式全控整流电路

三相半波可控整流电路中，三只晶闸管的阴极是接在一起的，这种整流电路称为共阴极组的整流电路；而图 7.28 所示的电路，把三只晶闸管的阳极接在一起，称为共阳极组整流电路。把这两组可控整流电路串联起来，如图 7.29 所示，这时，负载上的输出电压等于共阴极组和共阳极组的输出电压之和。若将变压器的两组二次绕组共用一个绕组，如图 7.30 所示，就是三相桥式全控整流电路。其中，VS_1、VS_3、VS_5 晶闸管组成共阴极组，VS_2、VS_4、VS_6 晶闸管组成共阳极组。三相桥式全控整流电路一般与电动机连接时总是串联一定的电感，以减小电流的脉动和保证电流连续，这时负载的性质可以看作电感性的。在电感性负载的情况下，如果对共阴极组及共阳极组晶闸管同时进行控制，控制角为 α，那么，由于三相全控桥式整流电路就是两组三相半波可控整流电路的串联，因此，整流电压 U_d 应比式（7.13）计算的大一倍，即

$$U_d = 2.34U_{2p} \cos\alpha (0 \leqslant \alpha < \pi/3) \tag{7.15}$$

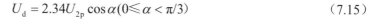
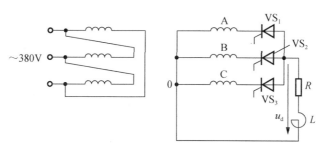

图 7.28　共阳极组接法的三相半波可控整流电路

图 7.31 所示是图 7.30 所示电路的电压、电流波形及触发脉冲波形图。图中，对应于 α =0 的工作状况，即触发脉冲在自然换相点发出。对共阴极组的晶闸管而言，某一相电压较其他两相为正，同时又有触发脉冲，该相的晶闸管就触发导通；对共阳极组的晶闸管而言，某一相电压较其他两相为负，同时又有触发脉冲，该相的晶闸管就触发导通。因此，在 t_1 时刻，

A 相电压比 C 相电压的正值更大，B 相电压为负，如果给 VS_1、VS_6 触发脉冲，则 VS_1、VS_6 导通，所以，在 $t_1 \sim t_2$ 时间内 VS_1、VS_6 导通，电流从 A 相经 VS_1、负载和 VS_6 回到 B 相，A 相电流为正，B 相电流为负（电流为负表示电流的真实方向与图上所标正方向相反）。在 t_2 时刻，A 相还保持着较大的正电压，但 C 相电压开始比 B 相电压的负值更大。如果在 t_2 时刻给 VS_1、VS_2 触发脉冲，则 VS_1 将维持导通，且 VS_2 导通，VS_2 导通使 VS_6 因承受反向电压而关断，电流从 A 相经 VS_1 负载和 VS_2 回到 C 相，所以 $t_2 \sim t_3$ 时间内，VS_1 导通，A 相电流为正，C 相电流为负。在 t_3 时刻，C 相还保持着较大的负电压，B 相电压开始比 A 相电压的正值更大。若在 t_3 时刻给 VS_2、VS_3 触发脉冲，则 VS_2 维持导通，且 VS_3 导通，VS_3 导通使 VS_3 因承受反向电压而关断，所以，在 $t_3 \sim t$ 时间内，VS_2、VS_3 导通，电流从 B 相经 VS_3、负载和 VS_2 回到 C 相，B 相电流为正，C 相电流为负。依此类推，在 $t_4 \sim t_5$ 时间内 VS_3、VS_4 导通，$t_5 \sim t_6$ 时间内 VS_4、VS_5 导通，$t_6 \sim t_7$ 时间内 VS_5、VS_6 导通，$t_7 \sim t_8$ 时间内又是 VS_1、VS_6 导通。各相电流如图 7.31（b）所示。这时整流输出电压最高，对共阴极组而言，其输出电压波形是电压波形正半周的包络线；对共阳极组而言，其输出电压波形是电压波形负半周的包络线。三相桥式全控整流电路输出电压数值上等于共阴极组与共阳极组输出电压之和。图 7.31（d）所示的是输出电压波形。

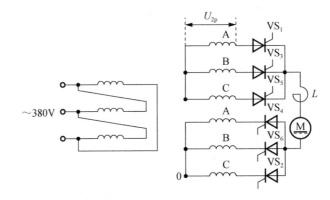

图 7.29 共阴极组与共阳极组串联的可控整流电路

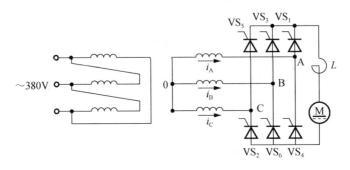

图 7.30 三相桥式全控整流电路

当控制角 α 移相时，输出电压的波形和平均值将跟着发生变化。

前面仅讨论了几种有代表性的可控整流电路。可以看出，单相半波电路最简单，但各项指标都较差，只适用于小功率和输出电压波形要求不高的场合。单相桥式电路各项性能较好，只是电压脉动频率较大，故最适于小功率的电路。晶闸管在直流负载侧组成单相桥式电路时各项性能较好，只用一只晶闸管，接线简单，一般用于小功率的反电动势负载。三相半波可控整流电路各项指标都一般，所以用得不多。三相桥式可控整流电路各项指标都好，在要求一定输出电压的情况下，元件承受的峰值电压最低，最适合较大功率高压电路。所以，一般小功率电路应优先选用单相桥式电路；较大功率电路，则应优先考虑三相桥式电路。只有在某些特殊情况下，才选用其他电路。例如，负载要求功率很小、各项指标要求不高时，可采用单相半波电路。

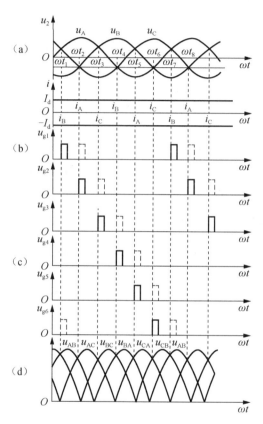

图 7.31　三相桥式全控整流电压、电流和触发脉冲波形（α =0 时）
（a）交流电源电压；（b）相电流；（c）触发脉冲顺序；（d）整流电路输出电压

　　在低电压、大电流（如在电解、电镀、电焊等工业应用中，要求的直流电压仅几伏到几十伏，直流电流可达几千安到几万安）的场合，常采用带平衡电抗器的双反星形可控整流电路，一些大型生产机械（如轧钢机、矿井提升机等）的直流拖动系统，其功率可达数兆瓦或更大。为了减轻整流装置谐波对电网的干扰，可采用十二相或十二相以上的晶闸管多相整流电路。现在，采用全控型开关器件、利用 PWM 控制技术的高频 PWM 整流电路也已投入使用，有关内容请参阅其他文献。
　　桥式电路是选用半控桥还是全控桥，要根据电路的要求决定。如果不仅要求电路能工作于整流状态，同时还能工作于逆变状态，则选用全控桥；对于直流电动机负载，一般也采用全控桥；对于一般要求不高的负载，可采用半控桥。

以上提出的仅是选用的一些原则，具体选用时，应根据负载性质、容量大小、电源情况、元件的准备情况等进行具体分析比较，全面衡量后再确定。

7.3 逆变电路

7.2 节讨论的是如何把交流电变成可调的直流电供给负载，也就是整流的方法，它的应用范围很广，但在生产实践中，例如，直流可逆的电力拖动系统中和交流电动机的变频调速系统中，还有相反的要求，即利用电力电子电路把直流电变成交流电。这种对应于整流的逆向过程称为逆变，把直流电变成交流电的装置称为逆变器。

在许多场合，同一套电力电子电路既可实现整流，又可实现逆变，这种装置通常称为变流器。变流器工作在逆变状态时，如果把变流器的交流侧接到交流电源上，把直流电逆变为同频率的交流电反馈到电网去，则称为有源逆变；如果变流器交流侧接到负载，把直流电逆变为某一频率或可变频率的交流电供给负载，则称为无源逆变。有源逆变器应用于直流电动机的可逆调速、绕线转子异步电动机的串级调速及高压直流输电等方面，无源逆变器通常用于变频器、交流电动机的变频调速等方面。

7.3.1 有源逆变电路

常用的变流器一侧连着交流电源，另一侧连着直流电源。为此，"整流"与"逆变"用交流一周期平均电能的流向来定义，即"整流"是指电能由交流侧传送到直流侧；"逆变"是"整流"的逆过程，电能由直流侧传送到交流侧。现以三相半波逆变电路为例，说明有源逆变的工作原理。

1. 整流状态（$0 < \alpha < \pi/2$）

三相半波可控整流电路工作于整流状态，其电路及电压波形如图 7.32（a）所示，整流输出电压为

$$u_{\mathrm{d}} = E + I_{\mathrm{d}}R + L\frac{\mathrm{d}i_{\mathrm{d}}}{\mathrm{d}t} \tag{7.16}$$

$$U_{\mathrm{d}} = E + I_{\mathrm{d}}R \tag{7.17}$$

$$L\frac{\mathrm{d}i_{\mathrm{d}}}{\mathrm{d}t} = u_{\mathrm{d}} - U_{\mathrm{d}} \tag{7.18}$$

假设 $\alpha = \pi/3$，电路工作于整流状态，即 $U_{\mathrm{d}} \geq E$，在 ωt_1 时刻触发 VS$_1$ 使之导通，忽略管压降时，$u_{\mathrm{d}}=u_{\mathrm{A}}$，在点 1 到点 2 这段区间，$u_{\mathrm{d}} > U_{\mathrm{d}}$。由式（7.17）可知，$i_{\mathrm{d}}$ 是增加的，$L\frac{\mathrm{d}i_{\mathrm{d}}}{\mathrm{d}t} > 0$。感应电动势的极性是左正右负，电感储存能量。到点 2 时，$u_{\mathrm{d}}=U_{\mathrm{d}}$，$L\frac{\mathrm{d}i_{\mathrm{d}}}{\mathrm{d}t} < 0$ 达最大值。过点 2 后，$u_{\mathrm{d}} < U_{\mathrm{d}}$，$L\frac{\mathrm{d}i_{\mathrm{d}}}{\mathrm{d}t} < 0$。此时，感应电动势极性为左负右正，将储存的能 M 释放，在 $u_{\mathrm{d}} < E$ 时仍能维持 VS$_1$ 继续导通，直到 ωt_3 时刻触发 VS$_2$ 导通为止。依次触发 VS$_2$、VS$_3$，在一周期

中 u_d 波形如图 7.32（a）所示。由 u_d 波形可知，在一周期中波形的正面积大于负面积，故平均值 $U_d > 0$。电源相电压极性在整流工作一周期中大部分是左负右正，流过变压器二次绕组的电流是由低电位流向高电位，所以，一周期中整流电路（交流电源）总的是输出能置，工作于整流状态。流过直流电动机电枢的电流是由高电位流向低电位，电动机吸收电能工作于电动状态。

2. 逆变状态（$\pi > \alpha > \pi/2$）

三相半波可控整流电路工作于逆变状态，其电路及电压波形如图 7.32（b）所示。

现分析 $\alpha = 2\pi/3$ 的情况。在 ωt_1（$\alpha = 2\pi/3$）处触发 VS$_1$ 使之导通，忽略管压降时，$u_d = u_A$，在点 1 到点 2 这段区间 $u_d > 0$，根据式（7.17）得 $Ldi_d/dt > 0$，电流 i_d 增加，感应电动势 e_L 极性为左正右负，电感吸收能量，交流电网及电动机送出能量。在点 2 到点 3 区间，$u_d < 0$，但 $|u_d| < |U_d|$，故仍为 $Ldi_d/dt > 0$，电感及交流电网吸收能量，电动机输出能量。到点 3，$u_d = U_d$，$Ldi_d/dt = 0$，i_d 达最大值。过点 3 后，$|u_d| > |U_d|$，$Ldi_d/dt < 0$，电流 i_d 减小，感应电动势 e_L 的极性为左负右正，电感释放能量，电动机输出能量，交流侧电流由高电位流向低电位是吸收能量，电感释放能量维持 VS$_1$ 继续导通，直到 VS$_2$ 触发导通为止。依次触发 VS$_2$ 及 VS$_3$，输出电压 u_d 波形如图 7.32（b）所示。u_d 波形负面积大于正面积，故输出电压平均值 $U_d < 0$，一周期中变流器总的是吸收能量（交流电网吸收能量），直流电动机电枢电流由低电位到高电位是输出能量，因此，完成了将直流电变成交流电回送到电网的有源逆变过程。整流电路工作于逆变状态，电动机工作于发电状态（制动状态）。

由上可见，要使电路工作于逆变状态，必须使 U_d 及 E 的极性与整流状态相反，并要求 $|E| \geqslant |U_d|$。只有满足这个条件才能将直流侧电能反送到交流电网实现有源逆变。

为便于计算，对于逆变电路引入参数——逆变角 β，它与控制角 α 的关系是，对于三相半波逆变电路，有

$$U_d = -1.17 U_{2p} \cos\beta \qquad (7.19)$$

当 $\beta = 0$ 时，$U_d = U_{d\,max}$；当 $\beta = \pi/2$ 时，$U_d = 0$。

需要指出的是，变流器处于整流状态时，如果触发电路或其他故障使一相或几相晶闸管不能导通，那么只会引起输出电压降低、纹波变大，最多也只是没有输出电压，使电流中断，不会发生太大的事故。但变流器处于逆变状态时，触发脉冲丢失或相序不对、交流电源断电或缺相、晶闸管损坏等原因，会使晶闸管装置不能正常换相，导致电路输出电压 U_d 与逆变源反电动势 E 顺极性串联叠加，引起短路，产生很大的短路电流，这种情况称为逆变颠覆或逆变失败。它会造成设备与元件的损坏。

另外，要考虑晶闸管关断有延迟时间，交流侧变压器的漏电感阻止电流换相的时间，以及电网电压与负载电流的波动等而引起的变化，必须保证有一定的时间来发送触发脉冲。为了不造成逆变失败，对逆变角的最小值 β_{min} 有一个限制，一般取 $\beta_{min} = \pi/6$，所以，逆变电路的变化范围是 $\pi/6 \leqslant \beta_{min} < \pi/2$。

整流和逆变，交流和直流，在晶闸管变流器中互相联系，并在一定条件下互相转化。当变流器工作在整流状态时，就是整流电路；当变流器工作在逆变状态时，就是逆变电路。因此，逆变电路在工作原理、参数计算及分析方法等方面和整流电路是密切联系的，而且在很

多方面是一致的。但在分析整流和逆变时，要考虑能量传送方向上的特点，进而掌握整流与逆变的转化规律。

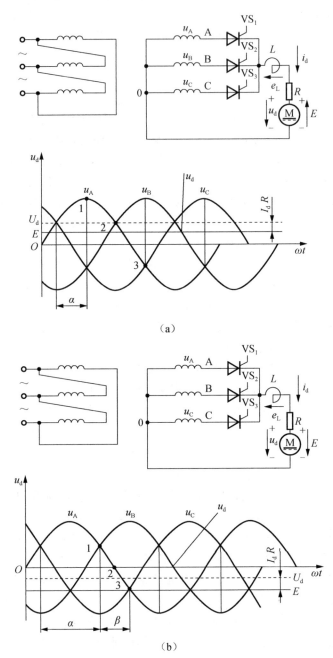

图 7.32　三相半波可控整流电路及电压波形
（a）整流状态；（b）逆变状态

7.3.2　无源逆变电路

逆变电路分有源逆变电路与无源逆变电路，如果不加说明，逆变电路一般多指无源逆变电路。

　　逆变电路的应用非常广泛，在已有的各种电源中，蓄电池、干电池、太阳电池等都是直流电源，当需要这些电源向交流负载供电时，就需要逆变电路。另外，交流电动机调速用的变频器、不间断电源、感应加热电源等电力电子装置也使用得非常广泛，其电路的核心部分就是逆变电路。逆变电路在电力电子电路中占有十分突出的位置。

　　1. 逆变电路的基本工作原理

　　下面以图 7.33（a）所示的单相桥式逆变电路为例，说明其最基本的工作原理。图中是桥式电路的 4 个臂，它们由电力电子器件及其辅助电路组成。当 S_1、S_4 闭合，S_2、S_3 断开时，负载电压 u_o 为正；当开关 S_1、S_4 断开，S_2、S_3 闭合时，u_o 为负，其波形如图 7.33（b）所示。这样，就把直流电变成了交流电，改变两组开关的切换频率，即可改变输出交流电的频率。这就是逆变电路最基本的工作原理。

　　当负载为电阻时，负载电流 i_o 和电压 u_o 的波形相同，相位也相同。当负载为阻感时，i_o 相位滞后于 u_o，二者的波形也不同，图 7.33（b）所示的就是阻感负载时的 i_o 波形。设 t_1 时刻以前 S_1、S_4 导通，u_o 和 i_o 均为正。在 t_1 时刻断开 S_1、S_4，同时合上 S_2、S_3，则 u_o 的极性立刻变为负。但是，因为负载中有电感，其电流极性不能立刻改变而仍维持原方向。这时负载电流从直流电源负极流出，经 S_2 负载和 S_3 流回正极，负载电感中储存的能量向直流电反馈，负载电流逐渐减小，到 t_2 时刻降为 0，之后 i_o 才反向并逐渐增大。S_2、S_3 断开，S_1、S_4 闭合时的情况类似。

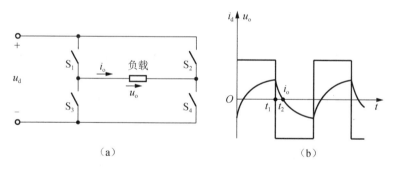

图 7.33　逆变电路及其波形举例
（a）基本电路；（b）波形

　　变流电路在工作过程中电流不断从一个支路向另一个支路的转移，就是换流。换流方式在逆变电路中占有突出地位。依据开关器件及其关断（换流）方式的不同，换流可分为器件换流（利用全控型器件的自关断能力进行换流）、电网换流（借助于电网电压实现换流，整流与有源逆变都属于电网换流）、负载换流（当负载为电容性负载时，由负载提供换流电压实现换流）与强迫换流（利用附加电容上所储存的能量给欲关断的晶闸管强迫施加反向电压或反向电流实现换流）等。器件换流只适用于全控型器件，其余三种方式主要是针对晶闸管而言的。

　　以往，中高功率逆变器采用晶闸管开关器件，晶闸管一旦导通，就不能自行关断，要关断晶闸管，需要设置强迫关断（换流）电路。强迫关断电路增加了逆变器的质量、体积和成本，降低了可靠性，也限制了开关频率。现今，绝大多数逆变器采用全控型的电力半导体器件，中功率逆变器多采用 IGBT，大功率多采用 GTO，小功率则采用 P-MOSFET；输出频率比较低的用 GTO，输出频率较高的用 GTR、P-MOSFET、IGBT。这使得逆变器的结构简单、装置体积小、可靠性高。

逆变电路可以从不同的角度进行分类，如可以按换流方式分、按输出的相数分，也可按直流电源的性质分。若按直流电源的性质分，可分为电压型和电流型两大类：直流侧是电压源的称为电压型逆变电路，直流侧是电流源的称为电流型逆变电路。

2. 电压型逆变电路

电压型逆变电路也称为电压源型逆变电路（Voltage Source Type Inverter，VSTI），图 7.34 所示为电压型逆变电路的一个例子。

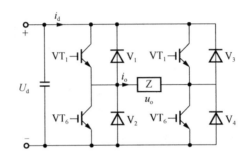

图 7.34　电压型逆变电路举例（全桥逆变电路）

电压型逆变电路有以下主要特点：

（1）直流侧为电压源，或并联有大电容，相当于电压源。直流侧电压基本无脉动，直流回路呈现低阻抗。

（2）由于直流电压源的钳位作用，交流侧输出电压波形为矩形波，并且与负载阻抗角无关。而交流侧输出电流波形和相位因负载阻抗情况的不同而不同，其波形接近三角波或接近正弦波。

当交流侧为阻感负载时需要提供无功功率，直流侧电容起缓冲无功能量的作用。为了给交流侧向直流侧反馈的无功能量提供通道，逆变桥各臂都并联了反馈二极管。

对上述有些特点的理解要在后面内容的学习中才能加深。下面分别就半桥逆变电路和全桥逆变电路进行讨论。

1）半桥逆变电路

半桥逆变电路原理如图 7.35（a）所示，它有两个桥臂，每个桥臂由一个可控器件和一个反并联二极管组成。在直流侧接有两个相互串联的足够大的电容，两个电容的连接点便成为直流电源的中点，负载连接在直流电源中点和两个桥臂连接点之间。

设开关器件 VT_1 和 VT_2 的栅极信号在一个周期内各有半周正偏，半周反偏，且二者互补。

当负载为电感性时，其工作波形如图 7.35（b）所示。输出电压 u_o 的波形为矩形波，其幅值为 $U_m = U_d/2$。输出电流 i_o 波形随负载情况而异。设 t_2 时刻以前 VT_1 是通态，VT_2 为断态。t_2 时刻给 VT_1 关断信号，给 VT_2 开通信号，则 VT_1 关断，但电感性负载中的电流 i_o 不能立即改变方向，于是 V_2 导通续流。当 t_3 时刻 i_o 降为 0 时，V_2 截止，VT_2 开通，i_o 开始反向。同样，在 t_4 时刻给 VT_2 关断信号，给 VT_1 开通信号后，VT_2 关断，V_1 先导通续流，t_5 时刻 VT_1 才开通。各段时间内导通器件的名称如图 7.35（b）的下部所示。

当 VT_1、VT_2 为通态时，负载电流和电压同方向，直流侧向负载提供能量；而当 V_1 或 V_2 为通态时，负载电流和电压反向，负载电感中储存的能量向直流侧反馈，即负载电感将其吸收的无功能量反馈回直流侧。反馈回的能量暂时储存在直流侧电容器中，直流侧电容器起着缓冲这种无功能量的作用，又因为二极管 V_1、V_2 是负载向直流侧反馈能量的通道，故称为反馈二极管；又因为 V_1、V_2 起着使负载电流连续的作用，故又称为续流二极管。

当可控器件是不具有门极关断能力的晶闸管时，必须附加强迫换流电路才能正常工作。

半桥逆变电路的优点是简单、器件少；其缺点是输出交流电压的幅值 U_m 仅为 $U_d/2$，且直流侧需要两个电容器串联，工作时还要控制两个电容器电压的均衡。因此，半桥电路常用于几千瓦或更小的小功率逆变电源。

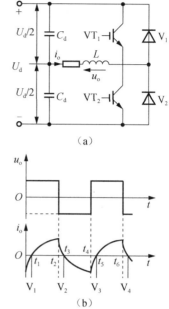

图 7.35　半桥电压型逆变电路及其工作波形
（a）电路；（b）波形

以下介绍的单相全桥逆变电路、三相桥式逆变电路都可看成由若干个桥逆变电路组合而成的，因此，正确分析半桥电路的工作原理很有意义。

2）全桥逆变电路

电压型全桥逆变电路的原理如图 7.34 所示，它共有 4 个桥臂，可以看成由 2 个半桥电路组合而成。把桥臂 1 和桥臂 4 作为一对，桥臂 2 和桥臂 3 作为另一对，成对的两个桥臂同时导通，两对交替各导通 180°。其输出电压 u_o 的波形和图 7.35（b）所示的半桥电路的波形 u_o 形状相同，也是矩形波，但其幅值高出一倍。在直流电压和负载都相同的情况下，其输出电流 i_o 的波形当然也和图 7.35（b）所示的 i_o 形状相同，仅幅值增加一倍。各器件导通情况如图 7.36 所示，关于无功能量的交换，半桥逆变电路的分析方法也完全适用于全桥逆变电路。

全桥逆变电路是单相逆变电路中应用最多的，下面对其电压波形作定量分析。把幅值为 U_d 的矩形波展开成傅里叶级数，得

$$u_o = \frac{4U_d}{\pi}\left(\sin\omega t + \frac{1}{3}\sin\omega t + \frac{1}{5}\sin\omega t + \cdots\right) \qquad (7.20)$$

基波的幅值 U_{o1m} 和基波有效值 U_{o1} 分别为

$$U_{o1m} \frac{4U_d}{\pi} = 1.27U_d \qquad (7.21)$$

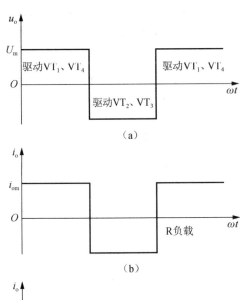

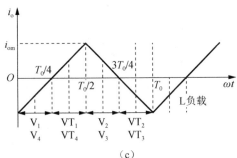

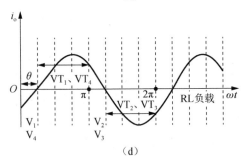

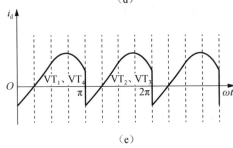

图 7.36　桥式逆变电路的电压、电流波形

（a）负载电压；（b）电阻负载电流波形；

（c）电感负载电流波形；（d）RL 负载电流波形；

（e）输入电流波形

$$U_{\mathrm{o1}} = \frac{2\sqrt{2}U_{\mathrm{d}}}{\pi} = 0.9U_{\mathrm{d}} \qquad (7.22)$$

上列各式对于半桥逆变电路也是适用的，只是式中的 U_{d} 要换成 $U_{\mathrm{d}}/2$。当电源电压（U_{d}）和负载（R）不变时，要换成 $U_{\mathrm{d}}/2$。当电源电压（U_{d}）和负载（R）不变时，桥式电路的输出功率是半桥式电路的 4 倍。

纯电阻负载时电流 i_{o} 波形是与电压 u_{o} 同相的方波，如图 7.36（b）所示；纯电感负载时电流 i_{o} 是三角波，如图 7.36（c）所示。

在 $0 \leqslant t < T_0/2$ 期间，$L\,\mathrm{d}i_{\mathrm{o}}/\mathrm{d}t = u_{\mathrm{o}} = U_{\mathrm{d}}$，$i_{\mathrm{o}}$ 线性上升。

在 $T_0/2 \leqslant t < T_0$ 期间，$u_{\mathrm{o}} = -U_{\mathrm{d}}$ 线性下降。

在 $0 \leqslant t \leqslant T_0/4$ 期间，虽然 $\mathrm{VT_1}$、$\mathrm{VT_4}$ 有驱动信号，$\mathrm{VT_2}$、$\mathrm{VT_3}$ 阻断，但 i_{o} 为负值，负值 i_{o} 只能经 $\mathrm{V_1}$、$\mathrm{V_4}$ 流回电源。只有在 $t \geqslant T_0/4$、$i_{\mathrm{o}} \geqslant 0$ 以后，由于 $\mathrm{VT_1}$、$\mathrm{VT_4}$ 仍有驱动信号，$u_{\mathrm{o}} = U_{\mathrm{d}} = L\,\mathrm{d}i_{\mathrm{o}}/\mathrm{d}t$，$i_{\mathrm{o}} > 0$ 且线性上升，直到 $t = T_0/2$ 为止，所以 $\mathrm{VT_1}$、$\mathrm{VT_4}$ 仅在 $T_0/4 \leqslant t \leqslant T_0/2$ 期间导通，电源向电感供电。

在 $T_0/2 \leqslant t \leqslant 3T_0/4$ 期间 $\mathrm{V_2}$、$\mathrm{V_3}$ 导通；$\mathrm{VT_2}$、$\mathrm{VT_3}$ 仅在 $3T_0/4 \leqslant t \leqslant T_0$ 期间导通。

对于纯电感负载，有

$$U_{\mathrm{d}} = L\frac{\mathrm{d}i_{\mathrm{o}}}{\mathrm{d}t} = L\frac{\Delta i_{\mathrm{o}}}{\Delta t} = L\frac{i_{\mathrm{om}} - (-i_{\mathrm{om}})}{T_0/2} = L\frac{2i_{\mathrm{om}}}{T_0/2}$$

$$(7.23)$$

故其负载电流峰值为

$$i_{\mathrm{om}} = U_{\mathrm{d}}/4f_0 L \qquad (7.24)$$

图 7.36（d）所示为 RL 负载时负载基波电流瞬时值的波形，θ 为 i_{o} 滞后于 u_{o} 的相位角。在 $0 \leqslant \omega t \leqslant \theta$ 期间，$\mathrm{VT_1}$、$\mathrm{VT_4}$ 有驱动信号，但 i_{o} 为负值，且 $\mathrm{VT_2}$、$\mathrm{VT_3}$ 截止，因此 $\mathrm{V_1}$、$\mathrm{V_4}$ 导通，$u_{\mathrm{o}} = U_{\mathrm{d}}$，故直流电源输入电流 i_{d} 为负值（$i_{\mathrm{d}} = -i_{\mathrm{o}}$）；在 $\theta \leqslant \omega t \leqslant \pi$ 期间，i_{o} 为正值，$\mathrm{VT_1}$、$\mathrm{VT_4}$ 有驱动信号而导通，$i_{\mathrm{d}} = i_{\mathrm{o}}$；在 $\pi \leqslant \omega t \leqslant \pi + \theta$ 期间，$\mathrm{VT_2}$、$\mathrm{VT_3}$ 有驱动信号，但此期间 i_{o} 仍为正值，且 $\mathrm{VT_1}$、$\mathrm{VT_4}$ 截止，故 $\mathrm{V_2}$、$\mathrm{V_3}$ 导通，所以 $i_{\mathrm{d}} = -i_{\mathrm{o}}$，$u_{\mathrm{o}} = -U_{\mathrm{d}}$，直到 $\omega t = \pi + \theta$、$i_{\mathrm{d}} = i_{\mathrm{o}} = 0$；然后在 $(\pi + \theta) \leqslant \omega t \leqslant 2\pi$ 期间 $\mathrm{VT_2}$、$\mathrm{VT_3}$ 导通。图 7.36（e）所示的是 RL 负载时直流电源输入电流 i_{d} 的波形。

3. 电流型逆变电路

电流型逆变电路也称为电流源型逆变电路

（Current Source Type Inverter，CSTI）。实际上理想直流电流源并不多见，一般是在逆变电路直流侧串联一个大电感，因为大电感中的电流脉动很小，因此可近似看成直流电流源。图 7.37（a）所示的电流型三相桥式逆变电路就是电流型逆变电路的一个例子。

电流型逆变电路有以下主要特点：

（1）直流侧串联有大电感，相当于电流源。直流侧电流基本无脉动，直流回路呈现高阻抗。

（2）电路中开关器件的作用仅是改变直流电流的流通路径，因此交流侧输出电流的波形为矩形波，并且与负载阻抗角无关。而交流侧输出电压波形和相位则因负载阻抗情况的不同而不同，其波形常接近正弦波。

（3）当交流侧为阻感负载时需要提供无功功率，直流侧电感起缓冲无功能量的作用。因为反馈无功能量时直流电流并不反向，因此不必像电压型逆变电路那样要给开关器件反接并联二极管。

电流型逆变器在交-直-交变频调速系统中应用较为广泛，下面仅介绍三相电流型逆变电路。

图 7.37（a）所示电路的基本工作方式是 120°导电方式，即每个臂一周期内导通 120°，按图示标号开关管的驱动信号 V_G 彼此依序相差 60°，即按 VT_1 到 VT_6 的顺序每隔 60°依次导通。各开关器件如图 7.37（b）所示导通 120°，则任何时刻只有两只开关管导通，这样，每个时刻上桥臂组的三个臂和下桥臂组的三个臂都各有一个臂导通。换流时，是在上桥臂组或下桥臂组的组内依次换流，称为横向换流。在 $0 \leq \omega t \leq \pi/3 = 60°$ 期间，VT_6、VT_1 导通，此后按 1、2，2、3，3、4，4、5，5、6，6、1 顺序导通，故称六拍逆变器。

像画电压型逆变电路波形时先画电压波形一样，画电流型逆变电路波形时，总是先画电流波形。因为输出交流电流波形和负载性质无关，是正负脉冲宽度各为 120°的矩形波。图 7.37（b）所示的是逆变电路的三相输出交流电流波形。同样可以证明：
输出线电压有效值

$$U_{ab} = 0.707U_d$$

相电压有效值

$$U_{a0} = 0.409U_d$$

在实际应用中，很多负载都希望逆变器的输出电压（电流）、功率及频率能够得到有效和灵活地控制，以满足实际应用中各种各样的要求。例如，异步电动机的变频调速就要求逆变器的输出电压和频率都能改变，并实现电压、频率的协调控制。对于 UPS，则要求在输入电压和负载变化情况下维持逆变器输出电压和频率恒定。前者称为变压变频（Variable Voltage Variable Frequency，VVVF）系统，后者称为恒频恒压（Constant Frequency Constant Voltage，CFCV）系统，而且二者都要求输出电压波形正弦失真度不超过允许值。类似上述的例子还有很多，如高频逆变电焊机的恒流、恒压及各种焊接特性的控制，太阳能和风力发电所要求的恒频恒压控制，感应加热电源装置的电压、电流波形及功率控制等。

逆变器输出电压的频率控制相对来说比较简单，逆变器电压和波形控制则比较复杂，且二者常常密切相关。现在已有各种各样的集成电路芯片可供逆变器控制系统选择使用，当然也可以利用软件编程技术加以解决。

逆变器输出电压的控制有如下三种基本方案：

（1）可控整流方案。如果电源是交流电源，则可通过改变可控整流器输出到逆变器的直

流电压 U_d 来改变逆变器的输出电压。

（2）斩波调压方案。如果前级是二极管可控整流电源或电池，则可通过直流斩波器改变逆变器的直流输入电压 U_d 来改变逆变器的输出电压，如图 7.37（b）所示。

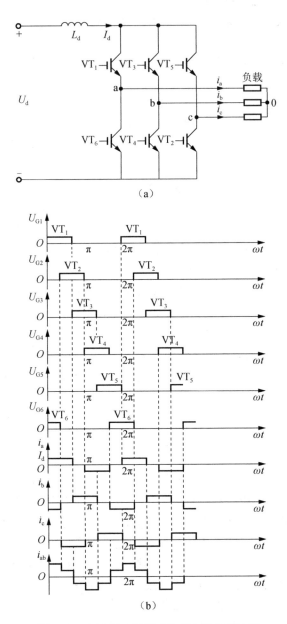

（a）

（b）

图 7.37　电流型三相桥式逆变电路及其波形

（a）电路（星形负载）；（b）波形（120°导电类型）

（3）脉冲宽度调制（Pulse Width Modulation，PWM）逆变器自调控方案。仅通过逆变器内部开关器件的脉冲宽度调制，同时调控电压和频率，调控输出电压中基波电压的大小、增大输出电压中最低次谐波的阶次并减小其谐波数值，来达到既能调控其输出基波电压，又能改善输出电压波形的目的。逆变器自身调控其输出电压大小和波形是一种先进的控制方案，也是当前应用最广的一种方案，在交流电动机调速系统中，当前除了特大容量电机的调速系统外，绝大多数采用全控型功率开关器件组成的 PWM 变压变频系统。

7.4　PWM 控制技术

PWM 控制技术就是对脉冲的宽度进行调制的技术，它通过对一系列脉冲的宽度进行调制来等效地获得所需要的波形（含形状和幅值）。

前面介绍的直流斩波电路采用的就是 PWM 控制技术中最为简单的一种。这种电路把直流电压"斩"成一系列脉冲，以改变脉冲的占空比来获得所需的输出电压。改变脉冲的导通占空比就是对脉冲宽度进行调制，只是因为输入电压和所需要的输出电压都是直流电压，因此脉冲既是等幅的，也是等宽的，仅仅是对脉冲的导通占空比进行控制。

PWM 控制技术在逆变电路中的应用最为广泛，对逆变电路的影响也最为深刻。在目前大量应用的逆变电路中，绝大部分是 PWM 型逆变电路。可以说，PWM 控制技术正是有赖于在逆变电路中的应用，才发展得比较成熟，才确定了它在电力电子技术中的重要地位。正因为如此，本节主要以逆变电路为控制对象来介绍 PWM 控制技术。

1. PWM 控制的基本原理及方法

1）PWM 控制的基本原理

采样控制理论有一个重要的原理——冲量等效原理：冲量相等而形状不同的窄脉冲加在具有惯性的环节上时，其效果基本相同。这里所说的冲量即指窄脉冲的面积，效果基本相同是指环节的输出响应波形基本相同。此为波形面积相等的原则，也称为面积等效原理。面积等效原理是 PWM 控制技术的重要理论基础。

下面分析如何用一系列等幅不等宽的脉冲来代替一个正弦半波。

把图 7.38（a）所示的正弦半波分成 N 等份，就可以把正弦半波看成由 N 个彼此相连的脉冲序列所组成的波形。这些脉冲宽度相等，都等于 π/N，但幅值不等，且脉冲顶部不是水平直线而是曲线，各脉冲的幅值按正弦规律变化。如果把上述脉冲序列（等宽不等幅）利用相同数量的等幅而不等宽的矩形脉冲代替，使矩形脉冲的中点和相应正弦波部分的中点重合，且矩形脉冲和相应的正弦波部分面积（冲量）相等，就得到图 7.38（b）所示的脉冲序列。这就是 PWM 波形。可以看出，各脉冲的幅值相等，而宽度是按正弦规律变化的。根据面积等效原理，PWM 波形和正弦半波是等效的，而且在同一时间段

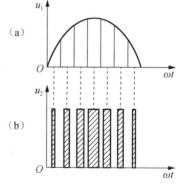

图 7.38　SPWM 波代替正弦半波
（a）正弦电压；（b）SPWM 等效电压

（如半波内）的脉冲数越多、脉冲宽度越窄，不连续的按正弦规律改变宽度的多脉冲电压 u_2 就越等效于正弦电压 u_1。对于正弦波的负半周，也可以用同样的方法得到 PWM 波形。像这种

脉冲宽度按正弦规律变化而和正弦波等效的 PWM 波形，称为 SPWM（Sinusoidal PWM）波形。

要改变等效输出正弦波的幅值，只要按照同一比例系数改变上述各脉冲的宽度即可。

PWM 波形可分为等幅 PWM 波和不等幅 PWM 波两种。由直流电源产生的 PWM 波通常是等幅 PWM 波。例如，直流斩波电路及本节介绍的 PWM 逆变电路，其 PWM 波都是由直流电源产生的，由于直流电源的电压幅值基本恒定，因此 PWM 波是等幅的。若其输入电源是交流的，则所得到的 PWM 波就是不等幅的了。直流斩波电路得到的 PWM 波是等幅又等宽的等效直流波形，SPWM 波得到的是等幅不等宽的等效正弦波。这些都是应用十分广泛的 PWM 波。本节介绍的 PWM 控制技术实际上主要是 SPWM 控制技术。

2）PWM 控制的基本方法

PWM 逆变电路也可分为电压型和电流型两种。目前实际应用的 PWM 逆变电路绝大多数是电压型电路，因此，本节主要介绍电压型 PWM 逆变电路的控制方法。

根据上面所述的 PWM 控制的基本原理，如果给出了逆变电路的正弦波输出频率、幅值和半个周期内的脉冲数，PWM 波形中各脉冲的宽度和间隔就可以准确地计算出来。按照计算结果控制逆变电路中各开关器件的通断，就可以得到所需要的 PWM 波形。这种方法称为计算法。计算法是较烦琐的，当需要输出的正弦波的频率、幅值或相位变化时，结果都要变化。

实际中应用的是调制法，即把希望输出的波形作为调制信号，把接受调制的信号作为载波，通过信号波的调制得到所期望的 PWM 波形。通常采用等腰三角波或锯齿波作为载波，其中等腰三角波应用最多。等腰三角波上任一点的水平宽度和高度呈线性关系且左右对称，当它与任何一个平缓变化的调制信号波相交时，如果在交点时刻对电路中开关器件的通断进行控制，就可以得到宽度正比于信号波幅值的脉冲，这正好符合 PWM 控制的要求。在调制信号波为正弦波时，所得到的就是 SPWM 波。这种情况应用最广，本节主要介绍这种控制方法。当调制信号不是正弦波而是其他所需要的波形时，也能得到与之等效的 PWM 波。

2. PWM 的基本控制方式

单脉冲脉宽调制是一种最简单的 PWM 控制方式，每半个周期只有一个可调宽的方波电压，谐波分量很大。为了减小谐波分量，可采用在半周期内增多电压脉冲数的方法来改善输出电压波形，即多脉冲脉宽调制。多脉冲脉宽调制分单极性 PWM 控制方式与双极性 PWM 控制方式。下面仅以正弦脉宽调制的几个基本电路为例加以介绍。

图 7.39（a）所示的是采用 IGBT 作为开关器件的单相桥式电压型逆变电路。设负载为阻感负载。

为了使逆变电路获得正弦波输出信号，如图 7.39（b）所示，调制电路的输入信号有两个：一个为频率和幅值可调的正弦波调制信号波 $u_r=U_{rm}\sin\omega_r t$，频率 $f_r=\omega_r/2\pi=f_1$（逆变器输出电压基波频率），频率 f_r 的可调范围一般为 0～400Hz；另一个为载波 u_c，它是频率为 f_c、幅值为 U_{cm} 的单极性三角波，f_c 通常较高（它取决于开关器件的开关频率）。调制电路（由比较器组成）的输出信号 $U_{G1}\sim U_{G4}$ 就是开关器件 $VT_1\sim VT_4$ 的栅极信号。用图 7.39（c）所示的正弦波与三角波的交点来确定开关器件的导通与关断。下面结合电路进行具体分析。

（1）在正弦调制波 u_r 正半周中。在图 7.39（c）中三角波瞬时值 u_c 高于正弦波瞬时值 u_r 期间，图 7.39（b）所示的 U_A 为负值，U_{G1} 使图 7.39（a）所示的 VT_1 截止，此时 $\overline{U}_A$ 为正值，U_{G2} 驱动 VT_2 导通，同时 U_B 为正值，U_{G4} 驱动 VT_4 导通；$\overline{U}_B$ 为负值，U_{G3} 使 VT_3 截止，所

以 $u_c > u_r$ 在期间，由于 VT_1 使 VT_3 截止，电源电压 U_d 不可能加至负载上。VT_2、VT_4 有驱动信号导通时，如果此时负载电流 i_o 为正，则 i_o 经 VT_4、V_2 续流使 $u_o = 0$；如果此时负载电流为负，则 $-i_o$ 将经 VT_2、V_4 续流使 $u_o = 0$，所以在 $u_c > u_r$ 期间，图 7.39（d）中 $u_o = 0$。

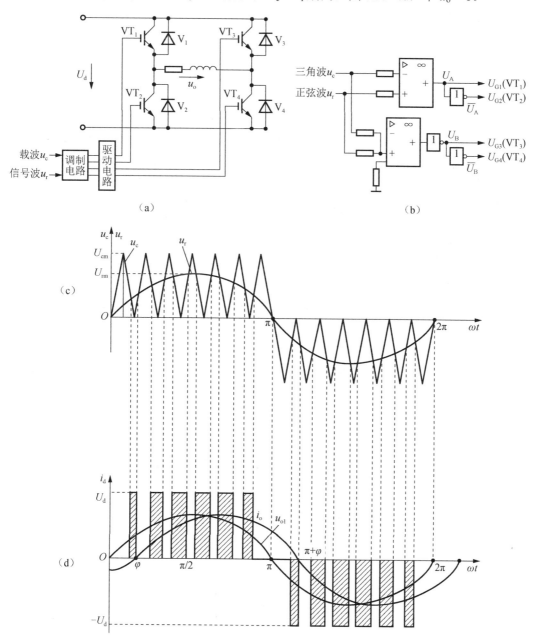

图 7.39　单极性正弦脉宽调制原理及输出波形

（a）单相桥式 PWM 逆变电路；（b）调制电路；（c）由相交确定开关点；（d）SPWM 电压

在图 7.39（c）中，正弦波瞬时值 u_r 大于三角波瞬时值 u_o 期间，使图 7.39（b）所示的 U_A 为正值，U_B 为正值，VT_1、VT_4 导通，VT_2、VT_3 截止，如果此时 i 为正值，则直流电源 U_d 经 VT_1、VT_4 向负载供电，使 $u_c = U_d$。

如果此时负载电流为负值，则-i 经 V_1 、V_4 返回直流电源 U_d，此时仍是 $u_o=U_d$。所以在 $u_r>u_c$ 期间逆变器输出电压 $u_o=U_d$ 如图 7.39（d）所示。对每一个区间都进行类似的分析就可以画出图 7.39（d）所示的正弦调制电压 u_r 正半波期间输出电压 u_c 的完整波形。

（2）在正弦调制波 u_r 负半周中。根据图 7.39（c）所示的电压波形关系和图 7.39（b）所示的电路关系，可类似地画出图 7.39（d）所示的正弦调制电压 u_r 负半波期间输出电压 u_o 的完整波形。

由以上分析可以得知，输出电压 u_o 是一个多脉冲波组成的交流电压，脉冲波的宽度近似地按正弦规律变化，即 ωt 从 0 到 2π 期间，脉宽从 0 变到最大正值再变为零，再从 0 变到最大负值再变到 0。在正半周只有正脉冲电压，在负半周只有负脉冲电压，因此这种 PWM 控制称为单极性正弦脉冲宽度调制控制 SSPWM。输出电压 u_o 的基波频率 f_1，等于正弦调制波频率 f_r，输出电压的大小由电压调制比 $M=U_{rm}/U_{cm}$ 决定。固定 V_{cm} 不变，改变 U_{rm}（改变调制比 M），即可调控输出电压的大小。例如，U_{rm} 增大，M 变大，每个脉冲波的宽度都增加，u_o 中的基波增大。图 7.39（d）所示的 u_{o1} 即为输出电压 u_o 的基波 4。此外，在图 7.39（c）中还可看到，载波比 $N=f_c/f_r$ 越大，每半个正弦波内的脉冲数目越多，输出电压就越接近正弦波。

为了使逆变电路的输出 PWM 波更接近正弦波，为了有效地提高直流电压利用率和减少开关次数，实际上随着科学技术的不断发展，新方法日新月异、层出不穷。目前，SPWM 的生成方法还有很多，而且专门用来产生 SPWM 波形的大规模集成电路芯片也得到了广泛应用，也可采用微处理器或数字信号处理器（Digital Signal Processor，DSP）来生成 SPWM 波。例如，SLE4520 大规模全数字化 CMOS 集成电路，在 8031 单片机相应软件的配合下，只要变更软件就可以实现各种 PWM 控制方式。目前，各生产厂家更进一步把它做在微机芯片中，生产出多种带 PWM 信号输出口的电机控制用的 8 位、16 位微机和 DSP 芯片，供设计者选用。对逆变器主电路而言，在单相、三相桥式逆变电路的基础上也还有多种形式的结构。有关内容请参阅其他文献。

7.5　电力半导体器件的驱动电路

7.5.1　驱动电路的一般结构

现代自动控制系统的主要组成部分如图 7.40 所示。由电力半导体器件组成的变换器（电力电子供电电路）是对负载（如电动机）供电的主电路。

图 7.40　控制系统主要结构框图

电力半导体器件的驱动电路是电力电子主电路与控制电路之间的接口，是电力电子装置的重要环节，对整个装置的性能有很大的影响。性能良好的驱动电路，可使电力电子器件工作在较理想的开关状态，缩短开关时间，减小开关损耗，对于装置的运行效率、可靠性和安全性都有重要的意义。另外，对电力电子器件或整个装置的一些保护设备也往往就近设在驱动电路中，或者通过驱动电路来实现，这使得驱动电路的设计更为重要。

　　简单地说，驱动电路的基本任务，就是将信息电子电路传来的信号按照其控制目标的要求，转换为加在电力电子器件控制端和公共端之间，可以使其开通或关断的信号。对于半控型器件，只需提供开通控制信号；对于全控型器件，则既要提供开通控制信号，又要提供关断控制信号，以保证器件按要求可靠导通或关断。

　　驱动电路还要提供控制电路与主电路之间的电气隔离环节，一般采用光隔离或磁隔离。光隔离一般采用光耦合器。光耦合器由发光二极管和光敏晶体管组成，封装在一个外壳内。其类型有普通、高速和高传输比三种。普通型光耦合器的输出特性和晶体管相似，只是其电流传输比比晶体管的电流放大倍数 β 小得多，一般只有 0.1～0.3。高传输比光耦合器的 I_C/I_D 要大得多。普通型光耦合器的响应时间为 10μs 左右。高速光耦合器的光敏二极管流过的是反向电流，其响应时间小于 1.5μs。磁隔离的元件通常是脉冲变压器，当脉冲较宽时，应采取措施避免铁芯饱和。

　　按照驱动电路加在电力电子器件控制端和公共端之间信号的性质，电力电子器件可分为电流驱动型和电压驱动型两类。晶闸管虽然属于电流驱动型器件，但是它是半控型器件，因此下面将单独讨论其驱动电路，晶闸管的驱动电路常称为触发电路，对于典型的全控型器件 GTO、GTR、P-MOSFET 和 IGBT，则将按电流驱动型和电压驱动型分别讨论。

7.5.2　晶闸管的触发电路

　　晶闸管触发电路的作用是产生符合要求的门极触发脉冲，保证晶闸管在需要的时刻由阻断转为导通。晶闸管触发电路往往包括对其触发时刻进行控制的相位控制电路，触发电路一般由如下 4 部分（图 7.41）组成：

　　（1）同步电路。它的功能是使触发脉冲每次产生的时刻，都能准确地对应主电路电压波形上的 α 时刻。通常的方法是把主电路的电压信号直接引入，或通过同步变压器（或经过阻容移相电路）从主电路引入来作为触发同步信号。

　　（2）移相控制。它的功能是调节触发脉冲发生的时刻（即调节控制角 α 的大小）。常用锯齿波与给定信号电压进行比较来进行移相控制。

　　（3）脉冲形成。它是触发电路的核心，它的功能是产生一定功率（一定的幅值与脉宽）的 脉冲。常用的有单结晶体管自激振荡电路、锯齿波触发电路和集成触发电路等。

　　（4）脉冲功率放大。若触发驱动的晶闸管的容量较大，则要求触发脉冲有较大的输出功率。若形成的脉冲的功率不够大，则还要增加脉冲功率放大环节。通常采用由复合管组成的射极输出器或采用强功率触发脉冲电源。

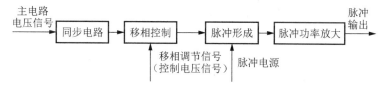

图 7.41　触发电路的组成

1. 晶闸管触发电路的要求

为了保证晶闸管的可靠触发，晶闸管对触发电路有一定的要求。概括起来有：

（1）触发电路应能供给足够大的触发电压和触发电流，一般要求触发电压应该在 4 V 以上、10V 以下，如图 7.42 所示；脉冲电流的幅度应为器件最大触发电流 I_{GT} 的 3～5 倍。

（2）由于晶闸管从截止状态到完全导通需要一定的时间（一般在 10μs 以内），因此，触发脉冲的宽度 t_1（图 7.42）必须在 10μs 以上（最好为 20～50μs），才能保证晶闸管可靠触发；如果负载是大电感，电流上升比较慢，那么，触发脉冲的宽度还应该增大，对于 50 Hz 的交流整流与逆变电路一般为 18°（即 t_1 为 1ms）。

（3）触发脉冲的前沿要陡，前沿最好在 10μs 以内，否则将会因温度、电压等因素的变化而造成晶闸管触发时间前后不一致。如图 7.43 所示，如果环境温度的改变，使得晶闸管的触发电压从 u_{g1} 提高到 u_{g2}，那么，晶闸管开始触发的时间就从 t_1 变成 t_2，可见，触发时间推迟了；同样，在多个晶闸管做串并联运用时，为改善均压和均流，脉冲的前沿陡度也希望大于 1A/μs。理想的触发脉冲电流波形如图 7.44 所示。

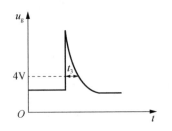

图 7.42 触发电压波形

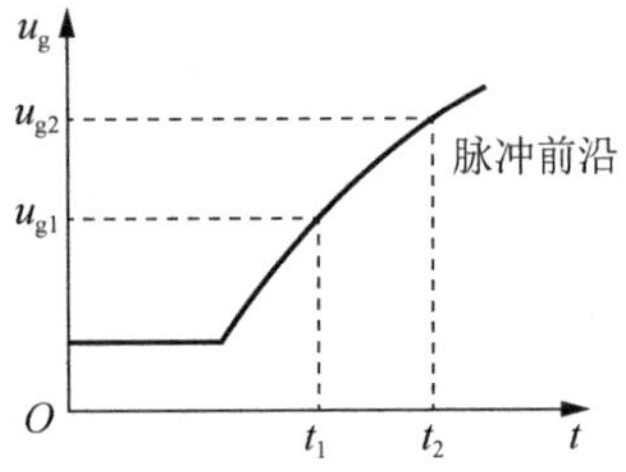

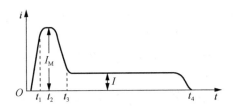

图 7.43 脉冲前沿不陡，触发时间有偏差

图 7.44 理想的晶闸管触发脉冲电流波形

$t_1～t_2$—脉冲前沿上升时间（小于 1μs）；$t_1～t_3$—强脉冲宽度；I_M—强脉冲幅值（$3I_{GT}～5I_{GT}$）；$t_1～t_4$—脉冲宽度；I—脉冲平顶幅值（$1.5I_{GT}～2I_{GT}$）

（4）不触发时，触发电路的输出电压应该小于 0.15 V，为了提高抗干扰能力，避免误触发，必要时可在控制极上加上一个 1～2V 的负偏压（就是在控制极上加一个对阴极为负的电压）。

（5）在晶闸管整流等移相控制的触发电路中，触发脉冲应该和主电路同步，二者的频率应该相同，且要有固定的相位关系，使每一个周期都能在同样的相位上触发，脉冲发出的时间应该能够平稳地前后移动（移相），移相的范围要足够宽。

2. 晶闸管的集成触发电路简介

随着晶闸管的广泛应用和晶闸管控制技术的发展，触发电路获得了重大的改进，在功率较大或要求较高的场合，常采用锯齿波同步触发电路（将在第 8 章结合直流调速系统的实例作具体介绍）等晶体管触发电路。在机电传动控制系统中，现今晶闸管主要应用于交流-直流相控整流和交流-交流相控调压，其驱动触发器都已集成化、系列化，如国产 KC、KJ 和 KG 等系列产品。集成触发电路与分立元件相比具有调试方便、体积小、成本低、功耗低、技术性能好、可靠性高的特点。

图 7.45 所示为 KJ004 集成移相触发电路。

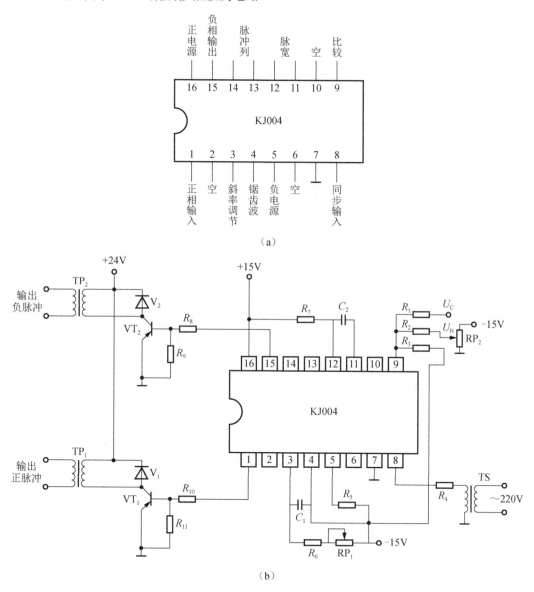

（a）

（b）

图 7.45　KJ004 集成移相触发电路

（a）引脚排列图；（b）由 KJ004 组成的晶闸管触发电路

如图 7.45（b）所示，TS 为同步变压器，TP_1 和 TP_2 为脉冲变压器，R_8、R_9、VT_2 和 R_{10}、R_{11}、VT_1 构成电压放大电路，V_1 和 V_2 为续流二极管，触发脉冲宽度取决于电阻 R_7 和电容

C_2，锯齿波斜率取决于 R_6，电位 RP_1 为调节锯齿波斜率，电压 U_c 为移相控制输入电压，电位器 RP_2 调节锯齿波偏置电压 U_B，此电路可输出正、负触发脉冲。

KJ004 晶闸管移相触发器的主要技术数据如下：

（1）电源电压，±15V×（1±5%）；

（2）电源电流，正电流不大于 15mA，负电流不大于 8mA；

（3）同步电压，任意值；

（4）移相范围，不小于 170°（同步电压 30 V，同步输入电阻 15kΩ）；

（5）脉冲幅度，不小于 13V（输出接 1kΩ 电阻负载）；

（6）输出脉冲电流，100 mA（由脚①和脚⑤输出的电流）；

（7）输出管反压，A 挡 $Au_{ceo} \geqslant 18$ V，B 挡 $Bu_{ceo} \geqslant 30$V；

（8）正负半周相位不均衡度，不大于±3°。

除了上述的模拟式触发电路外，现今越来越多地采用了数字式触发电路。其原因主要是前者易受电网电压的影响，若同步电压发生波形畸变，就会影响触发精度。例如，当同步电压不对称度为±1°时，输出脉冲不对称度可达 3°～4°，精度低。而采用数字式触发电路，则可获得很好的触发脉冲对称度。例如，基于 8 位单片机的数字式触发器，其精度就可达 0.7°～1.5°。

7.5.3 全控型器件的驱动电路

1. 电流驱动型器件的驱动电路

GTO 和 GTR 是电流驱动型器件。

（1）GTO 的驱动电路。GTO 的开通控制与普通晶闸管相似，即要求在其门极施加正脉冲电流，但由于 GTO 关断时要求在门极施加负脉冲电流，因此对 GTO 的驱动电路比对普通晶闸管的还有如下一些特别的要求：

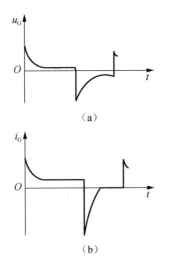

图 7.46 推荐的 GTO 门极电压、电流波形
(a) 电压波形；(b) 电流波形

① 若要使 GTO 开通，则对门极正的触发脉冲前沿的幅值和陡度就有较高要求，且一般在整个导通期间施加正门极电流；

② 若要使 GTO 关断，则需施加负门极电流，且对其幅值和陡度的要求更高，幅值高达阳极电流的 1/3 左右，陡度需达 50A/μs，强负脉冲宽度约为 30μs，负脉冲总宽约为 100μs；

③ 若要使 GTO 可靠关断，则关断后还应在门极施加约 5V 的负偏压，以提高抗干扰能力。

推荐的 GTO 门极电压、电流波形如图 7.46 所示。

GTO 一般用于大容量电路，其驱动电路通常包括开通驱动电路、关断驱动电路和门极反偏电路三部分，可分为脉冲变压器耦合式和直接耦合式两种类型。直接耦合式驱动电路可避免电路内部的相互干扰和寄生振荡，可得到较陡的脉冲前沿，因此目前应用较广，但其功耗大，效率较低。图 7.47 所示为典型的直接耦合式 GTO 驱动电路。该电路的电源由高频电源经二极管整流后提供，二极管 V_1 和电容 C_1 提供+15V 电压；$V_1V_2C_1C_2$ 构成倍压整流电路，提供+15V 电压；V_4 和电容 C_4 提供-15V 电压。场效应管 VT_1 开通时输出正强脉冲，VT_2 开通时输出正脉冲平顶部分，VT_2 关断而 VT_3 开通时输出负脉冲，VT_3 关断后由电阻 R_3 和 R_4 分压后提供门极负偏压。

（2）GTR 的驱动电路。GTR 的基极驱动电路必须提供持续而不是脉冲的驱动电流，以开通 GTR 并保持 GTR 处于可靠的通态，一个好的驱动电路应具有如下特性：

① 开通时有较高的基极驱动电流脉冲，以减小开通时间；

② GTR 开通后基极电流要适当减小，以减少通态时基射结损耗，同时使 GTR 开通后的基极驱动电流处于临界饱和导通状态，而不进入放大区和深饱和区，因过饱和时其关断时间比临界饱和时间长得多，不利于关断；

③ 关断 GTR 时，施加一定的负基极电流有利于减小关断时间和关断损耗；

④ 关断后同样应在基射极之间施加一定幅值（6V 左右）的负偏压，以增加晶体管的集射极间电压阻断能力；

⑤ GTR 驱动电流的前沿上升时间应小于 1μs，以保证它能快速开通和关断。

理想的 GTR 基极驱动电流波形如图 7.48 所示。

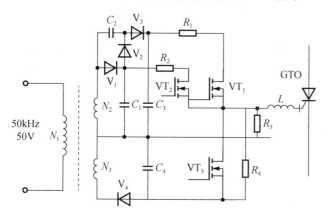

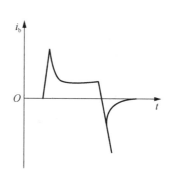

图 7.47　典型的直接耦合式 GTO 驱动电路　　　　图 7.48　理想的 GTR 基极驱动电流波形

图 7.49 所示的是 GTR 的一种驱动电路，它包括电气隔离和晶体管放大电路两部分。其中，二极管 V_2 和电位补偿二极管 V_3 构成所谓的贝克钳位电路，也就是一种抗饱和电路，它可使 GTR 导通时处于临界饱和状态。当负载较轻时，如果 VT_5 的发射极电流全部注入 GTR，则 GTR 会处于过饱和状态，关断时退饱和时间延长。有了贝克钳位电路之后，当 GTR 过饱和使集电极电位低于基极电位时，V_2 就会自动导通，使多余的驱动电流流入集电极，维持这样，就使 GTR 导通时始终处于临界饱和状态。图中，C_1 可以消除 VT_4、VT_5 产生的高频振荡；C_2 为加速开通过程的电容，开通时，R_5 被 C_2 短路，这样可以实现驱动电流的过冲，并增加前沿的陡度，加快开通；C_3 有利于消除 GTR 的高频振荡；R 用来改善 GTR 的电压支撑能力。

在驱动 GTR 的集成驱动电路中，富士公司的 EXB357、法国 THOMSON 公司的 UAA4002 和三菱公司的 M57215BL 较为常见。详细介绍可参考产品说明书。

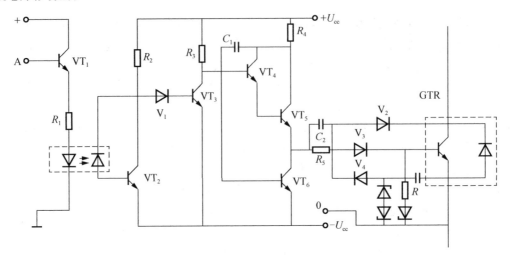

图 7.49　GTR 的一种驱动电路

2. 电压驱动型器件的驱动电路

P-MOSFET 和 IGBT 都是电压驱动型器件，其栅极驱动电路比 GTR 基极驱动电路简单，但是，因它们的输入阻抗极高，且多工作在高频开关状态下，所以对其栅极驱动电路应有如下要求：

1）P-MOSFET 的栅源极之间和 IGBT 的栅射极之间都有数千皮法的极间电容，要求驱动电路具有较小的输出电阻，能对极间电容快速充电，提高开通速度，关断时提供低电阻放电回路而快速关断。

2）开通、关断时，$U_{GS(E)}$ 应有足够的上升和下降陡度，且要求有一定的数值，P-MOSFET 开通的栅源极间驱动电压一般取 10～15V，IGBT 开通的栅射极间驱动电压一般取 15～20V。

3）关断时施加一定幅值的负驱动电压，一般取（-5～-15V），以有利于减小关断时间和关断损耗。

4）在栅极串入一只低值电阻（数十欧）R_G 可以减小寄生振荡，且对开关性能也有很大影响。若 R_G 增大，则开通、关断时间延长，损耗增大；若 R_G 减小，则漏极电流上升率 di_D/dt 增大，易引起管子误导通。该电阻阻值应随被驱动器件电流额定值的增大而减小。

图 7.50 所示的是 P-MOSFET 的一种驱动电路，它包括电气隔离和晶体管放大电路两部分。当无输入信号时高速放大器 A 输出负电平，VT_3 导通输出负驱动电压；当有输入信号时，A 输出正电平，VT_2 导通输出正驱动电压。

IGBT 的驱动多采用专用的混合集成驱动器，常用的有三菱公司的 M579 系列（如 M57962L 和 M57959L）和富士公司的 EXB 系列（如 EXB840、EXB841、EXB850 和 EXB851）。同一系列的不同型号其引脚和接线基本相同，只是适用被驱动器件的容量和开关频率，以及输入电流幅值等参数有所不同。

图 7.51 是 EXB841 模块的功能原理图，这些混合集成驱动器内部都具有退饱、检测和保护环节，当 μs 发生过电流时能快速响应，但慢速关断 IGBT，并向外部电路给出故障信号，接线图如图 7.52 所示。

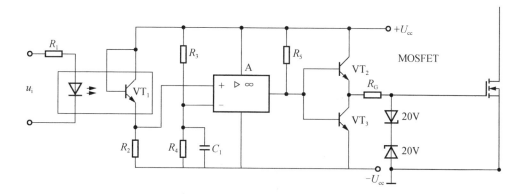

图 7.50　P-MOSFET 的一种驱动电路

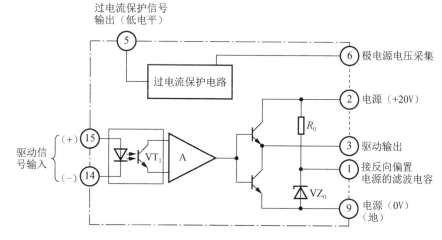

图 7.51　IGBT 的驱动模块 EXB841 功能原理图

　　EXB841 模块可驱动 300 A/1 200V IGBT 元件，整个电路信号延迟时间小于 1μs，最高工作频率可达 50kHz。它只需要外部提供一个 +20V 的单电源即可（它内部自生反偏电压）。模块采用高速光耦合（隔离）输入，信号电压经电压放大和推挽（射极跟随）功率放大输出。

　　对照图 7.51 和图 7.52 可以看出，脚⑮接高电平（+12V）输入，脚⑭输入控制脉冲信号（输入负脉冲使光耦合器导通），光耦合信号经电压放大器 A 放大，再经发射极跟随功率放大后，由脚③输出，经限流电阻送至 IGBT 的栅极 G 驱动 IGBT 导通。稳压管 VZ_1、VZ_2 起到栅极电压正向限幅保护作用。集成模块中的电阻 R_0 和稳压管 VZ_0（图 7.51）构成的分压，经脚①，为 IGBT 的发射极提供一个反向偏置（-5V）的电压 [由于 IGBT 为电压控制型器件，截止时容易因感应电压而误导通，所以通常设置一个较高的反向偏压（-10~-5V），使 IGBT 提高抗干扰能力，可靠截止]。反向偏置电源通过脚①外接滤波电容和发射极的钳位二极管 V_2（使发射极电位不低于 0V）。此外，当集电极电流过大时，管子的饱和电压 U_{ce} 将明显增加，使集电极电位升高，过高的集电极电位将作为过电流信号，送至脚⑥，通过模块中的保护电路，使栅极电位下降，IGBT 截止，从而起到过电流保护作用。此外，当出现过电流时，引脚⑤将输出低电平信号，使光耦合器 VL 导通（图 7.52），输出过电流保护动作信号（送至显示或报警或其他保护环节）。

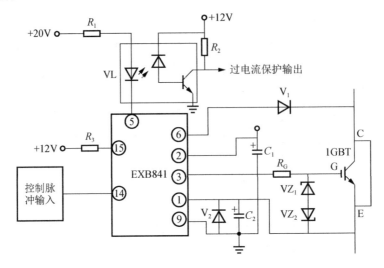

图 7.52　用 EXB841 模块驱动 IGBT 的接线图

至今，国外许多生产厂家已经生产出各类电力电子器件的各种驱动器，尽管品种繁多，而且还在不断地推出新品种，但其具体电路基本原理相差不大。

习题与思考题

一、简答题

1. 晶闸管的导通条件是什么？导通后流过晶闸管的电流取决于什么？晶闸管由导通转变为阻断条件是什么？阻断后它所承受的电压大小取决于什么？

2. 晶闸管能否和晶体管一样构成放大器？为什么？

3. 如图 7.53 所示，试问：

（1）在开关 S 闭合前灯泡亮不亮？为什么？

（2）在开关 S 闭合后灯泡亮不亮？为什么？

（3）再把开关 S 断开后灯泡亮不亮？为什么？

4. 晶闸管的主要参数有哪些？

5. 如何用万用表粗测晶闸管的好坏？

6. 晶闸管的控制角和导通角是什么含义？

7. GTO 和普通晶闸管同为 PNPN 结构，为什么 GTO 能够自关断，而普通晶闸管却不能？

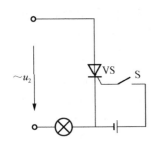

图 7.53　简答题 3 图

8. 如何防止 P-MOSFET 因静电感应引起的损坏？

9. 分别介绍 IGBT、GTR、GTO 和 P-MOSFET 的优缺点。

10. 晶闸管对触发电路有哪些要求？触发电路主要有哪三个环节？每个环节的功能是什么？

11. 单结晶体管自激振荡电路的振荡频率是由什么决定的？为获得较高的振荡频率，减

小充电电阻 R 与减小电容 C 效果是否一样？ K 的大小受哪些因素的限制？为什么？

12．为什么晶闸管的触发脉冲必须与主电路电压同步？

13．在单结晶体管触发电路中，改变电阻 R 为什么能实现移相？移相的目的是什么？

14．IGBT、GTR、GTO 和 P-MOSFET 的驱动电路各有什么特点？

15．电力电子器件的过电压、过电流保护有哪些方法？

16．全控型器件的缓冲电路的主要作用是什么？试分析 RCD 缓冲电路中各元件的作用。

17．晶闸管元件串、并联时，分别应注意哪些问题？元件的均流、均压方法有哪几种？

18．有一单相半波可控整流电路，其交流电源电压 U_2=220V，负载电阻 R_L=10Ω，试求输出电压平均值 U_d 的调节范围。当 α=π/3 时，输出电压平均值 U_d、电流平均值 I_d 为多少？并选晶闸管。

19．续流二极管有何作用？为什么？若不小心把它的极性接反了，将会产生什么后果？

20．有一电阻性负载，需要直流电压 U_d=60V，I_d=30A 供电，若采用单相半波可控整流电路，直接接 220V 的交流电网上，试计算晶闸管的导通角 θ。

21．单相全控桥式整流和单相半控桥式整流特性有哪些区别？

22．单相桥式全控整流电路、三相桥式全控整流电路中，当负载分别为电阻或电感负载时，晶闸管的 α 角移相范围是多少？

23．三相半波可控整流电路，如在自然换相点之前加入触发脉冲会出现什么现象？画出这时负载侧的电压波形图。

24．三相桥式全控整流电路带电阻性负载，如果有一只晶闸管被击穿，其他晶闸管会受什么影响？

25．简述有源逆变器的工作原理，逆变的条件和特点。

26．无源逆变电路和有源逆变电路有什么不同？

27．什么是电压型逆变电路？什么是电流型逆变电路？二者各有什么特点？

28．论述单相晶闸管桥式逆变器的基本工作原理，如何实现电压控制？

29．电压型逆变电路中反馈二极管的作用是什么？为什么电流型逆变电路中没有反馈二极管？

30．SPWM 的基本原理是什么？载波比 N、电压调制比 M 的定义是什么？ 在载波电压幅值 U_{cm} 和频率 f_c 恒定不变时，改变调制参考波电压幅值 U_{cm} 和频率 f_r，为什么能改变逆变器交流输出基波电压 u_{o1} 的大小和基波频率 f_1？

31．单极性和双极性 PWM 调制有什么区别？在三相桥式 PWM 型逆变电路中，输出相电压（输出端相对直流电源中点的电压）和线电压 SPWM 波形各有几种电平？

32．试说明三相电压型逆变器 SPWM 输出电压闭环控制的基本原理。

二、绘图题

1．试绘出图 7.54 中负载电阻 R 上的电压波形和晶闸管上的电压波形。

2．画出单相半波可控整流电路带不同性质负荷时，晶闸管的电流波形与电压波形。

3．三相半波电阻负载的可控整流电路，如果由于控制系统故障，A 相的触发脉冲失去，试画出控制角 α =0° 时的整流电压波形。

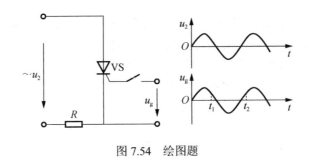

图 7.54 绘图题

三、计算题

有一电阻负载需要可调直流电压 U_d=0～60V、电流 I_d=0～10A，现选一单相半控桥式可控整流电路，试求电源变压器的二次电压及晶闸管与二极管的额定电压和电流。

第 8 章

直流调速系统

学习目标

了解调速系统主要性能指标；在掌握单闭环直流调速系统的基础上，重点学习掌握直流脉宽调制调速系统的组成、工作原理和主要特点。

调速系统主要包括两种，即直流调速系统和交流调速系统。直流调速系统以直流电动机为动力，具有良好的调速性能，能在宽广的范围内平滑调速，是交流调速系统的技术基础。直流调速系统分为开环调速系统和闭环调速系统，闭环调速系统又可分为单闭环和双闭环直流调速系统。当生产负载对运行时的静差度要求不高时，可以通过开环系统实现一定范围内的无级调速。单闭环直流调速系统可以在保证系统稳定的前提下实现转速无静差，但不能随意控制电流和转矩的动态过程。双闭环直流调速系统具有比较满意的动态性能和稳态性能，是应用最广的系统。由于模拟控制器的物理意义清晰、控制信号流向直观、控制规律容易掌握，从物理概念和设计方法上看，模拟控制仍为直流调速控制的基础。

8.1 调速系统的主要性能指标

机电传动控制系统调速方案的选择，主要是根据生产机械对调速系统提出的调速技术指标来决定的。调速技术指标包括静态调速技术指标和动态调速技术指标。静态调速技术指标要求机电传动自动控制系统能在最高转速和最低转速范围内调节转速，并且要求在不同转速下工作时，速度稳定。动态调速技术指标要求系统启动、制动快而平稳，并具有良好的抗扰动性。抗扰动性是指系统稳定在某一转速上运行时，应尽量不受负载变化以及电源电压波动等因素的影响。

8.1.1 静态技术指标

1. 静差度 S

速度稳定性指标。静差度表示出生产机械运行时转速稳定的程度，指理想的空载转速到额定负载时的转速降 Δn_N 与理想空载转速 n_0 的比值，用 S 表示，即 $S = \dfrac{n_0 - n_N}{n_0} = \dfrac{\Delta n_N}{n_0}$。

当负载变化时，生产机械转速的变化要能维持在一定范围内，即要求静差度 S 小于一定数值。

不同的生产机械对静差度的要求不同，如表 8.1 所示。

表 8.1 不同生产机械对静差度的要求

普通设备	普通车床	龙门刨床	冷轧机	热轧机
$S \leqslant 50\%$	$S \leqslant 30\%$	$S \leqslant 5\%$	$S \leqslant 2\%$	$0.2\% \sim 0.5\%$

由 $S = \dfrac{n_0 - n_N}{n_0} = \dfrac{\Delta n_N}{n_0}$ 可知：电动机的机械特性越硬，则静差度越小，转速的相对稳定性就越高。在一个调速系统中，如果在最低转速运行时能满足静差度的要求，则在其他转速时必能满足要求。

2. 调速范围 D

在额定负载下允许的最高转速 n_{max} 和在保证生产机械对转速变化率要求的前提下所能达到的最低转速 n_{min} 之比称为调速范围，用 D 表示，即

$$D = \frac{n_{max}}{n_{min}} = \frac{v_{max}}{v_{min}}$$

不同的生产机械要求的调速范围各不相同，如表 8.2 所示。

表 8.2 不同生产机械对调速范围的要求

车床	龙门刨床	钻床	铣床	轧钢机	造纸机	进给机械
$20 \sim 120$	$20 \sim 40$	$2 \sim 12$	$20 \sim 30$	$3 \sim 15$	$10 \sim 20$	$5 \sim 30\ 000$

采用机械和电气联合调速时，如 D 指生产机械的调速范围，以 D_m 代表机械调速范围，D_e 代表电气调速范围，则 $D_e = D/D_m$。

3. 调速的平滑性

调速的平滑性，通常是用两个相邻调速级的转速差来衡量的。在一定的调速范围内，可以得到的稳定运行转速级数越多，调速的平滑性就越高，若级数趋近于无穷大，即表示转速连续可调，称为无级调速。不同的生产机械对调速的平滑性要求也不同，有的采用有级调速即可，有的则要求无级调速。

现以改变直流电动机电枢外加电压调速为例，说明调速范围 D 与静差度 S 之间的关系。

图 8.1 所示为调速系统在高速和低速时电动机对应的两条机械特性曲线。则

$$D = \frac{n_{max}}{n_{min}} = \frac{n_{max}}{n_{02} - \Delta n_N} = \frac{n_{max}}{n_{02}\left(1 - \dfrac{\Delta n_N}{n_{02}}\right)} = \frac{n_{max}}{\Delta n_N(1 - S)}$$

上式表示出最高转速、最低转速、静态速降和静差度四者之间的关系。

通常最高速度由系统中所使用电动机的额定转速决定；静

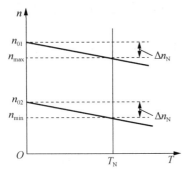

图 8.1 调速系统在高速和低速时电动机对应的两条机械特性曲线

差度 S 和调速范围 D 由生产机械的要求决定。当上述三个参数确定后，则要求静态速降是一个定值。

8.1.2　动态技术指标

生产机械由电动机拖动，在调速过程中，从一种稳定速度变化到另一种稳定速度运转（启动、制动过程仅是特例而已），由于有电磁惯性和机械惯性，过程不能瞬时完成，而需要一段时间，即要经过一段过渡过程，或称动态过程。

实际上，生产机械对自动调速系统动态品质指标的要求除过渡过程时间外，还有最大超调量、振荡次数等，如图 8.2 所示是以被调量转速 n 为例，系统从 n_1 改变到 n_2 时的过渡过程。

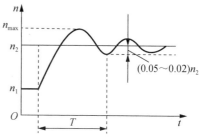

图 8.2　速度变化的过渡过程

1. 最大超调量

$$M_p = \frac{n_{\max} - n_2}{n_2} \times 100\%$$

超调量太大，达不到生产工艺上的要求，但太小，则会使过渡过程过于缓慢，不利于生产率的提高等，一般 M_p 为 10%～35%。

2. 过渡过程时间 T

从输入控制（或扰动）作用于系统开始，直到被调量 n 进入（0.05～0.02）n_2 稳定值区间时为止（并且以后不再越出这个范围）的一段时间，称为过渡过程时间。

3. 振荡次数 N

在过渡过程时间内，被调量 n 在其稳定值上下摆动的次数，图 8.2 中所示为 1 次。

上述三个指标是衡量一个自动调速系统过渡过程品质好坏的主要指标。

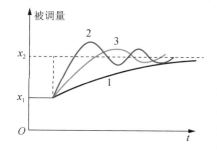

图 8.3　三种不同调速系统的过渡过程

如图 8.3 所示是三种不同调速系统被调量从 x_1 改变为 x_2 时的变化情况。

系统 1 的被调量要经过很长时间才能跟上控制量的变化，达到新的稳定值；系统 2 的被调量虽变化很快，但要经过几次振荡才能停在新的稳定值上。这两个系统都不能令人满意，系统 3 的动态性能才是较理想的。不同的生产机械对动态指标的要求不尽相同，如龙门刨床、轧钢机等可允许有一次振荡，而造纸机则不允许有振荡的过渡过程。

三个系统的动态性能比较如表 8.3 所示。

表 8.3　三个系统的动态性能比较

系统	超调量	过渡过程时间 T	振荡次数 N	性能
1	0	长	无	不好
2	大	中	多	不好
3	小	短	中	好

8.2　晶闸管–电动机调速系统

直流调速系统中，目前，用得最多的是晶闸管–电动机直流调速系统。

晶闸管–电动机直流调速系统常用的有单闭环直流调速系统、双闭环直流调速系统和可逆系统。

8.2.1　有静差转速负反馈调速系统

单闭环直流调速系统常分为有静差调速系统和无静差调速系统两类。

有静差调速系统：单纯由被调量负反馈组成的按比例控制的单闭环系统属有静差的自动调节系统，简称有静差调速系统。

无静差调速系统：单纯由被调量负反馈组成的按积分（或比例积分）控制的系统，属无静差的自动调节系统，简称无静差调速系统。

速度（转速）负反馈是抑制转速变化的最直接而有效的方法，它是自动调速系统最基本的反馈形式。但速度负反馈需要有反映转速的测速发电机，它的安装和维修都不太方便，因此，在调速系统中还常采用其他的反馈形式。常用的有电压负反馈、电流正反馈、电流截止负反馈等反馈形式。

1. 基本组成

转速负反馈调速系统的基本组成如图 8.4 所示。

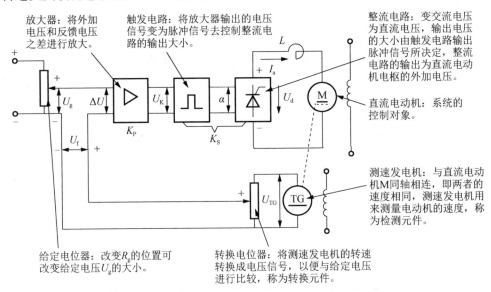

图 8.4　转速负反馈调速系统的基本组成

由图 8.4 可知：

（1）系统的调速方法是改变外加电压调速；

（2）系统的反馈信号是被控制对象 n 本身；

（3）反馈电压和给定电压的极性相反，即 $\Delta U = U_g - U_f$。

因此，该系统称为转速负反馈调速系统。

2．工作原理

1）稳态（U_g、U_f 不变）

当 U_g、U_f 不变时：

$$\Delta U = U_g - U_f \text{不变} \rightarrow U_k \text{不变} \rightarrow \alpha \text{不变} \rightarrow U_d \text{不变} \rightarrow n \text{不变}$$

即当 U_g、U_f 不变时，电动机的转速不变，这种状态称为稳态。

2）调速（U_f 不变，改变 U_g 的大小）

$$U_g \uparrow \rightarrow \Delta U \uparrow = U_g - U_f \rightarrow U_k \uparrow \rightarrow \alpha \downarrow \rightarrow U_d \uparrow \rightarrow n \uparrow$$

$$U_g \downarrow \rightarrow \Delta U \downarrow = U_g - U_f \rightarrow U_k \downarrow \rightarrow \alpha \uparrow \rightarrow U_d \downarrow \rightarrow n \downarrow$$

即改变 U_g 的大小可改变电动机的转速，这种状态称为调速。

3）稳速（U_g 不变、负载变化使 U_f 变化）

当负载增加使 $n \downarrow \rightarrow U_f \downarrow \rightarrow \Delta U \uparrow = U_g - U_f \rightarrow U_k \uparrow \rightarrow \alpha \downarrow \rightarrow U_d \uparrow \rightarrow n \uparrow$

当负载减小使 $n \uparrow \rightarrow U_f \uparrow \rightarrow \Delta U \downarrow = U_g - U_f \rightarrow U_k \downarrow \rightarrow \alpha \uparrow \rightarrow U_d \downarrow \rightarrow n \downarrow$

即当负载发生变化而使速度也发生变化后，系统通过反馈能维持速度基本不变，这种状态称为稳速。

3．静特性分析

分析静特性的目的：主要目的是找到减小静态速降、扩大调速范围、提高系统性能的途径。静特性表示出电动机的转速与负载电流之间的大小关系。

1）各环节输入、输出的关系

（1）电动机电路：

$$U_d = K_e \Phi n + I_a R_\Sigma = C_e n + I_a R_\Sigma$$

式中，K_e——电动机机构相关常数；

Φ——磁通；

n——转速；

I_a——电枢电流；

R_Σ——电枢回路的总电阻，$R_\Sigma = R_x + R_a$。其中 R_x 为可控整流电源的等效内阻（包括整流变压器和平波电抗器等的电阻），R_a 为电动机的电枢电阻。

（2）晶闸管和触发电路：设晶闸管和触发电路的放大倍数为 K_2，则

$$U_d \approx K_2 U_k$$

式中，U_k——放大器输出电压。

（3）放大器电路：设放大器的放大倍数为 K_p，则

$$U_k = K_p \Delta U = K_p(U_g - U_f)$$

式中，U_g——给定电压；

$\quad\quad U_f$——转换电位器输出电压。

（4）反馈电路：速度反馈信号电压 U_f 与转速 n 成正比，设放大系数为 K_{cf}，则

$$U_f = K_{cf} n$$

2）静特性

根据

$$\begin{cases} U_d = C_e n + I_a R_\Sigma \\ U_d = K_2 U_k \\ U_k = K_p (U_g - U_{cf}) \\ U_f = K_{cf} n \end{cases}$$

$$K_2 U_k = C_e n + I_a R_\Sigma$$

$$K_2 K_p (U_g - U_f) = C_e n + I_a R_\Sigma$$

$$K_2 K_p U_g - K_2 K_p K_{cf} n = C_e n + I_a R_\Sigma$$

$$n = \frac{K_2 K_p U_g - I_a R_\Sigma}{K_2 K_p K_{cf} + C_e}$$

令 $K_G = K_2 K_p$，$K = \dfrac{K_2 K_p K_{cf}}{C_e}$，则

$$n = \frac{K_G U_g}{C_e(1+K)} - \frac{I_a R_\Sigma}{C_e(1+K)} = n_{0f} - \Delta n_f（闭环系统的静特性）$$

式中，K_G——从放大器输入端到可控整流电路输出端的电压放大倍数，$K_G = K_p K_2$；

$\quad\quad K$——闭环系统的开环放大倍数，$K = \dfrac{K_{cf}}{C_e} K_p K_2$。

如果系统没有转速负反馈（即开环系统），则整流器的输出电压

$$U_d = K_p K_2 U_g = K_G U_g = C_e n + I_a R_\Sigma$$

由此可得开环系统的机械特性方程

$$n = \frac{K_G U_g}{C_e} - \frac{R_\Sigma}{C_e} I_a = n_0 - \Delta n（开环系统的静特性）$$

3）分析与结论

比较开环系统和闭环系统的静特性，不难看出：

（1）在给定电压一定时，有

$$n_{0f} = \frac{K_0 U_g}{C_e(1+K)} = \frac{n_0}{1+K}$$

即闭环系统的理想空载转速降低到开环时的 $\dfrac{1}{1+K}$，为了使闭环系统获得与开环系统相同的理想空载转速，闭环系统所需要的给定电压 U_g 需是开环系统的 $(1+K)$ 倍，因此，仅有转速负反馈的单闭环系统在运行中，若突然失去转速负反馈，就可能造成严重的事故。

（2）如果将系统闭环与开环的理想空载转速调得一样，即

$$\Delta n_f = \frac{R_\Sigma}{C_e(1+K)} I_a = \frac{\Delta n}{1+K}$$

即在同样负载电流下，闭环系统的转速降仅是开环系统转速降的 $\dfrac{1}{1+K}$，从而大大提高了机械特性的硬度，使系统的静差度减少。

（3）在最大运行转速 n_{max} 和低速时最大允许静差度 S 不变的情况下，开环系统和闭环系统的调速范围分别为

开环：
$$D = \frac{n_{max}S_2}{\Delta n_N(1-S_2)}$$

闭环：
$$D_f = \frac{n_{max}S_2}{\Delta n_{Nf}(1-S_2)} = \frac{n_{max}S_2}{\dfrac{\Delta n_N}{1+K}(1-S_2)} = (1+K)D$$

即闭环系统的调速范围为开环系统的（1+K）倍。

由上可见，提高系统的开环放大倍数 K 是减小静态转速降落、扩大调速范围的有效措施。系统的放大倍数越大，准确度就越高，静差度就越小，调速范围就越大。但是放大倍数也不能过分增大，否则系统容易产生不稳定现象。

由于放大倍数不可能为无穷大，即静态速降不可能为 0，因此，上述系统只能维持速度基本不变。这种维持被调量（转速）近于恒值不变，但又具有偏差的反馈控制系统通常称为有差调节系统（即有差调速系统）。

采用转速负反馈调速系统能克服扰动作用（如负载的变化、电动机励磁的变化、晶闸管交流电源电压的变化等）对电动机转速的影响。只要扰动引起电动机转速的变化能为测量元件——测速发电机等所测出，调速系统就能产生作用来克服它，换句话来说，只要扰动是作用在被负反馈所包围的环内，就可以通过负反馈的作用来减少扰动对被调量的影响，但是必须指出，测量元件本身的误差是不能补偿的。例如，当测速发电机的磁场发生变化时，则 U_f 就要变化，通过系统的作用，会使电动机的转速发生变化。因此，正确选择与使用测速发电机是很重要的。当用他励式测速发电机时，应使其磁场工作在饱和状态或者用稳压电源供电，也可以用永磁式的测速发电机（当安装环境不是高温，没有剧烈振动的场合），以提高系统的准确性。在安装测速发电机时还应注意轴的对中不偏心，否则也会对系统带来干扰。

8.2.2　有静差的电流正反馈与电压负反馈自动调速系统

1. 电压负反馈系统

由 $n = \dfrac{U_d}{K_e\Phi} - \dfrac{R_a}{K_e\Phi}I_a$ 可知，电动机的转速随电枢端电压的大小而变。电枢电压的大小，可以近似地反映电动机转速的高低。电压负反馈系统就是把电动机电枢电压作为反馈量，以调整转速。具有电压负反馈环节的调速系统如图 8.5 所示。

1）电压负反馈调速系统与转速负反馈调速系统的区别

（1）反馈信号不同，前者为被控制量的间接量电压，后者为被控制量本身；

（2）检测元件不同，前者为电位器，后者为测速发电机。

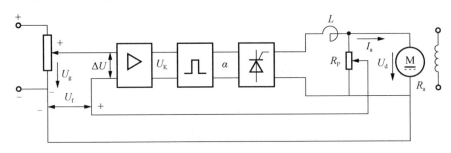

图 8.5　具有电压负反馈环节的调速系统

2）工作原理

图 8.5 中 U_g 是给定电压，U_f 是电压负反馈的反馈量，它是从并联在电动机电枢两端的电位计 R_p 上取出来的，所以，电位计 R_p 是检测电动机端电压大小的检测元件，U_f 与电动机端电压 U 成正比，U_f 与 U 的比例系数用 α 表示，称为电压反馈系数

$$\alpha = U_f / U$$

因 $\Delta U = U_g - U_f$，U_g 和 U_f 极性相反，故为电压负反馈。

稳速和调速的工作过程与转速负反馈相同。

在给定电压 U_g 一定时，其调整过程如下：

$$负载 \uparrow \to n \downarrow \to I_a \uparrow \to U_f \downarrow \to \Delta U \uparrow \to U_k \uparrow \to \alpha \downarrow \to$$
$$n \downarrow \leftarrow ----U \uparrow \leftarrow ----U_d \leftarrow ----\rfloor$$

同理，负载减小时，引起 n 上升，通过调节可使 n 下降，趋于稳定。

电压负反馈系统的特点是电路简单，但是稳定速度的效果并不大，因为电动机端电压即使由于负反馈的作用而维持不变，但是负载增加时，电动机电枢内阻 R_a 所引起的内阻压降仍然要增大，电动机速度还是要降低。或者说电压负反馈，最多只能补偿可控整流电源的等效内阻所引起的速度降落。一般电路中采用电压负反馈，主要不是用它来稳速，而是用它来防止过电压、改善动态特性、加快过渡过程。

2. 电流正反馈与电压负反馈的综合反馈系统

由于电压负反馈调速系统对电动机电枢电阻压降引起的转速降落不能予以补偿，因此转速降落较大，静特性不够理想，使允许的调速范围减小。为了补偿电枢电阻压降 $I_a R_a$，一般在电压负反馈的基础上再增加一个电流正反馈环节。具有电压负反馈和电流正反馈的调速系统如图 8.6 所示。

1）系统特点

（1）R_v 为电压负反馈检测元件，并接在电动机电枢两端，其上的电压大小 U_v 直接反映电动机电枢两端电压的大小，故称为电压反馈；R_I 为电流正反馈检测元件，串接在电动机电枢回路中，其上的电压大小 U_I 直接反映电动机电枢电流的大小，故称为电流反馈。

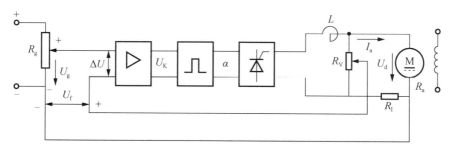

图 8.6　电压负反馈和电流正反馈调速系统

（2）系统的总反馈电压 $U_f = U_V - U_I$，而 $\Delta U = U_g - U_f = U_g - U_V + U_I$。因为反馈电压 U_V 的极性与给定电压 U_g 的极性相反，故称为电压负反馈，而反馈电压 U_I 的极性与给定电压 U_g 的极性相同，故称为电流正反馈。

（3）要使系统稳定运行，系统总的反馈特性必须呈现出负反馈的性质。因此，调节 U_I、U_V 的大小，保证 $U_f = U_V - U_I > 0$。

2）工作原理

稳速和调速的过程与转速负反馈相同。

在给定电压 U_g 一定时，其调整过程如下：

$$I_a \uparrow \to \begin{cases} n\downarrow n\uparrow \leftarrow \text{------------------------------------} \\ U_V\downarrow \\ U_I\uparrow \end{cases} \to \Delta U\uparrow\uparrow = U_g - U_V + U_I \to U_K\uparrow \to \alpha\downarrow \to U_d\uparrow \to \overset{\uparrow}{U}\downarrow$$

同理，负载减小时，引起 n 上升，通过调节可使 n 下降，趋于稳定。

3）静特性分析

为了保证"调整"效果，电流正反馈的强度与电压负反馈的强度应按一定比例组成，如果比例选择恰当，综合反馈将具有转速反馈的性质。

为了说明这种组合，采用如图 8.7 所示的简化的主回路。

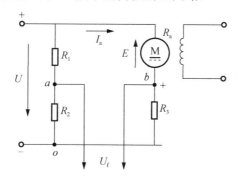

图 8.7　电压负反馈、电流正反馈主回路

图 8.7 中：从 a、o 两点取出的是电压负反馈信号 $U_V = U_{ao}$，从 b、o 两点取出的是电流正反馈信号 $U_I = U_{bo}$，从 a、b 两点取出的则代表综合反馈信号 $U_f = U_{ab}$。

$$U_{ab} = U_{ao} - U_{bo}$$

这里，U_{ao} 随端电压 U 而变，如果令

$$\alpha = \frac{R_2}{R_1 + R_2}$$

则有

$$U_{ao} = \alpha U$$

式中，U_{ao}——电压负反馈信号；

$\quad\quad U$——电动机电枢端电压；

$\quad\quad \alpha$——电压反馈系数。

U_{bo} 随电流 I_a 而变，它代表 I_a 在电阻 R_3 上引起的压降，即电流正反馈信号，

$$U_{bo} = I_a R_3$$

将 U_{ao} 与 U_{bo} 的表达式代入 U_{ab} 的表达式中，得

$$U_{ab} = U_{ao} - U_{bo} = \alpha U - I_a R_3 = \frac{UR_2}{R_1 + R_2}$$

从电动机电枢回路电动势平衡关系知

$$U = E + I_a(R_a + R_3)$$
$$I_a = (U - E) / (R_3 + R_a)$$

则

$$U_{ab} = \frac{UR_2}{R_1 + R_2} - \frac{U - E}{R_3 + R_a}R_3 = \frac{UR_2}{R_1 + R_2} - \frac{UR_3}{R_3 + R_a} + \frac{ER_3}{R_3 + R_a}$$

上式如果满足下列条件

$$\frac{UR_2}{R_1 + R_2} - \frac{UR_3}{R_3 + R_a} = 0$$

即

$$\frac{R_2}{R_1 + R_2} = \frac{R_3}{R_3 + R_a} \rightarrow \frac{R_2}{R_1} = \frac{R_3}{R_a} \rightarrow U_{ab} = \frac{R_3}{R_3 + R_a}$$

这就是说，满足 $\frac{R_2}{R_1} = \frac{R_3}{R_a}$ 所示的条件时，从 a、b 两点取出的反馈信号形成的反馈，将转化为电动机反电动势的反馈。因为，反电动势与转速成正比，$E = C_e n$，所以，U_{ab} 也可以表示为

$$U_{ab} = \frac{R_3}{R_3 + R_a}C_e n$$

这种反馈也可以称为转速反馈。

因为满足式 $\frac{R_2}{R_1} = \frac{R_3}{R_a}$ 后，电动机电枢电阻 R_a 与附加电阻 R_3、R_2、R_1 组成电桥的 4 个臂，a、b 两点代表电桥的中点，所以这种电路称为高电阻电桥电路，式 $\frac{R_2}{R_1} = \frac{R_3}{R_a}$ 为高电阻电桥的平衡条件。高电阻电桥电路实质上是电动势反馈电路，或者说是电动机的转速反馈电路。

8.2.3　带电流截止负反馈的转速负反馈调速系统

1. 电流截止负反馈的作用

电流截止负反馈的作用是过载保护。

电流正反馈可以改善电动机的运行特性，而电流负反馈会使 ΔU 随着负载电流的增加而减小，使电动机的速度迅速降低。

如果电动机的速度在负载过分增大时也不会降下来，这就会使电枢过电流而烧坏。本来采用过电流保护继电器也可以保护这种严重过载，但是过电流保护继电器要触点断开、电动机断电方能保护，而采用电流负反馈作用为保护手段，则不必切断电动机的电路，只是使它的速度暂降下来，一旦过负载去掉后，它的速度又会自动升起来，这样有利于生产。

2. 基本方法

（1）当负载正常，电枢电流在一定范围内，电流截止负反馈不起作用；

（2）当负载增加使电枢电流超过一定数值时，电流负反馈开始起作用，减小电动机电枢外加电压，转速下降；

（3）当负载继续增加使电枢电流超过一定值时，电流负反馈足够强，它足以将给定信号的绝大部分抵消掉，使电动机速度降到 0，电动机停止运转，从而起到保护作用。即这种反馈可以人为地造成"堵转"，防止电枢电流过大而烧坏电动机。因为只有当电流大到一定程度反馈才起作用，故称为电流截止负反馈。因这种特性常被用于挖土机上，故又称"挖土机特性"。

具有电流截止负反馈保护的转速负反馈调速系统的结构框图如图8.8所示。

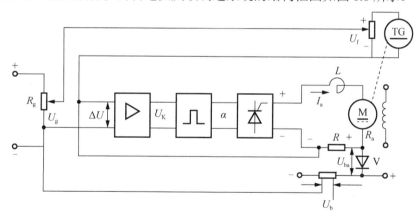

图 8.8　具有电流截止负反馈保护的转速负反馈调速系统

3. 工作原理

（1）在电流较小时，$I_a R < U_b$，二极管 V 不导通，电流负反馈不起作用，此时系统完全呈现转速负反馈的特性，故能得到稳态运行所需要的比较硬的静特性。

（2）当主回路电流增加到一定值使 $I_a R > U_b$ 时，二极管 V 导通，电流负反馈信号 $I_a R$ 经过二极管与比较电压 U_b 比较后送到放大器，其极性与 U_g 极性相反，经放大后控制移相角 α，使 α 增大，输出电压 U_d 减小，电动机转速下降。

（3）如果负载电流一直增加下去，则电动机速度最后将降到 0。电动机速度降到 0 后，电流不再增大，这样就起到了"限流"的作用。

具有电流截止负反馈保护的转速负反馈系统特性如图 8.9 所示。

（4）比较电压 U_b 决定转折点电流 I_o 的大小，电压越大，转折点电流越大；电压越小，转折点电流越小。所以，比较电压的大小如何选择是很重要的。一般按照转折电流 $I_o = KI_{aN}$ 选取比较电压 U_b。当负载没有超过规定值时，起截止作用的二极管不应该开放，也就是比较电压 U_b 应满足

$$U_b + U_{bo} \leq KI_{aN}R$$

式中，U_b——比较电压；

U_{bo}——截止元件二极管的开放电压；

K——转折点电流的倍数，$K = I_{转折} / I_{aN} = I_o / I_{aN}$；

R——电动机电枢回路中所串电流反馈电阻。

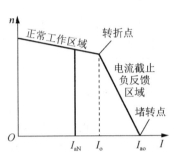

图 8.9 具有电流截止负反馈保护的转速负反馈系统特性

I_{ao}——堵转电流，一般 $I_{ao} = (2\sim3)\ I_{aN}$；

I_o——转折点电流，一般 $I_o = 1.35 I_{aN}$。

8.2.4 无静差转速负反馈调速系统

1. 比例调节器、积分调节器与比例积分调节器

1）比例调节器

比例调节器如图 8.10 所示。

其输入、输出之间的关系如下：

$$U_o = -\frac{R_1}{R_0}U_i$$

2）积分调节器

积分调节器如图 8.11 所示。

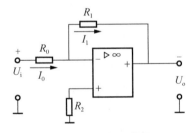

图 8.10 比例调节器

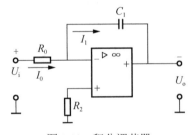

图 8.11 积分调节器

其输入、输出之间的关系如下：

$$U_o = -\frac{1}{C}\int I_1 dt = -\frac{1}{R_0 C}\int U_i dt$$

3）比例积分调节器

比例运算电路和积分运算电路组合起来就构成了比例积分调节器，简称 PI 调节器，如图 8.12（a）所示。

其输入、输出之间的关系如下：

$$U_o = -I_1 R_1 - \frac{1}{C_1}\int I_1 dt$$

又

$$I_1 = I_0 = U_i / R_0$$

故

$$U_o = -\frac{R_1}{R_0} U_i - \frac{1}{R_0 C_1} \int U_i \mathrm{d}t$$

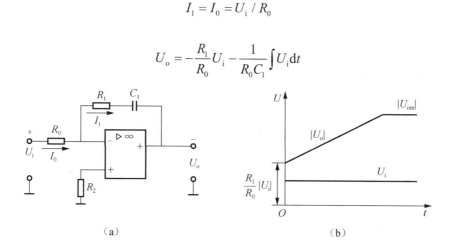

(a)　　　　　　　　　　　　　(b)

图 8.12　比例积分调节器

(a) 电路；(b) 时间特性

由此可见，比例积分调节器的输出由两部分组成，第一部分是比例部分，第二部分是积分部分。在零初始状态和阶跃输入下，输出电压的时间特性如图 8.12（b）所示。

当突加输入信号 U_i 时，开始瞬间，电容 C_1 相当于短路，反馈回路中只有电阻 R_1，此时相当于比例调节器，它可以毫无延迟地起调节作用，故调节速度快；而后随着电容 C_1 被充电而开始积分，U_o 线性增长，直到稳态。在稳态时，C_1 相当于开路，放大器呈现出极大的开环放大倍数。

2. 采用比例积分调节器的无静差调速系统

图 8.13 所示为一常用的具有比例积分调节器的无静差调速系统。

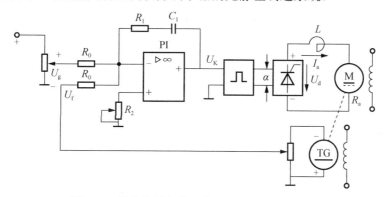

图 8.13　具有比例积分调节器的无静差调速系统

（1）静态时：$U = U_g - U_f$，调节作用停止，由于积分作用，调节器的输出电压 U_k 保持在某一数值上，即 U_d 固定，以维持电动机在给定转速下运转。由于静态时呈现出无穷大的放大倍数，系统可以消除静态误差，故称为无静差调速系统。

（2）速度调节时：负载变化时，比例积分调节器对系统的调节作用如图 8.14 所示。

当电动机负载突然增加（图中的 t_1 时刻，负载突然由 T_{L1} 增加到 T_{L2}）时，则电动机的转

速将由 n_1 开始下降而产生转速偏差 Δn ［图 8.14（b）］，它通过测速发电机反馈到比例积分调节器的输入端，产生偏差电压 $\Delta U = U_g - U_f > 0$，于是开始了消除偏差的调节过程。

首先，比例部分调节作用显著，其输出电压等于 $\dfrac{R_1}{R_0} \Delta U$，使控制角减小，可控整流电压增加 ΔU_{d1} ［图 8.14（c）之曲线①］，由于比例输出没有惯性，故这个电压使电动机转速迅速回升。偏差 Δn 越大，ΔU_{d1} 也越大，它的调节作用也就越强，电动机转速回升也就越快。而当转速回升到原给定值 n_1 时，$\Delta n = 0$，$\Delta U = 0$，故 ΔU_{d1} 也等于 0。

其次，积分部分的调节作用：积分输出部分的电压等于偏差电压 ΔU 的积分，它使可控整流电压增加的 $\Delta U_{d2} \propto \int \Delta U \mathrm{d}t$ 或 $\dfrac{\mathrm{d}(\Delta U_{d2})}{\mathrm{d}t} \propto \Delta U$，即 ΔU_{d2} 的增长率与偏差电压 ΔU（或偏差 Δn）成正比。开始时 Δn 很小，ΔU_{d2} 增加很慢；当 Δn 最大时，ΔU_{d2} 增加得最快，在调节过程中的后期，Δn 逐渐减小了，ΔU_{d2} 的增加也逐渐减慢了，一直到电动机转速回升到 n_1，$\Delta n = 0$ 时，ΔU_{d2} 就不再增加了，且在以后就一直保持这个数值不变 ［图 8.14（c）之曲线②］。

把比例作用与积分作用合起来考虑，其调节的综合效果如图 8.14（c）曲线③所示，不管负载如何变化，系统一定会自动调节，在调节过程的开始和中间阶段，比例调节起主要作用，它首先阻止 Δn 的继续增大，而后使转速迅速回升，在调节过程的末期，Δn 很小了，比例调节的作用不明显了，而积分调节作用就上升到主要地位，依靠它来最后消除转速偏差 Δn，使转速回升到原值。这就是无静差调速系统的调节过程。

可控整流电压 U_d 等于原静态时的数值 U_{d1} 加在调节过程进行后的增量（$\Delta U_{d1} + \Delta U_{d2}$），如图 8.14（d）所示。可见，在调节过程结束时，可控整流电压 U_d 稳定在一个大于 U_{d1} 的新的数值 U_{d2} 上。增加的那一部分电压（即 ΔU_d）正好补偿由于负载增加引起的那部分主回路压降 $(I_{a2} - I_{a1})R_\Sigma$。

（3）特点：无静差调速系统在调节过程结束以后，转速偏差 $\Delta n = 0$（比例积分调节器的输入电压 ΔU 也等于 0），这只是在静态（稳定工作状态）上无差，而动态（如当负载变化时，系统从一个稳态变到另一个稳态的过渡过程）上却是有差的。

这个调速系统在理论上讲是无静差调速系统，但是由于调节放大器不是理想的，且放大倍数也不是无限大，测速发电机也还存在误差，因此实际上这样的系统仍然是有一点静差的。

这个系统中的比例积分调节器是用来调节电动机转速的，因此，常把它称为速度调节器。

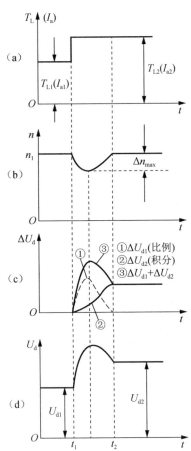

图 8.14　负载变化时比例积分
调节器对系统的调节作用

8.3　直流脉宽调制调速系统

8.3.1　PWM 调速系统的工作原理和主要特点

1. 工作原理

目前，应用较广的一种直流脉宽调速系统的基本主电路如图 8.15 所示。

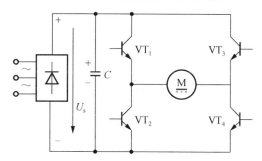

图 8.15　应用较广的直流脉宽调速系统的基本主电路

（1）三相交流电源经整流滤波变成电压恒定的直流电压。

（2）$VT_1 \sim VT_4$ 为 4 只大功率晶体管，工作在开关状态，其中，处于对角线上的一对晶体管的基极，因接受同一控制信号而同时导通或截止。

（3）若 VT_1 和 VT_4 导通，则电动机电枢上加正向电压；若 VT_2 和 VT_3 导通，则电动机电枢上加反向电压。

（4）当它们以较高的频率（一般为 2 000Hz）交替导通时，电枢两端的电压波形如图 8.16 所示。

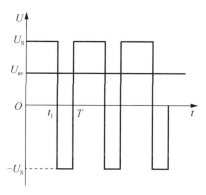

图 8.16　直流脉宽调速系统的电压波形

由于机械惯性的作用，决定电动机转向和转速的仅为此电压的平均值。

设矩形波的周期为 T，正向脉冲宽度为 t_1，并设 $\gamma = \dfrac{t_1}{T}$ 为占空比，则电枢电压的平均值为

$$U_{av} = \frac{U_s}{T}[t_1 - (T - t_1)] = \frac{U_s}{T}(2t_1 - T) = \frac{U_s}{T}(2\gamma T - T) = (2\gamma - 1)U_s$$

由上式可知，在 $T = C$：

（1）当 $\gamma = 1$ 时，$U_{av} = U_s$，正向转速最高；

（2）当 $0.5 < \gamma < 1$ 时，U_{av} 为正，电动机正转；

（3）当 $\gamma = 0.5$ 时，$U_{av} = 0$，电动机转速为 0；

（4）当 $0 < \gamma < 0.5$ 时，U_{av} 为负，电动机反转；

（5）当 $\gamma = 0$ 时，$U_{av} = -U_s$，反向转速最高。

因此，人为地改变正脉冲的宽度以改变占空比 γ，即可改变 U_{av} 的大小，达到调速的目的。连续地改变脉冲宽度，即可实现直流电动机的无级调速。

2．主要特点

晶体管直流脉宽调速系统与晶闸管直流调速系统比较，具有下列特点。

（1）主电路所需的功率元件少。实现同样的功能，一般晶体管的数量仅为晶闸管的 $1/6 \sim 1/3$。

（2）控制电路简单。晶体管的控制比晶闸管的控制容易，不存在相序问题，不需要烦琐的同步移相触发控制电路。

（3）晶体管脉宽调制放大器的开关频率一般为 $1 \sim 3$kHz，有的甚至可达 5kHz。而晶闸管三相全控整流桥的开关频率只有 300Hz，前者的开关频率差不多比后者高一个数量级，因而晶体管直流脉宽调速系统的频带比晶闸管直流调速系统的频带宽得多。这样，前者的动态响应速度和稳速精度等性能指标都比后者好。

晶体管脉宽调制放大器的开关频率高，电动机电枢电流容易连续，且脉动分量小。因而，电枢电流脉动分量对电动机转速的影响以及由它引起的电动机的附加损耗都小。

（4）晶体管脉宽调制放大器的电压放大系数不随输出电压的改变而变化，而晶闸管整流器的电压放大系数在输出电压低时变小。这样前者的低速性能要比后者好得多，它可使电动机在很低的速度下稳定运转，其调速范围很宽。

目前，因受大功率晶体管最大电压、电流定额的限制，晶体管直流脉宽调速系统的最大功率只有几十 kW，而晶闸管直流调速系统的最大功率可以达到几 MW，因而，它还只能在中、小容量的调速系统中取代晶闸管直流调速系统。

8.3.2　PWM 调速系统的组成

图 8.17 所示的系统是采用典型的双闭环原理组成的晶体管脉宽调速系统。下面分别对几个主要组成部分进行分析。

1．主电路（功率开关放大器）

晶体管脉宽调速系统主电路的结构形式有多种，按输出极性有单极性输出和双极性输出之分，而双极性输出的主电路又分 H 型和 T 型两类，H 型脉宽放大器又可分为单极式和双极式两种，经常采用的双极性双极式脉宽放大器如图 8.18 所示。

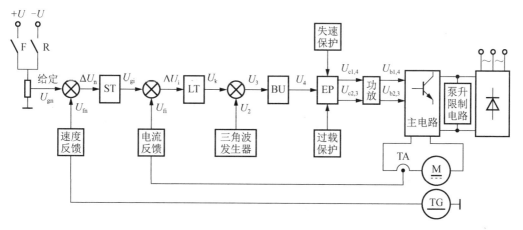

图 8.17 晶体管脉宽调速系统

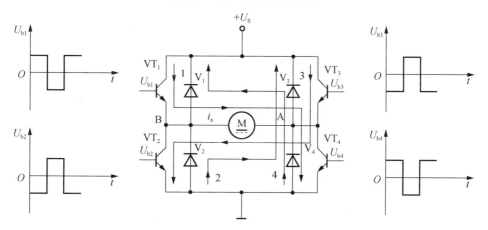

图 8.18 双极性双极式脉宽放大器

2. 控制电路

1）速度调节器 ST 和电流调节器 LT

ST 和 LT 均采用比例积分调节器。

2）三角波发生器

三角波发生器如图 8.19 所示，由运算放大器 A_1 和 A_2 组成。

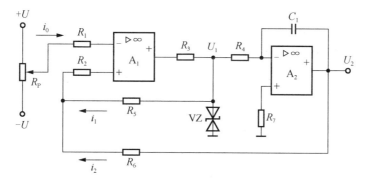

图 8.19 三角波发生器

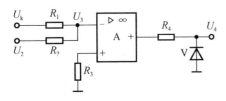

图 8.20 电压-脉冲转换器

3. 电压-脉冲转换器

电压-脉冲转换器如图 8.20 所示。

运算放大器 A 工作在开环状态。当输入电压极性改变时，输出电压总在正饱和值和负饱和值之间变化，实现把连续的控制电压转换成脉冲电压，再经限幅器（R_4、V），在电压-脉冲转换器 BU 的输出端形成一串正脉冲电压 U_4。

4. 脉冲分配器及功率放大

脉冲分配器及功率放大电路如图 8.21 所示。

脉冲分配器的作用是把 BU 产生的矩形脉冲电压 U_4（经光耦合器和功率放大）分配到主电路被控晶体管的基极。

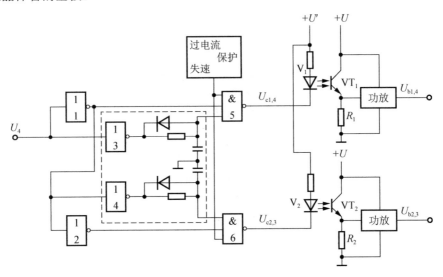

图 8.21 脉冲分配器及功率放大电路

5. 其他控制电路

过电流、失速保护环节。当电枢电流过大和电动机失速时，$VT_1 \sim VT_4$ 截止，使电动机停转。

8.3.3 PWM 调速系统的分析

PWM 调速系统由速度调节器 ASR 和电流调节器 ACR 组成双闭环无差调节系统，由 ACR 输出的电压 U_k 和三角波电压 U_2 在 BU 中叠加，产生频率固定而导通占空比可调的方波电压 U_4，此方波电压由脉冲分配器产生两路相位差 180° 的脉冲信号，经功率放大器（简称功放）后由这两路脉冲信号去驱动桥式功率开关主电路，使其负载两端得到极性可变、平均值可调的直流电压。

下面分析该系统在不同状态时的工作过程。

1. 静态

系统处于静态时电动机停转，此时，给定信号 $U_{gn}=0$，ASR、ACR 输出均为 0，BU 在三角波作用下，输出一个频率等于三角波频率、负载电压系统 $\rho=0$ 的正、负等宽的方波电压 U_4，经脉冲分配器和功放电路产生的 $U_{b1,4}$ 和 $U_{b2,3}$ 加在功率管 $VT_1 \sim VT_4$ 的栅极，使 $VT_1 \sim VT_4$ 轮流导通或截止，电动机电枢两端的平均电压为 0，电动机不动。

2. 启动

系统是可逆的，下面以正转启动为例说明。启动时，给定信号 U_{gn} 送入 ASR 之后，由于 ASR 放大倍数很大及电动机的惯性作用，在启动开始的一段时间内，$\Delta U_n = U_{gn} - U_{fn} > 0$，ASR 的输出 U_{gi} 一直处于最大限幅值。

ASR 的输出电压是 ACR 的给定电压。在 ASR 输出电压限幅值时，电枢两端的平均电压迅速上升，电动机迅速启动，电动机电枢平均电流也迅速增大，在 ACR 的电流负反馈作用下，主回路电流的变化反馈到 ACR 的输入，并与 ACR 的输出进行比较。ACR 是比例积分调节器，只要输入端有偏差，ACR 的输出就要积分，电动机的主回路电流迅速增大，直到最大电流为止。此后，电动机在最大电流下加速。随着电动机转速的增大，速度给定电压与速度反馈电压的差减小，由于 ASR 的高放大倍数积分作用，电动机转速继续上升。当速度给定电压与速度反馈电压的差为负值时，ASR 退出饱和区，其输出电压下降，在电流闭环的作用下，电枢电流跟着下降。当电流降到电动机的外加负载所对应的电流以下时，电动机减速，直到速度给定电压与速度反馈电压的差为 0 为止，这时电动机进入稳定运行状态。

3. 稳态运转

电动机的转速等于给定转速，ASR 的输入为 0。由于 ASR 的积分作用，其输出不为 0，而由外加负载决定。ACR 的输入值为 0，由于 ACR 的积分作用，其输出稳定在一个由当时功率开关主电路输出的电压平均值所决定的数值，电动机的转速不变。

4. 稳态时突加负载

当负载突然增加时，电动机的转速下降，ASR 的输入电压大于 0，输出电压增加，ACR 的输出也增加，使 BU 输出的脉冲占空比变化，功率开关放大器主电路的电压平均值增加，使电动机转速回升，直到 $\Delta U_n = U_{gn} - U_{fn} = 0$ 为止。此时，系统处于新的稳定运行状态。

5. 制动

当电动机以某一速度稳定运行时，突然使速度给定信号为 0，此时，速度反馈信号大于 0，则 ASR 的输入小于 0，ASR 的输出处于正的限幅值，ASR 的输出和电流反馈的输出一起使 ACR 的输出立即处于负的限幅值，电动机进行制动，直到速度降为 0。

6. 降速

当电动机以某一速度稳定运行时，使速度给定信号降低，则 ASR 的输入小于 0，电动机进行制动，当电动机的速度降低到给定转速时，ASR 的输入等于 0，系统在新的转速下稳定运行。

习题与思考题

一、简答题

1. 什么是调速范围、静差度？它们之间有什么关系？怎样才能扩大调速范围？

2. 生产机械对调速系统提出的静态、动态技术的指标有哪些？为什么要提出这些技术指标？

3. 为什么电动机的调速性质应与生产机械的负载特性相适应？两者如何配合才能算适应？

4. 为什么调速系统中加负载后转速会降低？闭环调速系统为什么可以减少转速降？

5. 为什么电压负反馈最多只能补偿可控整流电源的等效内阻所引起的调速降？

6. 电流正、负反馈在调速系统中起什么作用？如果反馈强度调得不适当会产生什么后果？

7. 为什么由电压负反馈和电流正反馈可以组成转速反馈调速系统？

8. 电流截止负反馈的作用是什么？转折点电流如何选？堵转电流如何选？比较电压如何选？

9. 积分调节器在调速系统中为什么能消除静态系统的静态偏差？在系统稳定运行时，积分调节器输入偏差电压 $\Delta U=0$，其输出电压取决于什么？为什么？

10. 在无静差调速系统中，为什么要引入比例积分调节器？

11. 由比例积分调节器组成的单闭环无静差调速系统的调速性能已相当理想，为什么有的场合还要采用转速、电流双闭环调速系统呢？

12. 试简述直流脉宽调速系统的基本工作原理和主要特点。

13. 双极性双极式脉宽调节放大器是怎样工作的？

14. 在直流脉宽调速系统中，当电动机停止不动时，电枢两端是否还有电压？电枢电路中是否还有电流？为什么？

15. 试论述脉宽调速系统中控制电路各部分的作用和工作原理。

二、计算与绘图题

1. 有一直流调速系统，其高速时理想的空载转速 $n_{01}=1\,480$r/min，低速时的理想空载转速 $n_{02}=157$r/min，额定负载时的转矩降 $\Delta n_N=10$r/min，试绘出该系统的静特性，并求调速范围和静差度。

2. 某一有静差调速系统的速度调节范围为 $75\sim1\,500$r/min，要求静差度 $S=2\%$，该系统允许的静态速降是多少？如果开环系统的静态速降是 100r/min，则闭环系统的开环放大倍数应有多大？

3．某一直流调速系统调速范围 $D=10$，最高额定转速 $n_{max}=1\,000$r/min，开环系统的静态速降是 100r/min，则该系统的静差度是多少？若把该系统组成闭环系统，在保持 n_{02} 不变的情况下，使新系统的静差度为 5%，则闭环系统的开环放大倍数为多少？

常用电器图形符号

名称	图形符号	名称	图形符号
导线的连接	•	极性电容器	
端子	○	可变电容器	
可拆卸的端子	⌀	线圈	
T 形连接	⊤ 或	带磁心的电感器	
导线的双 T 连接	或	有两个抽头的电感器	
导线的不连接		原电池或蓄电池	
直流	—	加热元件	
交流	∼	直流发电机	G
交直流	≅	直流电动机	M
接地		交流电动机	M ∼
接机壳或接底板		直线电动机	M
电阻器		步进电动机	M
可调电阻器		三相笼型感应电动机	M 3∼
压敏电阻器	U	三相绕线转子感应电动机	M 3∼
滑动触点电位器		自耦变压器	
电容器		电抗器	

注：选自国家标准《电气简图用图形符号》（GB/T 4728—2008、GB/T 4728—2018）。

名称	图形符号	名称	图形符号
双绕组变压器		中间断开的双向转换触点	
电流互感器		自动空气断路器（自动开关）	
三相变压器（Y-△联结）		接触器（常开主触点）	
三相自耦变压器		接触器（常闭主触点）	
整流器		延迟闭合的动合触点	
桥式全波整流器		延迟断开的动合触点	
逆变器		延迟断开的动断触点	
动合（常开）触点		延迟闭合的动断触点	
动断（常闭）触点		手动开关	
先断后合的转换触点		自动复位的手动按钮开关	
先合后断的转换触点		停止按钮	

名称	图形符号	名称	图形符号
复合按钮	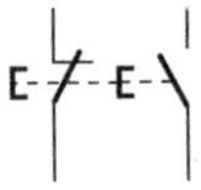	缓慢释放继电器的线圈	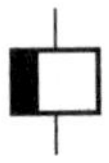
无自动复位的旋转开关	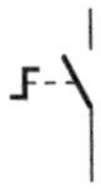	缓慢吸合继电器的线圈	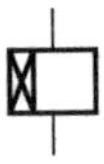
带动合触点的位置开关		过电流继电器线圈	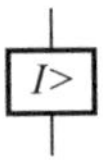 $I>$
带动断点的位置开关		欠电压继电器线圈	 $U<$
组合位置开关	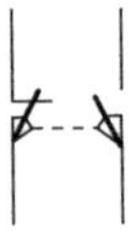	电磁铁线圈	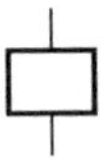
热继电器的驱动器件	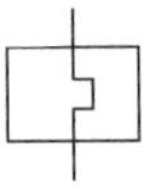	熔断器	
热继电器的触点	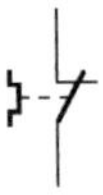	半导体二极管	
速度继电器的动合触点	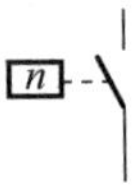 n	单向击穿二极管	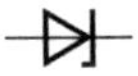
控制器或控制开关（图中表示操作手柄有五个位置）	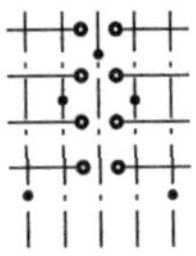	反向阻断三级闸流晶体管，P 栅（阴极侧受控）	
接近开关的动合触点		可关断三级闸流晶体管，P 栅（阴极侧受控）	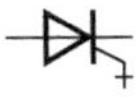
接近开关的动断触点	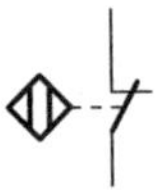	发光二极管	
操作器件、继电器线圈	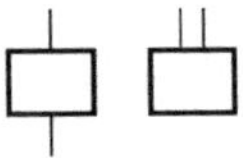	发电二极管	

名称	图形符号	名称	图形符号
光电晶体管		"与"元件	
PNP 晶体管		"或"元件	
NPN 晶全管		"非"元件	
P-MOSFET		"与非"元件	
IGBT		"或非"元件	
单结晶体管		高增益差分放大器（运算放大器）	

参 考 文 献

[1] 陈白宁，段智敏，刘文波. 机电传动控制[M]. 沈阳：东北大学出版社，2008.

[2] 邓星钟，等. 机电传动控制[M]. 4版. 武汉：华中科技大学出版社，2007.

[3] 程宪平. 机电传动与控制[M]. 武汉：华中理工大学出版社，1997.

[4] 冯清秀，邓星钟. 机电传动控制[M]. 5版. 武汉：华中科技大学出版社，2011.

[5] 李序葆，赵永健. 电力电子器件及其应用[M]. 北京：机械工业出版社，1996.

[6] 丁道宏. 电力电子技术[M]. 北京：航空工业出版社，1999.

[7] 陈远龄. 机床电气自动控制[M]. 重庆：重庆大学出版社，2010.

[8] 熊辜明，等. 机床电路原理与维修[M]. 北京：人民邮电出版社，2001.

[9] 易继锴，等. 电气传动自动控制原理与设计[M]. 北京：北京工业大学出版社，1997.

[10] 杜增辉，孙克军. 变频器选型、调试与维修[M]. 北京：机械工业出版社，2018.

[11] 许建国. 拖动与调速系统[M]. 武汉：武汉测绘科技大学出版社，1998.

[12] 张志义，孙蓓. 机电传动与控制[M]. 2版. 北京：机械工业出版社，2015.